21世纪高等学校计算机规划教材

21st Century University Planned Textbooks of Computer Science

数据库技术与应用
——Access 2010

Technology and Application of Database
—Access 2010

姜林枫 徐长滔 杨燕 曹锋 盛欣 等 编著

U0236051

高校系列

人民邮电出版社

北 京

图书在版编目（CIP）数据

数据库技术与应用：Access 2010 / 姜林枫等　编
著． -- 北京：人民邮电出版社，2017.1（2019.12重印）
　21世纪高等学校计算机规划教材
　ISBN 978-7-115-44475-2

　Ⅰ．①数… Ⅱ．①姜… Ⅲ．①关系数据库系统－高等
学校－教材 Ⅳ．①TP311.138

　中国版本图书馆CIP数据核字（2016）第321677号

内 容 提 要

　　本书基于 Microsoft Access 2010 关系数据库管理系统，系统地介绍了数据库的基本理论、成熟
技术和经典应用：基于数据库技术产生的原因，介绍数据库的概念、理论和技术，建立学习数据库
技术的学习框架；基于典型案例讲解数据库的设计、创建及管理，培养学生数据组织和管理的能力；
基于大量示例介绍 SQL 的应用，培养学生数据处理和分析的能力；基于学以致用的原则，介绍模块
对象设计、查询对象设计、窗体对象设计、宏对象设计、报表对象设计和数据库应用系统的开发，
培养学生的应用创新能力。

　　本书可作为普通高等学校数据库技术与程序设计方面课程的教材，还可作为全国计算机等级考
试二级 Access 程序设计的培训教材，或者作为广大信息管理用户和数据分析技术初学者的自学用书。

◆ 编　　著　姜林枫　徐长滔　杨　燕　曹　锋　盛　欣 等
　　责任编辑　吴　婷
　　责任印制　沈　蓉　彭志环

◆ 人民邮电出版社出版发行　　北京市丰台区成寿寺路 11 号
　　邮编　100164　　电子邮件　315@ptpress.com.cn
　　网址　http://www.ptpress.com.cn
　　固安县铭成印刷有限公司印刷

◆ 开本：787×1092　1/16
　　印张：20　　　　　　　　　2017 年 1 月第 1 版
　　字数：552 千字　　　　　　2019 年 12 月河北第 3 次印刷

定价：49.80 元
读者服务热线：(010)81055256　印装质量热线：(010)81055316
反盗版热线：(010)81055315

前　言

随着数据成为国民经济的三大资源之一，"数据库技术与应用"从一门重要的专业基础课演变为一门重要的公共课。近年来，越来越多的高校将数据库技术与应用课程列入了非计算机专业的计算机课程的教学范畴。与此同时，随着社会各个领域对信息管理和应用人才需求的迅猛增长，数据库技术与应用课程的普及呈现出进一步扩展和延伸的趋势。

数据库技术与应用课程的知识体系包括基础理论、成熟技术和经典应用三大部分。本书基于 Microsoft Access 2010，以销售订单管理和学生成绩管理为背景，深入浅出地介绍了数据组织、处理和分析等方面的理论、技术和应用。本书具有三大特点：一是基于案例分析进行启发式教学，二是基于数据建模进行数据工程能力的培养，三是基于对象设计进行创新能力的培养。

针对学生具体操作中可能出现的各种困难，本书提供了相应的实验素材，配套使用将使学习效果更佳。另外，为方便教学，本书还免费提供教学用的电子教案和全部习题解答，读者可到 http://www.ryjiaoyu.com 网站下载。

本书主要由齐鲁工业大学的姜林枫、徐长滔、杨燕、曹锋、盛欣、陈玲、代新利编著，另外参加本书编写工作的还有林冬梅和赵龙两位。其中：第 1 章、第 2 章、第 5 章、第 6 章、第 7 章、第 8 章的 8.5 节由姜林枫编写；第 3 章由盛欣编写；第 4 章、第 12 章由曹锋编写；第 8 章的前 4 节以及第 9 章由杨燕编写；第 10 章的前 5 节以及第 11 章由徐长滔编写；第 10 章的 10.6 节由赵龙编写；各章习题由林冬梅、陈玲和代新利编写。本书的读者分析由陈玲负责，代码验证由赵龙负责。全书由姜林枫负责框架结构的设计、初稿的修改和最后的统稿工作。

编者
2016 年 9 月

目　录

第 1 章
数据库技术基础

数据库技术是随着信息技术的发展和人们对信息需求的增加发展起来的，它主要研究如何科学地组织和管理数据，以提供可共享、安全和可靠的数据。数据库的建设规模、信息容量和使用频度已成为衡量一个国家信息化程度的重要标志。

基于微软发布的关系数据库管理系统 Microsoft Access 2010，本书对关系数据库的技术和应用进行了全面的讲解。本章首先介绍数据库技术的产生和相关概念；然后介绍主流数据库——关系数据库的数据模型，这个内容是数据库技术的基础，将贯穿本书始终；最后介绍关系数据库的设计技术。请读者注意的是，由于关系数据库是市场主流，本书只介绍关系数据库技术，如无特别明示，本书提到的数据库都是关系数据库。

1.1 数据库技术的产生

随着智能手机和计算机的普及，信息技术已经融入了我们的生活，人们除了用智能终端进行网购、理财、支付、学习、聊天和娱乐外，很多人开始使用文件等信息技术来组织、保存和管理生活中的数据，例如，使用 Excel 工作表记录家庭财务信息，又如使用 Word 表格记录通讯信息，还有利用电子文档记日记等。

然而，使用工作表之类的文件技术组织和管理数据常常出现一些问题，如数据管理异常问题、数据冗余问题、数据独立性问题、数据的共享问题等，这些问题经常困扰着人们，于是数据库技术应时而生。

本节下文将以数据管理异常问题为视角，首先通过分析 Excel 工作表文件组织数据所导致的数据操作异常，说明文件技术组织和管理数据的弊端，然后通过几个示例说明如何利用数据库技术来解决这些问题，从而将数据库技术和文件技术对数据组织和管理的差异揭示出来，自然而然地告诉人们数据库技术产生的必然性。

1.1.1 文件技术组织数据的弊端

有一定计算机文化基础的人，可能觉得数据的组织和管理好像用文件技术就可以了，例如，Microsoft 公司的 Excel 可以将数据组织成一个个的工作表，通过对工作表的有效管理，就可以将数据提供给用户分析和使用了。

这种观点，对于一些简单结构的数据来说，应该是正确的。但当数据的数据结构比较复杂的时候，就会发现文件技术组织和管理数据存在数据不一致或数据管理困难等方面的问题。下面以 Microsoft 公司的 Excel 为例，分析文件技术组织数据的一些弊端。

表 1-1 是一个关于销售员 E-mail 的简单工作表。由于这个工作表的主题很简单，所以管理也很轻松，也就是查询销售员 E-mail、添加销售员 E-mail、修改销售员 E-mail 或者删除销售员 E-mail。对于这样的工作表，使用 Excel 之类的电子表格文件技术绰绰有余。

即使工作表中销售员 E-mail 行很多，也可以按"销售员姓名"这一列或按"销售员 E-mail"列排序，以提高检索速度，降低管理难度。总之，使用 Excel 之类的文件技术组织和管理表 1-1 所示的销售员 E-mail 信息没有任何问题，不需要麻烦数据库技术。

表 1-1 电子表格式的销售员 E-mail 表

销售员姓名	销售员 E-mail
姜刘敏	547948328@qq.com
徐莉莉	Ixu1127@163.com
宋苏娟	276960500@qq.com
李晓东	Lidong91928@163.com
张大猛	774568142@qq.com
耿小丽	1570818754@qq.com

如果在表 1-1 中增加两列，存储销售员所服务的顾客手机号码，形成表 1-2，虽然仍然可以使用文件技术组织和管理，但有些操作会出现问题。

例如，假设要删除销售员张大猛的 E-mail 数据（如表 1-2 所示），那么就需要删除工作表的第 5 行，这时，我们会发现不仅删除了销售员张大猛的数据，也删除了顾客的姓名和电话（杨燕燕，17788816961）。上面看到的这个删除异常问题，是 Excel 之类的文件技术组织数据不可避免的。

表 1-2 销售员/顾客工作表的删除问题

销售员姓名	销售员 E-mail	顾客姓名	顾客电话
姜刘敏	547948328@qq.com	姜笑枫	17788816965
徐莉莉	Ixu1127@163.com	徐涛	17788816967
宋苏娟	276960500@qq.com	姜笑枫	17788816965
李晓东	Lidong91928@163.com	徐涛	17788816967
张大猛	774568142@qq.com	杨燕燕	17788816961
耿小丽	1570818754@qq.com	徐涛	17788816967

（左侧批注：删除行，丢失了过多的数据）

同样，更新工作表中的值也会导致一些意外结果。例如，如果改动了表 1-3 中第 1 行的手机号码，数据就会不一致。改动后，第 1 行显示了顾客姜笑枫的一个手机号码，第 3 行却显示该顾客的另一个手机号码，这就导致了数据的不一致性。

表 1-3 销售员/顾客工作表中的修改问题

销售员姓名	销售员 E-mail	顾客姓名	顾客电话
姜刘敏	547948328@qq.com	姜笑枫	17788816966
徐莉莉	Ixu1127@163.com	徐涛	17788816967
宋苏娟	276960500@qq.com	姜笑枫	17788816965
李晓东	Lidong91928@163.com	徐涛	17788816967
张大猛	774568142@qq.com	杨燕燕	17788816961
耿小丽	1570818754@qq.com	徐涛	17788816967

（左侧批注：修改行，不一致的数据）

执行修改操作后，工作表会导致这样的困惑：是顾客姜笑枫有两个不同的手机号码，还是两个同名顾客各有一个手机号码？这就是说，如果使用文件技术对表 1-3 执行更新操作，工作表中的数据可能会产生更新不一致的问题，这会让用户产生困惑，导致数据语义的不确定性。

最后，如果要给没有关联销售员的顾客添加数据，该如何做？例如顾客孙叶青没有自己的关联销售员，但是仍需要存储她的手机号码，此时就必须在工作表的销售员姓名和 E-mail 字段中插入空值（待定的值，不知道的值），这样就出现了值不完全的行，如表 1-4 所示。值不完全的行在管理、维护和使用时会带来很多问题，应尽量避免使用。

表 1-4　　　　　　　　　　　　销售员/顾客工作表中的插入问题

销售员姓名	销售员 E-mail	顾客姓名	顾客电话
姜刘敏	547948328@qq.com	姜笑枫	17788816966
徐莉莉	Ixu1127@163.com	徐涛	17788816967
宋苏娟	276960500@qq.com	姜笑枫	17788816965
李晓东	Lidong91928@163.com	徐涛	17788816967
张大猛	774568142@qq.com	杨燕燕	17788816961
耿小丽	1570818754@qq.com	徐涛	17788816967
NULL	NULL	孙叶青	17788816962

插入不完全的数据 →（指向 NULL 行）

为什么对表 1-1 这样一个简单的工作表，再添加两列就会带来上述的删除异常、更新不一致和插入空值等问题呢？这难道是工作表的列数问题吗？

带着这个问题，我们又设计了一个同样具有 4 列的销售员/宿舍工作表，如表 1-5 所示。然后再分析一下对表 1-5 中的数据进行插入、删除和修改会不会出现操作异常。

在表 1-5 所示的销售员/宿舍工作表中，如果删除销售员张大猛的数据，仅会丢失与该销售员相关的数据，没有删除其他实体的数据。同样，修改销售员姜刘敏的字段值也不会带来任何更新不一致问题。最后，添加销售员马晓秀的数据也不会导致空值行的出现。

看来不是工作表列数的问题。那么又是什么原因呢？仔细观察表 1-3 和表 1-5 你会发现，表1-3 组织的数据和表 1-5 组织的数据有一个本质区别：表 1-5 中的销售员/宿舍工作表中的数据是关于一个实体的，所有数据都和销售员有关，所添加的两列都是销售员这个实体的手机号码和宿舍信息。而表 1-3 的销售员/顾客工作表是关于两个实体的，有些数据和销售员有关，有些数据和顾客有关。

表 1-5　　　　　　　　　　　　销售员/宿舍工作表

销售员姓名	销售员 E-mail	销售员电话	销售员宿舍
姜刘敏	547948328@qq.com	15999916912	公寓 2#501
徐莉莉	Ixu1127@163.com	15999916916	公寓 2#501
宋苏娟	276960500@qq.com	15999916915	公寓 2#501
李晓东	Lidong91928@163.com	15999916919	公寓 1#201
张大猛	774568142@qq.com	15999916917	公寓 1#201
耿小丽	1570818754@qq.com	15999916915	公寓 2#109

通常情况下，只要工作表中的数据是关于两个或多个不同的实体的，修改、删除以及添加行就会出现插入、删除和修改的异常问题。

原因找到了，有的读者会说，这好办，把数据分别组织在 Excel 工作簿的不同工作表中，每一个工作表只保存一个实体的数据，问题不就解决了吗？好像这种解决方案是正确的，但很遗憾地告诉你：这种解决方案会导致新问题的出现，当把不同实体的数据分别放在工作簿的不同工作表之中后，不同实体就被割裂开来，实体之间的固有联系被人为切断，很难基于实体之间的固有联系，对不同实体的数据进行集成分析和使用。

1.1.2　数据库技术组织数据的优势

早在 20 世纪 60 年代，运用工作表之类的文件技术组织数据的弊端就被发现了，因此业界一直在寻找一种技术来组织数据以克服这些弊端，不少相关技术应运而生。随着时间的流逝，基于关系模型的数据库技术成为计算机人的选择。现在，主流的商用数据库都是基于关系模型的。基于关系模型的数据库，称为关系数据库，它的基本特征是使用关系表来组织和管理数据，本章 1.3 节将深入介绍关系模型的相关内容，这里只是用关系数据表来组织和管理表 1-2 中的数据，看看是否可以解决用工作表文件管理数据时所产生的问题。

图 1-1 包括两个表：seller 表和 Customer 表。下面分析一下对图 1-1 中的数据进行删除、修改和插入操作是否会出现上面提到的删除异常、更新不一致以及插入空值行的问题。

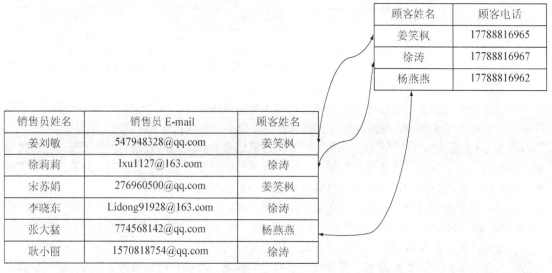

图 1-1　seller 表和 Customer 表

（1）删除操作。例如从 seller 表中删除销售员张大猛的数据，只是删除了销售员张大猛的数据，他的顾客杨燕燕的数据信息仍然保存在 Customer 表中。

（2）修改操作。如果将顾客杨燕燕的手机号码改为 13188896888，显然不会出现数据行不一致的数据，因为顾客杨燕燕的电话信息仅在 Customer 表中存储一次。

（3）插入操作。如果需要添加顾客孙叶青的信息，只需将她的数据添加到 Customer 表中就可以了。因为现在没有销售员关联顾客孙叶青，因此在 seller 表中不会出现空值行。

通过上面的分析，得到一个结论，使用数据库技术组织和管理数据可以解决文件技术所遇到的操作异常问题，关键的原因在于两种技术的数据组织不同：数据库技术将同一个应用系统的不同实体的数据组织在不同的表中，这些表不是孤立的，而是通过联系组织成一个整体；而 Excel 文件技术只能将同一个应用系统的不同实体的数据组织在同一个电子表中，如果将不同实体的数据组织在 Excel 的不同工作表中，实体之间的固有联系就被切断了，无法对不同实体的数据进行集成使用。

读者会提出这样的问题：将同一个应用系统中所有实体的数据分割到不同的表中时，如果用户需要访问多个表的相关信息，到底应该怎么办？还有，如果删除了 Customer 表中顾客杨燕燕的信息，那么 seller 表中的销售员张大猛的信息就会不完整。这又怎么办？这些问题，数据库技术都有相应的方法和机制来解决，第 3 章和第 5 章会详细讨论这些问题的解决方法和机制。

数据库技术不仅从组织结构上解决了数据管理的操作异常问题，另外也解决了文件技术不能完全实现的数据共享、数据独立性以及数据冗余等问题。有兴趣的读者可查阅相关文献，这里就不展开了。

1.2　数据库技术的相关概念

数据库技术涉及的基本概念有：数据、信息、数据库、数据库管理系统、数据库应用程序、数据库系统、数据模型、数据库模式以及数据库语言等。下面分别介绍这几个概念。

1.2.1　数据和信息

1. 数据和信息的概念

日常生活中，大家将数据和信息混为一谈，认为数据就是信息，信息就是数据。这个观点是错误的，信息和数据根本不是一回事。数据和信息的区别，可以用一句话来概括：数据是信息的形式，信息是数据的内容。

（1）数据的概念

如果将客观存在并且可以相互区分的事物称为实体，那么数据是对实体特性的一种记载，这种记载通常表现为符号的记录。

纯粹的数据没有任何意义，需要经过解释才能明确其表达的含义。例如 21，当解释其代表人的年龄时就是 21 岁；当解释其代表商品价格时，就是 21 元。

（2）信息的概念

将从数据中获得的有意义的内容称为信息。信息和解释不可分，数据的解释是对数据含义的说明，数据的含义称为数据的语义，也就是数据的信息。

例如，对于（姜笑枫，197101，1989，计算机系）这样一个数据集合，其语义可以解释为：姜笑枫，1971 年 1 月生，1989 年考入计算机系；还可以解释为：姜笑枫，工号 197101，1989 年任职于计算机系。

2. 数据的静态特征

数据的静态特征指的是数据的基本结构、数据间的联系以及数据的约束。对于学生成绩而言，可以用这三个特征来描述学生成绩信息。

（1）数据的基本结构

对于每一个学生的成绩，既可以用{学号、姓名、性别、专业、班级、数学、外语、计算机}这样的一个集合结构来描述；也可以用{学号、姓名、性别、专业、班级}以及{学号、数学、外语、计算机}这样的两个集合结构来描述。

（2）数据间的联系

如果用{学号、姓名、性别、专业、班级}以及{学号、数学、外语、计算机}这样的两个集合结构来描述学生的成绩，那么第一个集合结构的学号与第二个集合结构的学号必然存在着某种联系。

（3）数据的约束

数据反映的是客观对象的信息，它必然要遵循某些约束。例如对于百分制的课程成绩，学生的成绩必然在 0～100 分之间；又如，学生的性别只能取"男"或"女"这两个值。

3. 数据的动态特征

数据的动态特征包括对数据可以进行的操作以及操作规则。对数据库技术而言，数据的操作主要有查询和更新两大类。查询最常用，例如查询成绩不及格的学生名单；更新又包括插入、删除和修改三项操作，对于一般的数据库应用而言，也是必不可少的。

1.2.2 数据库

数据库（database），顾名思义，就是存放数据的仓库，只是这个仓库是在计算机存储器上建立的，而且仓库中的数据按一定的格式组织并长期存储，提供给用户共同使用。

严格地讲，数据库是长期存储在计算机外部存储器上的有组织的、可共享的数据集合。有组织的数据集合意味着数据的结构化和关联化：结构化表现为数据打包成一个个既定结构的数据对象；关联化表现在数据对象之间的互连性。

图 1-2 描述了数据库"销售订单"的数据对象及其联系：订单数据库包含 sllers、products、Customers、orders 和 orderdetails 5 个数据对象；这 5 个数据对象都有很多属性，例如数据对象 product 包括商品编号、商品名称、商品价格、商品库存、商品简介和畅销否 6 个属性；这 5 个数据对象之间都通过公共属性相互关联，例如数据对象 sllers 和数据对象 orders 通过销售员编号这个公共属性相互关联。

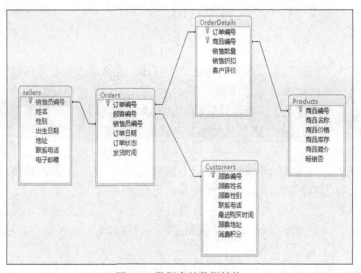

图 1-2 数据库的数据结构

数据的组织总是基于某种数据模型的，科学组织的数据可以极大地提高数据的共享度、检索速度和管理效率。数据模型这一内容将在 1.2.6 小节中介绍。

1.2.3 数据库管理系统

1. 数据库管理系统的概念

数据库管理系统（database management system）是一种管理和操纵数据库的软件，英文缩写为 DBMS，其主要功能是科学地组织和存储数据、高效地获取和维护数据，在数据库系统中起核心的作用，是用户程序与数据库中数据的接口。

由于 DBMS 功能复杂，一般由软件供应商开发并授权用户使用。例如 Microsoft 公司的 Access 就是微软公司开发的一个 DBMS，其他商用的 DBMS 产品还有 Microsoft 公司的 Visual FoxPro、SQL Server、Oracle 公司的 Oracle、IBM 公司的 DB2 等。尽管还有其他 DBMS 产品，但这 5 种

DBMS 几乎囊括了所有的市场份额。

2. 数据库管理系统的功能

DBMS 的功能主要有：创建数据库、创建表、创建其他支持对象（如索引等），读取数据库数据，插入、更新或删除数据库数据，维护数据库结构，定义和执行约束规则，并发控制，提供数据安全保障等。

（1）DBMS 的首要功能是创建数据库、创建数据库中的表和其他辅助结构。例如，创建图 1-3 所示的数据库"订单"，创建数据库中的数据表 order 和 product。为了提高检索速度，还可以给数据表创建索引等支持结构。

（2）DBMS 的第二个功能是操纵数据库中的数据。为此，DBMS 接收用户或应用程序的请求，并将这些请求转化为对数据库文件的操作。DBMS 的第二个功能还包括数据库结构的维护。例如，根据业务变化修改表的结构或改变相关辅助对象的属性等。

（3）DBMS 的第三个功能是约束规则的定义和检查。例如，在图 1-2 所示的订单数据库中，如果用户在 orders 表中提交一张订单，订单中有一个商品的商品编号在 products 表中没有相应的数据，就会导致错误。为了防止这种错误的发生，用户可以用 DBMS 制定如下的数据约束规则：orders 表中商品编号的值必须引用 products 表中商品编号的值，对于 products 表中不存在的商品编号，DBMS 应该拒绝含有这样商品编号的订单的插入或更新请求。

（4）DBMS 的第四个功能是并发控制，它可以保证一个用户的工作不会干扰另一个用户的工作。另外 DBMS 具有安全保证功能，它可以保证只有授权用户能对数据库完成得到授权的活动，例如防止用户查看特定数据，又如限制用户操作在指定的范围内。

一般来说，DBMS 还应该具有备份数据库和恢复数据库的功能。数据库是数据的集中仓库，是具有相当价值的重要资源，必须采取有效步骤，确保在软硬件故障或自然灾害等事件中没有数据丢失。

1.2.4　数据库应用程序

为了提高数据库的易用性，普通用户对数据库的管理和访问一般通过数据库应用程序作为媒介，而不是直接使用 DBMS 命令。现在的 DBMS 都给用户提供了很多应用程序开发工具，如报表设计器、窗体设计器、查询设计器等，它们为数据库应用程序的开发和使用提供了良好的环境和帮助，可提高生产率 20～100 倍。

数据库应用程序的功能一般包括：窗体的创建和处理、查询的创建和处理、报表的创建和处理等。当然，数据库应用程序的上述功能都是围绕着特定应用的业务逻辑展开的。

1.2.5　数据库系统

数据库系统是在计算机系统中引入数据库后的系统，它是以计算机平台为基础，动态地组织、存储、管理和分析处理数据库数据的软硬件系统。数据库系统的组成如图 1-3 所示，它包括五个部分：计算机平台、用户、数据库应用程序、数据库管理系统和数据库。

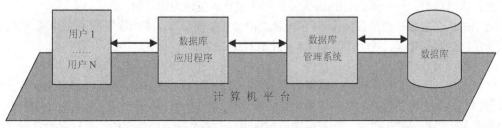

图 1-3　数据库系统的组成

在图 1-3 中，最右边的组成部分是数据库，它是描述实体的数据对象的集合。右数第二个组成部分是数据库管理系统，一般使用它的英文缩写 DBMS，这是一个计算机系统软件，一般由软件巨头开发并授权用户使用，它的主要功能是数据库的创建、管理和维护。

数据库应用程序是用户和 DBMS 间的媒介程序，它通过向 DBMS 发送请求命令来更新数据库中的数据，也可以通过 DBMS 检索数据库中的数据，并以友好的形式向用户显示结果。数据库应用程序可以由软件供应商提供，也可以由数据库用户编写。

用户是数据库系统的第四个组成部分，他们一般通过数据库应用程序进行事务管理，当然高级用户也可以直接通过 DBMS 操纵和管理数据库。

1.2.6　数据模型

对于模型，人们并不陌生。日常生活中所说的模型通常是指某个真实事物按比例缩小的版本，例如航模飞机、地图等，它们与所模拟的真实事物在结构上是相似的，因此，模型是对现实世界中研究对象的模拟和抽象。在日常生活中，模型的一个重要的作用是在制造真实事物之前，花费最少的代价，利用模型对研究对象的结构、性能等进行实验和评估，以降低真实对象的制造风险。

1. 数据模型的概念

数据模型是一种用来表达数据的工具模型。在数据库领域，数据模型用于表达现实世界中的对象及其联系，即将现实世界中杂乱的信息用一种规范的、形象化的方式表达出来。

前面说过，数据呈现结构、约束和操作三类特征，相应地，在计算机中表示数据的数据模型应该能够全面地描述数据的数据结构、数据约束和数据操作。尽管数据模型具有结构、约束和操作三方面的要素，但数据模型的结构是最核心的，很多情况下提到的数据模型，指的就是数据对象的数据结构。

数据模型既要面向现实世界，又要面向机器世界，因此需满足三个要求：①能够真实地模拟现实世界；②容易被人们理解；③能够方便地在计算机上实现。

在数据库领域建立数据模型的目的有两个：一个是提高数据库的可研究性，另一个是规避风险，将真实数据的组织、管理和分析处理风险掌握在可控范围中。

2. 数据模型的层次

数据描述涉及三个世界：一是现实世界，这是存在于人们头脑之外的客观世界；二是信息世界，这是现实世界在人们头脑中的反映形式；三是机器世界，这是信息世界的信息在机器世界中的数据组织形式。

数据模型是对数据的抽象和模拟，根据不同应用目的，可以将数据模型分为三大类：第一类是概念层数据模型，第二类是组织层数据模型，第三类是物理层数据模型。

（1）概念层数据模型

概念层数据模型，即概念模型，它按用户的观点对现实世界的论域建立模型。概念模型更关注数据的语义，是现实世界的论域在人脑中的模型，属于信息世界的建模。概念模型是面向用户和现实世界的模型，与具体的 DBMS 无关，不依赖于数据的组织结构。

常用的概念层数据模型有实体-联系模型、语义对象模型等。本书主要应用实体-联系模型进行概念层次的数据建模，这个内容在 1.5 节中有详细的介绍。

（2）组织层数据模型

数据库中的数据是按一定的逻辑结构存放的，这种结构是用组织层数据模型来表示的。组织层数据模型是基于机器世界的数据库系统视角来建模的，用于 DBMS 实现，因此与具体的 DBMS 有很大关系。组织层数据模型，在数据库的设计中，有着非常重要的作用，直接影响数据库中数据的质量和效率。请注意：如果没有特别声明，下文提到数据模型，指的都是组织层数据模型。

（3）物理层数据模型

物理层数据模型是对数据最底层的抽象，描述数据在计算机系统内部的表示方式和存取方法，在计算机外部存储设备上的存储方式和存取方法。

3. 组织层数据模型

任何一个数据库管理系统都是基于组织层次的某种数据模型的，数据库技术的发展就是沿着组织层数据模型的主线展开的。迄今为止，比较流行的组织层数据模型有三种：层次数据模型、网状数据模型以及关系数据模型。

（1）层次数据模型

在层次数据模型（hierarchical data model）的数据集合中，各数据对象之间是一种依次的一对一的或一对多的联系。在这种模型中，层次清楚，可沿层次路径存取和访问各个数据对象。层次结构犹如一棵倒置的树，因而也称其为树形结构。图1-4所示即为层次数据模型的数据集合的一个例子。

层次数据模型的特点如下。

- 有且仅有一个根结点，它是一个无父结点的结点。
- 除根结点以外的所有其他结点有且仅有一个父结点。
- 同层次的结点之间没有联系。

层次数据模型的优点是结构简单、层次清晰，并且易于实现。适宜描述类似于行政编制、家族关系及书目章节等信息载体的数据结构。但用层次模型不能直接表示多对多的联系，因而难以实现对复杂数据关系的描述。

（2）网状数据模型

在网状数据模型（network data model）中，各数据对象之间建立的往往是一种层次不清楚的一对一、一对多或多对多的联系，此种结构可用来表示数据间复杂的逻辑关系。图1-5即是一个网状数据模型的例子。

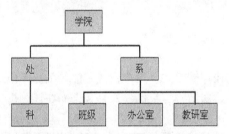

图1-4 层次数据模型举例

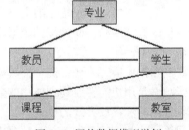

图1-5 网状数据模型举例

网状数据模型的特点如下。

- 一个结点可以有多个父结点。
- 可以有一个以上的结点无父结点。
- 两个结点之间可以有多个联系。

网状数据模型的主要优点是在表示数据之间多对多的联系时具有很大的灵活性，但这种灵活性是以数据结构的复杂化为代价的。

事实上，网状数据模型和层次数据模型在本质上是类似的，它们都是用结点表示实体，用连线表示实体之间的联系。在计算机中具体实现时，每一个结点都是一个存储的数据记录，而用链接指针来实现数据记录之间的联系。这种用指针将数据记录联系在一起的方法，很难对整个数据集合进行修改和扩充。

（3）关系数据模型

关系数据模型（relational data model）用二维表表示实体以及实体之间的联系，每一个二维表被称为一个关系。表 1-6 所示的学生信息就是一个典型的关系数据模型数据结构的例子。

关系数据模型与层次数据模型、网状数据模型的主要区别在于它描述数据的一致性。它把每个数据实体以及实体之间的关系都分别按同一方法描述为一个关系，并且不像后两者那样事先规定实体之间的先后顺序或从属、层次等关系，而是让实体之间彼此独立。

最终，关系数据模型（关系模型）成了计算机人的选择。主要的原因是关系模型具有结构简单、数据独立性高以及提供非过程性标准操纵语言 SQL 等。关系模型的特征将在 1.3 节中展开介绍。

表 1-6   关系数据模型的数据结构

sno	sname	sex	major	birthday	department	levels
201513171039	郑博程	男	国贸	1996/1/25	国贸系	本科
201513171040	姚风秋	男	国贸	1996/1/9	国贸系	专科
201513121001	宋子仪	女	金融学	1995/12/27	金融系	本科
201513121003	张小玉	女	金融学	1996/11/15	金融系	本科
201513072119	刘笑月	男	大数据	1996/12/26	计算机	专科
201513072120	张端财	男	大数据	1997/2/12	计算机	专科
201513072121	池宁	男	大数据	1996/5/14	计算机	专科
201513072122	訾鹏飞	男	大数据	1997/5/11	计算机	专科

1.2.7　数据库模式

数据模型是描述数据的一种工具，而数据库模式是使用具体的数据模型工具描述的数据库中全体数据的逻辑结构和完整性约束。需要提醒大家的是，描述数据库模式的模型工具一般都是组织层数据模型。

关于数据库模式，在特定的上下文，还有狭义和广义之分。狭义的数据库模式，仅仅指数据库中数据的逻辑结构；而广义的数据库模式，除了数据库的逻辑结构、完整性约束以外，还包括数据库的数据操作。

说到数据库模式，还要提一提数据库的用户模式和存储模式。用户模式一般是数据库模式的一个子集，是用户能够看到和使用的数据库中的局部数据结构。存储模式是数据库在计算机中的数据物理结构和存放方式的描述。

尽管一个数据库只能有一个数据库模式，但基于数据库模式可以定义多个数据库的用户模式，以满足不同用户的需求。另外，数据库只能有一个存储模式。下文将基于关系数据模型构建关系数据库的模式，这方面的内容请参看 1.4 节。

1.2.8　数据库语言

前面介绍了数据库模式的结构、操作和约束，那么怎样在数据库中定义数据的结构和完整性约束呢？又怎样来描述数据操作呢？这就需要开发一种语言，它至少满足以下两个条件：首先功能必须是强大的，必须支持数据库系统的数据模型；其次可用性必须是很高的，必须是通用的、简洁的、易用的。只有满足这两个条件，数据库用户才能够接受这种语言，并使用它定义和操纵数据库。

对于数据库技术来说，开发这样一种语言，是一个至关重要的问题，说它关系到数据库技术的生死存亡也不为过，因此一度出现了很多种语言。

随着时间的流逝，其中一种语言——SQL，成为了数据库用户的选择。SQL，是 Structured Query Language 的缩略词，中文名称是结构化查询语言或结构查询语言，它的主要功能是关系数据库的定义和操纵，之所以关系数据库能够风靡一时，SQL 发挥了重要的作用。

今天，SQL 已成为国际标准。使用 SQL，可以轻松地定义关系数据库中数据表的数据结构和完整性约束，可以灵活地操纵数据表中的数据。这部分内容将在第 6 章重点介绍。

1.3　关系数据库的数据模型

关系数据库是以关系模型为基础的数据库，用关系模型来组织数据，通常涉及数据结构、数据操作和数据完整性约束这三个方面的内容。

（1）数据结构：关系数据库用关系这一数据结构描述数据库组成对象以及对象间的联系，它描述了数据库的静态特性，是数据模型中最基本的部分。

（2）数据操作：数据操作是指对数据库中各种数据对象允许执行的操作集合，包括操作及相应的操作规则，它描述了数据库的动态特性，主要有检索和更新两大类操作。

（3）数据完整性约束：是一组完整性规则的集合。完整性规则是数据库中的数据及其联系所具有的制约和依存规则，用于保证数据的正确、有效、相容。

1.3.1　关系数据库的数据结构

关系模型具有单一的数据结构，不论是实体还是实体之间的联系都用关系表示。那么关系是什么呢？在用户观点下，关系就是一张二维表，它由行和列组成。请注意，并不是所有的二维表都是关系，只有满足如下规范条件的二维表才能成为一个关系。

① 表的每行存储了某个实体的数据。例如在表 seller 中，每行都包含某个销售员的数据信息。

② 表的每列包含了用于表示实体某个属性的数据。例如在表 seller 中，每列都包含了销售员的一个属性，如姓名、性别或地址等。

③ 表中的每个单元格都不能再分，只能存储一个值。

④ 任意一列中所有单元格的数据类型必须一致。例如，表的第 1 行第 4 列是一个日期值，那么其他所有行中的第 4 列也必须是日期值。

⑤ 每列都必须有唯一的名称，但表中列的顺序任意。

⑥ 行的顺序任意，但表中任意两行不能有完全相同的数据值。

上面六条规范条件中，最基本的一条是：二维表的每一个单元格不可再分，即不允许表中还有表。表 1-7 就是不满足这一基本规范的示例表，对于单元格"姓名"又分成了"姓"和"名"两个分量；对于"出生日期"又分成了"年""月""日"三个分量。

表 1-7　　　　　　　　　　　　　表中有表的示例

销售员编号	姓名		性别	出生日期			地址
	姓	名		年	月	日	

上面介绍了关系的概念，为了便于理解，下面举例说明这个抽象的学术术语。日常生活中，大家常常需要买东西，当销售员将商品卖给我们的时候，一张订单就产生了。显然，销售员和商品是实体，订单反映的是销售员和商品之间的销售关系。

表 1-8 描述了关系 seller 的数据结构，表 1-9 描述了关系 product 的数据结构，表 1-10 描述了关系 order 的数据结构。需要注意的是，seller 和 product 反映的是实体属性信息，而 order 反映的是实体销售员和实体商品的销售关系。在关系模型中，不论实体还是实体间联系都用关系表示。

表 1-8　　　　　　　　　　实体 seller 的关系

销售员编号	姓名	性别	出生日期	地址
s01	张颖	女	1968/12/8	复兴门 245 号
s02	王伟	男	1962/2/19	罗马花园 890 号
s03	李芳	女	1973/8/30	芍药园小区 78 号
s04	郑建杰	男	1968/9/19	前门大街 789 号
s05	赵军	男	1965/3/4	学院路 78 号
s06	孙林	男	1967/7/2	阜外大街 110 号
s07	金士鹏	男	1960/5/29	成府路 119 号
s08	刘英玫	女	1969/1/9	建国门 76 号
s09	张雪眉	女	1969/7/2	永安路 678 号

 关键字　　　　　　　　　 字段　　记录

表 1-9　　　　　　　　　　实体 product 的关系

商品编号	商品名称	价格	库存
p01001	啤酒	42.52	111
p01002	牛奶	10.63	170
p01003	矿泉水	17.72	520
p02001	花生油	134.64	270
p02002	盐	7.09	530
p02003	酱油	31.89	120
p02004	味精	14.17	390
p03001	蛋糕	67.32	360
p03002	饼干	41.10	290

 关键字　　　　　 字段　　记录

表 1-10　　　　　　　　　　联系 order 的关系

订单编号	订单日期	销售员编号	商品编号	销量
10248	2008-7-5	s05	p03001	2
10249	2008-7-5	s06	p02003	5
10250	2008-7-8	s01	p01001	3
10251	2008-7-8	s02	p01002	2
10252	2008-7-9	s01	p01003	7
10253	2008-7-10	s02	p02001	1
10254	2008-7-11	s05	p02004	1
10255	2008-7-12	s09	p02002	3

记录

 关键字　　　　 外部键　　 外部键　　字段

交待清楚关系这个概念后，我们说明一下与关系有关的几个概念。

① 记录。对于一个关系，通常将其中的每一行称为一个记录，或称为一个元组。在表 1-9 旁边，对记录这一概念进行了标注。

② 字段。将关系中的每一列称为一个字段，或称为一个属性。在表 1-8 和表 1-9 附近，对字段这一概念都进行了标注。

③ 关键字。在表的字段中，有一个字段或一组字段可以唯一标识一个记录，将这个字段或字段组称为关键字。可以起到这样作用的关键字有两类：候选关键字和主关键字。

- 候选关键字：一个关系中可以唯一标识一个记录的一个字段或多个字段的组合。一个关系中可以有多个候选关键字。

- 主关键字：把关系中的一个候选关键字定义为主关键字。一个关系中只能有一个主关键字，用以唯一标识记录，简称为主键。在表 1-8、表 1-9 和表 1-10 附近，对关键字这一概念都进行了标注。

④ 外部键。如果某个关系中的一个字段或字段组合不是所在关系的主关键字或候选关键字，但却是其他关系的主关键字，对这个关系而言，称其为外部关键字，简称外键。在表 1-10 附近，对外部关键字这一概念进行了标注。

⑤ 域。关系中的每一字段有一个取值范围，称为域。域是一组具有相同数据类型的值的集合。如库存的域是（0,999），又如性别的域为：（"男"，"女"）。

1.3.2　关系数据库的数据操作

由于关系模型借助集合代数等来操纵数据库中的数据，因此关系操作是集合操作，即操作的对象和结果都是集合，这种操作称为一次一个集合的方式。

关系模型既支持并、差、交、积等传统操作，又支持选择、投影和连接等专门关系操作。

1. 传统的集合操作

传统的集合操作包括并、差、交、积等传统的集合运算。设关系 R（见表 1-11）和关系 S（见表 1-12）都具有 n 个属性，且相应属性值取自同一个值域，则可以定义并、差、交和积运算。

表 1-11　　　　　　　　　　　　　　　　关系 R

商品编号	商品名称	价格/元	库存
p01001	啤酒	42.52	111
p03001	蛋糕	67.32	360

表 1-12　　　　　　　　　　　　　　　　关系 S

商品编号	商品名称	价格/元	库存
p02001	花生油	134.64	270
p03001	蛋糕	67.32	360

（1）并运算：两个已知关系 R 和 S 的并记作：R∪S，将产生一个包含 R、S 中所有不同记录的新关系。并运算的示例如表 1-13 所示。

表 1-13　　　　　　　　　　　　　　R∪S 的操作结果

商品编号	商品名称	价格/元	库存
p01001	啤酒	42.52	111
p02001	花生油	134.64	270
p03001	蛋糕	67.32	360

（2）差运算：两个已知关系 R 和 S 的差，是所有属于 R 但不属于 S 的记录组成的新关系。记作：R-S。差运算的示例如表 1-14 所示。

表 1-14　　　　　　　　　　　　　　R-S 的操作结果

商品编号	商品名称	价格/元	库存
p01001	啤酒	42.52	111

（3）交运算：两个已知关系 R 和 S 的交，是属于 R 而且也属于 S 的记录组成的新关系。记作：R∩S。交运算的示例如表 1-15 所示。

表 1-15　　　　　　　　　　　　　　R∩S 操作结果

商品编号	商品名称	价格/元	库存
p03001	蛋糕	67.32	360

（4）积运算：两个已知关系 R 和 S 的积，是 R 中每个记录与 S 中每个记录连接组成的新关系。记作：R×S。如果 R 有 m 个记录，S 有 n 个记录，那么 R×S 中有 $m×n$ 个记录。积运算是一种特殊的连接运算，单纯的积运算一般没有实际意义，这里就不给出示例了。

2. 专门的关系操作

专门的关系操作主要包括选择、投影和连接三种运算。选择和投影运算的操作对象通常是一个表，分别对一个表中的数据进行横向的或纵向的抽取；而连接运算则是对两个或两个以上的表进行的操作。

（1）选择

从一个关系中找出满足给定条件的记录的操作称为选择。选择是从行的角度对关系内容进行的筛选，经过选择操作后得到的结果可以形成新的关系，其关系模式不变，其内容是原关系的一个子集。

例如，从表 1-8 所示的 seller 表中筛选出所有的女员工，就是一种选择操作。得到的结果将如表 1-16 所示。

表 1-16　　　　　　　　　　选择操作举例——筛选所有的女销售员

销售员编号	姓名	性别	出生日期	地址
s01	张颖	女	1968/12/8	复兴门 245 号
s03	李芳	女	1973/8/30	芍药园小区 78 号
s08	刘英玫	女	1969/1/9	建国门 76 号
s09	张雪眉	女	1969/7/2	永安路 678 号

（2）投影

从一个关系中找出若干个字段组成新的关系的操作称为投影。投影是从列的角度对关系内容进行的筛选或重组，经过投影操作后得到的结果也形成新的关系。新关系的关系模式所包含的字段个数一般比原关系少，其内容是原表的一个子集。

例如，从表 1-8 所示的 seller 表中抽取"姓名""性别"两个字段构成一个新表的操作，就是一种投影操作。得到的结果如表 1-17 所示。

（3）连接

连接是将两个关系中的记录按一定的条件横向组合，拼接成一个新的关系。不同关系中的公共字段或者具有相同语义的字段是实现连接操作的纽带。

表 1-17　　　　　　　　　　投影操作举例——显示销售员的姓名和性别

姓名	性别
张颖	女
王伟	男
李芳	女
郑建杰	男
赵军	男
孙林	男
金士鹏	男
刘英玫	女
张雪眉	女

最常见的连接操作是自然连接，它是利用两个关系中共有的一个字段，将该字段值相等的记录内容连接起来，去掉其中的重复字段作为新关系中的一条记录。表 1-18 给出了 product 表和 order 表按照商品编号进行自然连接的结果。

表 1-18　　　　　　　　　　　　　　连接操作举例

商品编号	商品名称	价格	库存	订单编号	订单日期	编号	销量
p01001	啤酒	42.52	111	10250	2008-7-8	S01	3
p01002	牛奶	10.63	170	10251	2008-7-8	S02	2
p01003	矿泉水	17.72	520	10252	2008-7-9	S01	7
p02001	花生油	134.64	270	10253	2008-7-10	S02	1
p02002	盐	7.09	530	10255	2008-7-12	S09	3
p02003	酱油	31.89	120	10249	2008-7-5	S06	5
p02004	味精	14.17	390	10254	2008-7-11	S05	1
p03001	蛋糕	67.32	360	10248	2008-7-5	S05	2

连接过程是通过连接条件来控制的：首先在表 1 中找到第一个记录，然后从表头开始扫描表 2，逐一查找满足连接条件的记录，找到后，将该记录和表 1 中的第一个记录进行拼接，形成查询结果中的一个记录。表 2 中的记录全部查找以后，再找表 1 中的第 2 个记录，然后再从头开始扫描表 2，逐一查找满足连接条件的记录，找到后，将该记录和表 1 中的第 2 个记录进行拼接，形成查询结果中的又一个记录。重复上述操作，直到表 1 中的记录全部处理完毕。可见，连接查询是相当耗费计算资源的，应该慎重选择连接操作。

1.3.3　关系数据库的数据约束

数据完整性是指关系模型中数据的正确性与一致性，关系模型允许定义的完整性约束有：实体完整性、域完整性和参照完整性。关系型数据库系统提供了对实体的完整性、域完整性和参照完整性约束的自动支持，也就是在进行插入、修改或删除操作时，数据库系统自动保证数据的正确性和一致性。

（1）实体完整性约束。该约束保证实体是可识别的和唯一的，通过在关系中定义关键字来实现。在任何关系的任何一个元组中，关键字的值不能为空值、也不能取重复的值。例如：关系 seller 指定编号为主键；关系 product 指定商品编号为主键。

（2）域完整性约束。该约束保证实体属性取值的正确性和有效性，通过在关系中定义属性的数据类型、设置属性的有效性规则等实现。域完整性约束由用户根据实际情况设定：例如 seller 表中指定 sex 是字符型字段，它的宽度是 2，并且 sex ∈ {男，女}；又如 order 表中销量整型数据，并且销量值要大于 1，同时要低于 product 表的库存值。

（3）参照完整性约束。该约束定义了一个实体相对于另外一个实体应该遵循的约束规则，描述了实体之间的特定联系，通过在关系中定义主键和外键的约束规则来实现。例如，将 seller 表的主键"销售员编号"引入到 order 表中作为外键，然后定义约束规则，要求 order 表的"销售员编号"必须是 seller 表中已经存在的"销售员编号"。这一约束的语义是 order 表不能引用 seller 表中不存在的实体。

1.4　关系数据库的数据库模式

关系数据库模式是使用关系数据模型这一工具描述的特定关系数据库中全体数据的逻辑结构。广义上讲，关系数据库模式还包括全体数据的完整性约束和数据操作。为了便于初学者理解，这里仅仅将关系数据库模式定义为全体数据的逻辑结构和完整性约束。

由于关系数据库是使用关系来组织数据对象和数据对象联系的，因此关系数据库的逻辑结构表现为一系列关系的关系模式的集合。为了便于定义数据库模式，下面定义两个概念。

【定义一】关系模式：关系模式是对关系数据结构的描述。简记为：关系名（属性 1，属性 2，属性 3，…，属性 n）。如果一个属性或属性组合是主键，则用下划线标注。请注意，关系模式中还应该定义属性的域完整性约束，篇幅原因，这里省略了。

例如：学生的关系模式：student(学号，姓名，性别，出生日期，专业，所在系)。

【定义二】关系数据库模式：关系数据库的数据模式是一系列关系的关系模式的集合。简记为：数据库名={关系 1 的关系模式，关系 2 的关系模式，…，关系 n 的关系模式}

【例 1-1】"销售订单"是一个关系数据库，包含"seller""Customer"和"product"三个实体关系和一个联系关系"order"。下面写出了这个数据库的数据库模式：

销售订单={seller, Customer, product, order}
Seller（销售员编号，姓名，性别，出生日期，地址）
Customer（顾客编号，顾客姓名，性别，出生日期，联系电话，收货地址，积分）
Product（商品编号，商品名称，价格，库存）
Order（订单编号，订单日期，销售员编号，顾客编号，商品编号，商品销量）

请思考：联系关系 order 将"seller""Customer"和"product"这三个实体关系联系起来，它是通过怎样的一种约束来实现的？提示：定义参照表外码与基表主码之间的引用规则实现参照完整性约束。

前面的内容告诉大家，关系数据库的模式就是该数据库所包含的所有关系的关系模式的集合。因此关系模式是表达关系数据库模式的基础。为了更容易的便于大家接受关系和关系模式的概念，图 1-6 对关系、关系模式、属性以及元组这四个概念进行了比较。

图 1-6　关系和关系模式的图解

图 1-6 告诉大家：关系就是一张二维表；二维表的结构称为关系模式，即，关系模式是二维表的表头结构。当然，这种说法比较朴素，不够严谨，但便于初学者的理解。

1.5　关系数据库的设计

一个机构的数据通常是杂乱无章的，如果不进行合理、有效的组织，数据就很难发挥其资源性的作用。因此，用关系数据模型科学的组织数据，建立高质量的数据库模式，使其可用、易用，是关系数据库设计的重要任务之一。

1.5.1　关系数据库设计的内容

关系数据库设计的目的在于提供实际问题的计算机表示，其核心任务就是基于实际问题所需，建立高效、易用的关系数据库模式，以支持大量用户对数据库的高效存取和访问。在关系数据库设计的过程中，基于数据的三个范畴需要考虑不同的设计内容。

1. 数据的三个范畴

现实世界的实体是客观存在的，其属性的值也是客观存在的，属于现实世界的范畴。实体的属性反映到人的大脑里，在人脑中形成的属性值是主观的，属于信息世界的范畴。要让计算机表示现实世界实体的属性，必须将信息世界的属性值转换到计算机世界。

因此，数据存在三个范畴：现实世界、信息世界和计算机世界。数据库设计的过程就是将数据的表示从现实世界抽象到信息世界，再从信息世界转换到计算机世界。

2. 关系数据库设计的内容

将现实世界的数据抽象到信息世界，关系数据库设计需要考虑的内容是：（1）根据业务管理和决策的需要，应该在关系数据库中保存什么数据；（2）这些数据之间有什么业务联系；（3）关系数据库中的数据应该满足哪些业务约束。

将信息世界的数据抽象到计算机世界，关系数据库设计需要考虑的内容是：（1）如何将数据、数据联系以及数据约束用关系模式来描述；（2）如何将关系数据模型描述的数据库模式用相应的 DBMS 来实现。

1.5.2　关系数据库设计的步骤

关系数据库设计的过程就是一个数据建模的过程，其目的是把一个现实世界中的实际问题用一种数据模型来表示，用计算机能够识别、存储和处理的数据形式进行描述。关系数据库设计分为 4 个步骤，如图 1-7 所示。

图 1-7　关系数据库设计的步骤

1. 需求分析

在关系数据库设计中，广义的需求分析需要明确用户对数据库系统的数据需求和围绕这些数据的业务处理需求。狭义的需求分析特指用户对关系数据库的数据需求。

本书在关系数据库设计中的需求分析仅仅包括用户对关系数据库的数据需求，主要涉及数据内容需求和围绕这些数据的完整性需求。

（1）数据内容需求：了解用户需要在关系数据库中存储哪些内容的数据，希望从关系数据库中获得哪些方面的信息。

（2）数据完整性需求：了解用户对关系数据库中存放的信息应满足什么样的约束条件，什么样的信息在关系数据库中才是正确的数据。

2. 概念设计

关系数据库概念设计是在需求分析的基础上，建立数据的概念模型；概念模型中描述的是最核心问题的数据以及数据之间的联系。建立概念模型的常用工具是 E-R 方法，下文将展开介绍。通常将用 E-R 方法描述的概念模型称为 E-R 模型。

3. 逻辑设计

关系数据库的逻辑设计就是将面向用户的概念模型转化为面向计算机的关系数据库模式。基于关系数据库系统的数据库设计，逻辑数据模型就表现为关系数据库的模式，更通俗的说，就是用"一系列表的聚集"来表示数据以及数据之间的联系。因此关系数据库的逻辑设计实际是把 E-R 模型转换为关系数据库模式的过程。

4. 物理实现

物理实现，就是依据所设计的关系数据库模式，以计算机系统为平台，使用关系数据库管理系统（如 Access），进行物理设计，建立关系数据库。

建立关系数据库主要包括两个环节：一是定义数据库模式，二是组织数据入库（数据库）。关系数据库建立后就进入运行、维护和使用阶段。

1.5.3　关系数据库概念设计的方法

理解了实际问题的需求后，需要用一种方法将这种需求在信息世界表达，建立数据库的概念模型。虽然建模方法很多，但最常用的就是 E-R 方法，基于 E-R 方法建立的概念模型又称为 E-R 模型。

在表达用户对数据库的需求时，E-R 方法以图形方式表示客观世界的对象及其联系，不需要具有计算机专业知识，所以 E-R 方法易学、易懂、易用，在数据库设计中得到了广泛的应用。下面介绍 E-R 方法如何在信息世界对数据库建模。

1. 信息世界中的几个概念

在人脑中勾勒现实世界的数据模型，经常用到以下几个概念。

（1）实体

实际问题中客观存在并可相互区别的事物称为实体（entity）。实体是现实世界中的对象，可以是实际的事物，例如一位教师、一本书等；也可以是抽象的概念，例如一个创意、一个观点；另外还可以是一个事件，例如一场足球比赛、一次火灾等。

（2）属性

实体所具有的某一特性称为属性（attribute）。例如，关于学生可用学号、姓名、性别、出生日期等属性来描述；关于比赛可用比赛名、时间、地点、参赛者、举办方等属性来描述。一个实体可以抽取用户感兴趣的若干个属性来刻画。

（3）域

属性的取值范围称为该属性的域（domain）。

（4）键

在描述实体的所有属性中，可以唯一地标识每个实体的属性称为键（key）。作为键的属性，其取值必须唯一且不能"空置"。

（5）实体型

具有相同的特征和性质的实体一定具有相同属性。用实体名及其属性名集合来抽象和刻画同类实体，称为实体型（entity type）。

实体型的简要格式是：实体名（属性 1，属性 2，…，属性 n）。在构建实体型时，要注意每个实体型只表达一个主题。另外，每个实体型有一个键属性，其他属性只依赖键属性而存在，并且除键属性以外的其他属性之间没有相互依赖关系。

（6）实体集

同一类型实体的集合称为实体集（entity set）。

（7）联系

实体内部的联系（relationship）体现在实体的各个属性之间的联系；实体之间的联系是指不同实体集之间的联系，并且这种联系可以拥有属性。

2．E-R 方法

E-R 方法是"实体-联系方法"（entity-relationship approach）的简称。它是描述现实世界的概念模型的有效方法。

E-R 方法用矩形表示实体型，矩形框内写明实体名；用椭圆表示实体的属性，并用无向边将其与相应的实体型连接起来；用菱形表示实体型之间的联系，在菱形框内写明联系名，并用无向边分别与有关实体型连接起来。图 1-8 用 E-R 方法描述了实体"学生"与实体"课程"以及它们之间的联系"选课"。

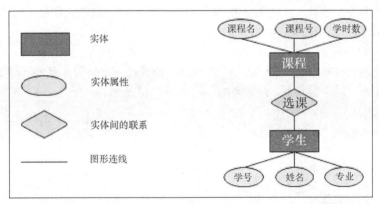

图 1-8　E-R 方法的图形元素

　实体中的联系有一对一、一对多和多对多三种类型，可以在无向边旁分别标注 1∶1、1∶n 或 m∶n 来说明联系的这三种类型，下文将展开介绍这一内容。

3．E-R 方法的应用：实体型的建模

图 1-9 给出了 E-R 方法描述实体型的案例，矩型表示销售员这个实体型，椭圆表示销售员这个实体型的一系列属性。作为键属性的销售员编号，用加下划线的方式表示。

4．E-R 方法的应用：实体间联系的建模

实体之间的关联称为联系，它反映了客观事物之间相互依存的状态。实体之间的联系可以归结为以下 3 种类型。

（1）一对一联系（1∶1）

设有实体集 A 与实体集 B，如果 A 中的一个实体，至多与 B 中的一个实体关联，反过来，B 中的一个实体，至多与 A 中的一个实体关联，称 A 与 B 是"一对一"联系类型，记作（1∶1）。

（2）一对多联系（1∶n）

设有实体集 A 与实体集 B，如果 A 中的一个实体，在 B 中可以有多个实体关联，反过来，B

中的一个实体，至多与 A 中的一个实体关联，称 A 与 B 是"一对多"联系类型，记作（1：n）。

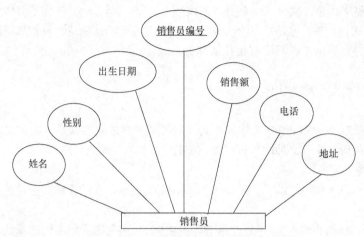

图 1-9　E-R 方法描述实体及其属性的方法

（3）多对多联系（m：n）

如果对于实体集 A 中的每一个实体，实体集 B 中有 n 个实体（$n>=0$）与之联系；反之，对于实体集 B 中的每一个实体，实体集 A 中也有 m 个实体（$m>=0$）与之联系，则称实体集 A 与实体集 B 具有多对多联系，记为（m：n）。

【例 1-2】一对一联系

如果一个公司只有一个总经理，而一个总经理只能管理一家公司，那么公司和总经理这两个实体之间就存在着一对一的联系。此联系的表示如图 1-10 所示。

图 1-10

【例 1-3】一对多联系

如果一家总公司有多家子公司，而这些子公司都属于这家总公司，那么总公司与子公司两个实体之间就存在着一对多的联系。一对多的联系是最普遍的联系，也可以将一对一的联系看作是一对多联系的特殊情况。此联系的表示如图 1-11 所示。

图 1-11

【例 1-4】多对多联系

如果一家公司经销多个产品，而每个产品又可以被多家公司所经销，那么公司与产品这两个实体之间就存在着多对多的联系。此联系的表示如图 1-12 所示。

图 1-12

多对多联系比较复杂，在实际应用中，一般将多对多联系分解为两个或多个一对多的联系来处理。

【例 1-5】某大学生，通过互联网向客户销售学校开发的产品，假定每次向一位顾客销售一种产品，就生成一张订单。请用 E-R 方法表示该大学生的产品销售订单。

【分析】该大学生的产品销售订单应该包括顾客和产品这两个实体信息，另外顾客和产品这两个实体的联系可以用订单来反映。图 1-13 描述了产品销售订单的 E-R 模型。

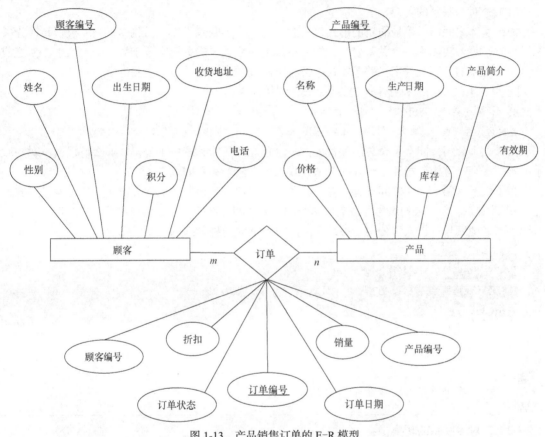

图 1-13　产品销售订单的 E-R 模型

1.5.4　E-R 模型转换为关系数据库模式

E-R 模型向关系数据库模式转换要解决的问题是如何将实体以及实体之间的联系转换为关系模式，如何确定这些关系模式的属性和主关键字。

这里包含两个方面的内容，一是实体如何转换，二是实体之间的联系如何转换。

1. 实体的转换

E-R 模型的表现形式是 E-R 图，由实体、实体的属性和实体之间的联系三个要素组成。从 E-R 图转换为关系模式的方法是：为每个实体定义一个关系，实体的名字就是关系的名字；实体的属性就是关系的属性；实体的键是关系的主关键字。

【例 1-6】将图 1-13 所表示的产品销售订单的 E-R 模型中的实体转换为关系模式。由图 1-13

可知，E-R 模型中只有两个实体，分别是顾客和产品，其转换的关系模式为：

顾客（<u>顾客编号</u>，顾客姓名，性别，出生日期，联系电话，收货地址，积分）

产品（<u>产品编号</u>，产品名称，价格，库存，生产日期，有效期，产品简介）

2. 实体之间联系的转换

实体之间的联系转换为关系之间的联系，关系之间的联系是通过外部关键字来体现的。前面讨论过实体之间的联系通常有三种类型：一对一联系、一对多联系和多对多联系。下面从实体之间联系类型的角度来讨论三种常用的转换策略。

（1）一对一联系的转换

两个实体之间的联系最简单的形式是一对一（1:1）联系。1:1 联系的 E-R 模型转换为关系模型时，每个实体用一个关系表示，然后将其中一个关系的关键字置于另一个关系中，使之成为另一个关系的外部关键字。关系模式中带有下画线的属性是关系的主关键字。

【例 1-7】已知公司和总经理的关系模式分别如下：

公司（<u>公司编号</u>，公司名称，地址，电话）

总经理（<u>经理编号</u>，姓名，性别，出生日期，民族）

如果一个公司只能有一个总经理管理，一个总经理只能管理一个公司，那么请根据一对一联系的转换规则，重构公司和总经理的关系模式，建立两个关系的联系。

为了表示这两个关系之间具有一对一联系，可以把"公司"关系的关键字"公司编号"放入"总经理"关系，使"公司编号"成为"总经理"关系的外部关键字；也可以把"总经理"关系的关键字"经理编号"放入"公司"关系，由此得到下面两种形式的关系模式。

关系模式一：

公司（<u>公司编号</u>，公司名称，地址，电话）

总经理（<u>经理编号</u>，姓名，性别，出生日期，民族，*公司编号*）

关系模式二：

公司（<u>公司编号</u>，公司名称，地址，电话，*经理编号*）

总经理（<u>经理编号</u>，姓名，性别，出生日期，民族）

其中斜体内容为外部关键字

（2）一对多联系的转换

一对多（1:n）联系的 E-R 模型中，通常把"1"方（一方）实体称为"父"方，"n"方（多方）实体称为"子"方。1:n 联系的表示简单而且直观。一个实体用一个关系表示，然后父实体关系中的关键字置于子实体关系中，使其成为子实体关系的外部关键字。

【例 1-8】已知仓库和员工的关系模式分别如下：

仓库（<u>仓库号</u>，仓库名，地点，面积）

员工（<u>员工号</u>，姓名，性别，出生日期，工资）

如果一个员工只能在一个仓库工作，而一个仓库可以有多个员工进行管理，那么请根据一对多联系的转换规则，重构仓库和员工的关系模式，建立两个关系的联系。

【分析】显然，仓库是"一方"父关系，员工是"多方"子关系。根据一对多联系的转换规则，只需要把仓库关系的主关键字"仓库号"放入员工关系中，使之成为员工关系的外部关键字即可。重构后得到下面的关系模式。

仓库（<u>仓库号</u>，仓库名，地点，面积）

员工（<u>员工号</u>，姓名，性别，出生日期，工资，仓库号）

【例 1-9】根据毕业设计的具体需求，下面给出了指导教师和学生的关系模式：

教师（教师号，姓名，院系，电话）

学生（学号，姓名，性别，出生日期，所属院系）

如果一名教师可以指导多位学生，而每位学生有且只有一名教师指导其毕业设计，请根据一对多联系的转换规则，重构指导教师和学生的关系模式，建立两个关系的联系。重构后得到下面的关系模式。

教师（教师号，姓名，院系，电话）

学生（学号，性别，姓名，出生日期，所属院系，*教师号*）

建立 $1:n$ 联系的时，一定是父关系中的关键字置于子关系中，反之不可。

（3）多对多联系的转换

多对多（$m:n$）联系的 E-R 数据模型转换为关系模型的转换策略是把一个 $m:n$ 联系分解为两个或多个 $1:n$ 联系，分解的方法是建立第三个关系（称为"纽带"关系）。原来的两个多对多实体分别对应两个父关系，新建立第三个关系，作为两个父关系的子关系，子关系中的必有属性是两个父关系的关键字。

【例 1-10】

例题 1-6 已经建立了实体顾客和实体产品的关系模式：

顾客（顾客编号，顾客姓名，性别，出生日期，联系电话，收货地址，积分）

产品（产品编号，产品名称，价格，库存，生产日期，有效期，产品简介）

本题要求基于多对多联系转化的规则，将图 1-13 中联系"订单"转换为关系模式，用"订单"表示"顾客"和"产品"之间的多对多关系。

下面，将图 1-13 描述的产品销售订单的 E-R 模型转化成关系数据库的数据库模式：

产品销售订单={顾客，产品，订单}

顾客（顾客编号，顾客姓名，性别，出生日期，联系电话，收货地址，积分）

产品（产品编号，产品名称，价格，库存，生产日期，有效期，产品简介）

订单（订单编号，订单日期，订单状态，销量，折扣，顾客编号，产品编号）

【说明】基于每一次向每一位顾客销售每一种产品就要生成一张订单的假定，我们对产品销售订单的 E-R 模型转化成关系数据库的数据库模式做一下分析说明：

① 因为一种产品可以销售给多个顾客，一个顾客可以购买多种产品，因此产品与顾客之间是明显的多对多关系；

② 为了表示产品与顾客这种多为多的销售关系，引入订单这一纽带关系；

③ 因为一位顾客购买多种产品后需要生成多张订单，但一张订单只能记录一个顾客的一种产品的一次购买信息，所以顾客与订单是一个 $1:n$ 联系；

④ 因为每种产品的每一次销售都需要生成一张订单,但一张订单只能记录一种产品的一次销售信息，所以产品与订单是一个 $1:n$ 联系。

⑤ 因为订单关系同时是顾客关系和产品关系的子关系，所以父关系的顾客和产品的主关键字分别是子关系订单的两个外部关键字。

【知识拓展】在实际销售工作中，实际上每一次都可以向同一位顾客销售多种产品，这就是说一张订单上需要记录多种产品的销售情况。在这种情况下，订单和产品之间就变成了多对多的关系了，将产品销售订单的 E-R 模型转化成关系数据库的数据库模式也就比较复杂了。这种复杂性体现在多对多联系的转化上，必须再引入一个纽带关系来表示这个多对多关系，也就是在订单和产品之间再引入一个纽带关系。请读者思考一下：应该引入什么样的纽带关系？这个纽带关系有哪些属性？

综上所述，E-R 数据模型转换为关系数据模型的方法如表 1-19 所示。

表 1-19　　　　　　　　　　E-R 数据模型转换为关系数据模型的方法

联系类型	方法
1∶1	一个关系的主关键字置于另一个关系中
1∶n	父关系（一方）的主关键字置于子关系（多方）中
m∶n	分解成两个 1∶n 关系。建立"纽带关系"，两个父关系的关键字置于纽带关系中，纽带关系是两个父关系的子关系

习　　题

一、单选题

【1】数据库、数据库系统、数据库管理系统这三者之间的关系是_____。

    A. 数据库系统包含数据库和数据库管理系统

    B. 数据库管理系统包含数据库和数据库系统

    C. 数据库包含数据库系统和数据库管理系统

    D. 数据库系统就是数据库，也就是数据库管理系统

【2】能对数据库中的数据进行插入、更新、查询、统计分析等操作的软件系统称为_____。

    A. 数据库系统　　　　　　　　　　　B. 数据库管理系统

    C. 数据控制程序集　　　　　　　　　D. 数据库软件系统

【3】假设 Customer 数据表中有编号、姓名、年龄、职务、籍贯等字段，其中可作为关键字的字段是_____。

    A. 编号　　　　　　B. 姓名　　　　　　C. 年龄　　　　　　D. 职务

【4】如果要改变一个关系中属性的排列顺序，应使用的关系操作是_____。

    A. 并　　　　　　　B. 选取　　　　　　C. 投影　　　　　　D. 连接

【5】在关系型数据库管理系统中，所谓关系是指_____。

    A. 各条数据记录之间存在着一定的关系

    B. 各个字段数据之间存在着一定的关系

    C. 一个数据库与另一个数据库之间存在着一定的关系

    D. 满足一定条件的一个二维数据表

【6】数据库应用程序是_____。

    A. 用户和数据库的媒介　　　　　　　B. 数据库和 SQL 之间的接口

    C. 用户和 DBMS 的媒介　　　　　　　D. 负责对数据库进行关系操作

【7】一个关系型数据库管理系统所应具备的三种基本关系操作是_____。

    A. 选择、投影与连接　　　　　　　　B. 编辑、浏览与替换

    C. 插入、删除与修改　　　　　　　　D. 排序、索引与查询

【8】按照数据模型划分，Visual FoxPro 应当是_____。

    A. 层次型数据库管理系统　　　　　　B. 网状型数据库管理系统

    C. 关系型数据库管理系统　　　　　　D. 混合型数据库管理系统

【9】用纽带关系 R 表示关系 R1 和关系 R2 的一对多联系，应该_____。

  A．将 R1 的主键加入 R2 中作为外键　 B．将 R2 的主键加入 R1 中作为外键

  C．将 R1 的主键加入 R2 中作为主键　 D．将 R2 的主键加入 R1 中作为主键

二、填空题

【1】数据模型的三要素分别是_____、数据操作和_____。

【2】在关系数据库的基本操作中，从关系中抽取满足条件的元组的操作被称为_____。

【3】将两个关系中的元组按照一定条件组合在一起形成新关系的操作被称为_____。

【4】关系中的每一列称为一个字段，或称为关系的一个_____。

【5】二维表中的每一行称为一个记录，或称为关系的一个_____。

【6】对关系进行选择、投影或连接操作后，操作的结果仍然是一个_____。

【7】SQL 是_____的缩略词，它的中文名称是_____。

【8】E-R 模型是_____的缩略词，它的中文名称是_____。

【9】关系模式是_____，它是_____在信息世界的建模。

三、思考题

【1】关系数据库的标准操纵语言是什么？操纵泛指哪些操作？

【2】举例说明用 Excel 工作表表示两个实体的数据时，会导致哪些操作异常问题。

【3】请问数据库组织数据与 Excel 组织数据的主要区别是什么？

【4】请问满足哪些条件的二维表才会成为一个关系？

【5】在关系模型中，什么叫关系、字段、记录、关键字、外部关键字？

【6】请问在参照完整性中，为什么外部关键字的值也可以为空？

【7】请问实体型和关系模式有什么关系和区别？

【8】假设一个学生可以选多门课，一门课程可以有多个学生选学，结课后，每个学生得到这门课的一个成绩。请问：学生和课程之间是什么关系，请用 E-R 图来表示这种关系，并将其转化为关系模式。

【9】某工厂生产若干产品，每种产品由不同的零件组成，有的零件可用在不同的产品上。这些零件按所属的不同产品分别放在仓库中。请用 E-R 图画出这家工厂产品、零件、仓库的概念模型。

【10】什么是数据库模式？它与概念模型有什么区别？

【11】请将下图中的概念模型转化为数据库模式。

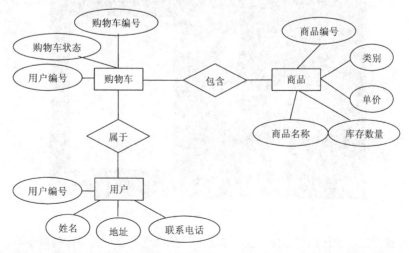

【12】请思考数据库设计与现实世界、信息世界与计算机世界分别有哪些关系。

第 2 章
Access 基础

Microsoft Access 是一个关系型数据库管理系统，是 Microsoft Office 旗下的一个重要组成部分，主要用于数据库管理。Access 不仅具有强大的数据库管理和分析能力，而且具有与 Word、Excel、PowerPoint 等软件类似的操作界面和使用环境，因此易学易用，应用广泛，正在成为桌面数据库管理系统的主流产品。本章在介绍了 Microsoft Access 的用户界面、环境设置和数据库包含的对象之后，重点梳理了 Microsoft Access 所支持的各种类型的数据，这为后面继续学习数据库技术奠定了基础。本章最后简单总结了 Microsoft Access 的设计工具和操作方式。请注意：如果没有特别说明，下文提到 Access 都是指 Microsoft Access 2010。

2.1　Access 的用户界面

2.1.1　Access 的 Backstage 界面

启动 Microsoft Access 2010 后，您首先看到的用户界面是 Microsoft Office Backstage 视图，如图 2.1 所示。您可以从该视图获取有关当前数据库的信息、创建新数据库、打开现有数据库或者查看来自 Office.com 的特色内容。

图 2-1　Access 的 Backstage 视图界面

Backstage 视图是功能区的"文件"选项卡上显示的命令集合。使用这些命令可以新建、保存和发布数据库。Backstage 视图中的命令通常适用于整个数据库，而不是数据库中的对象。注意：

通过单击"文件"选项卡可以随时访问 Backstage 视图。

2.1.2 Access 的主界面

打开一个数据库后，Access 用户界面如图 2-2 所示。这个界面是用户的主要工作窗口，我们把它称为 Access 的主界面。Access 的主界面包括标题栏、快速访问工具栏、功能区、导航窗格、对象工作区及状态栏六个部分。

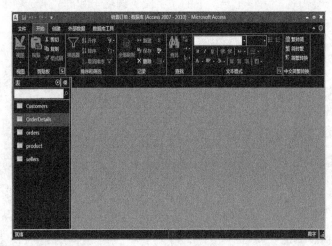

图 2-2 Access 的主界面

1. 标题栏

标题栏位于 Access 工作界面的最上端，用于显示当前打开的数据库文件名。在标题栏的右侧有 3 个小图标，从左到右依次用于最小化、最大化（还原）和关闭应用程序窗口，这是标准的 Windows 应用程序的组成部分。

标题栏最左端的 Access 图标是控制符，单击控制符会出现图 2-3 所示的"控制菜单"。通过该菜单可以控制 Access 窗口的还原、移动、大小、最小化、最大化和关闭等。双击控制符，可以直接关闭 Access 窗口。

图 2-3 控制菜单

2. 功能区

功能区是一个包含多组命令且横跨程序窗口顶部的带状区域，它位于标题栏的下方，以选项卡的形式将功能相关的各组命令组合在一起，从而大大方便了用户的使用。

功能区上有两类选项卡：一类是将相关常用命令分组在一起的标准命令选项卡；第二类是只在对特定对象操作时才出现的上下文选项卡。

（1）标准命令选项卡

图 2-4 所示的 Access 的"功能区"中有 5 个标准命令选项卡，分别是"文件""开始""创建""外部数据"和"数据库工具"。每个选项卡下有不同的操作命令，用户可以通过这些命令，对数据库中的数据库对象进行相应的操作。

图 2-4 功能区的标准命令选项卡

在功能区选项卡上，单击大多数按钮将启动该按钮对应的操作命令，而某些按钮将打开该按钮对应的选项列表框。

（2）上下文选项卡

除了标准命令选项卡外，Access 还可以包含上下文命令选项卡。上下文命令选项卡就是根据上下文（用户正在使用的对象或正在执行的任务）而显示的命令选项卡，如图 2-5 所示，当用户打开表 product 时，会出现"表格工具"下的"字段"选项卡和"表"选项卡。上下文选项卡可根据所选对象的状态不同自动显示或关闭，为用户带来极大的方便。

图 2-5　上下文选项卡

3. 快速访问工具栏

快速访问工具栏是一个可以自定义的小工具栏，可将您常用的命令放入其中。快速访问工具栏中的命令始终可见，只需一次单击即可访问命令。默认情况下，快速访问工具栏位于功能区的上方，包括"保存""恢复"和"撤销"命令。当然，用户也可以根据需要自定义快速访问工具栏包括的命令，并将快速访问工具栏的位置放在功能区的下方。这一内容将在 2.2.3 小节中介绍。

4. 导航窗格

导航窗格位于程序窗口的左侧，用于显示和组织当前数据库的所有对象。导航窗口有两种状态，折叠状态和展开状态。通过单击"百叶窗开/关按钮"可以在折叠状态和展开状态之间进行切换。

5. 对象编辑区

对象编辑区位于 Access 主窗口的右下方、导航窗格的右侧，它是用来设计、编辑、修改以及显示数据库对象的区域。

6. 状态栏

状态栏是位于 Access 主窗口底部的条形区域。右侧是各种视图切换按钮，单击各个按钮可以快速切换视图状态，左侧显示了当前视图状态。

2.2　Access 的工作环境

Access 启动后通常使用默认的工作环境。如果默认工作环境不能满足用户的需要，那么可以重新设置 Access 的工作环境。例如设置数据库的保存文件夹，设置功能区包括的标准选项卡，设置快速访问工具栏的组成命令等。

Access 工作环境的设置一般在"Access 选项"对话框进行。"Access 选项"对话框的打开步骤如下。

① 在功能区上单击"文件"选项卡，打开 Backstage 视图。

② 在左侧单击"选项"，打开图 2-6 所示的"Access 选项"对话框。

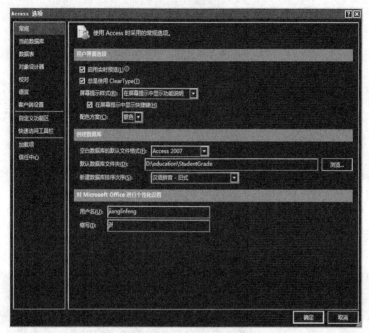

图 2-6　"选项"对话框

③ 在"Access 选项"对话框的左窗格中，单击相应的"设置主题"，即可打开相应"主题窗格"，进行相关环境的设置。例如：使用"常规"主题窗格可以自定义用户界面的配色方案、空白数据库的默认文件格式以及默认数据库文件夹；使用"自定义功能区"主题窗格可以设置系统功能区的标准选项卡组合；使用"快速访问工具栏"主题窗格可以设置快速访问工具栏所包含的命令组合以及位置。

在未弄清各项意义之前应该取其默认值，不要随便更改，以免系统出错。下面介绍默认数据库文件夹的设置、功能区标准选项卡重新定义以及快速访问工具栏的个性化。

2.2.1　数据库默认文件夹的设置

打开"Access 选项"对话框的"常规"主题窗格后，有两种方法可以设置数据库的默认文件夹。

① 直接键入默认数据库文件夹。在图 2-7 所示的默认数据库文件夹右侧的文本框中直接键入默认的数据库路径，例如键入"D:\education\StudentGrde"。

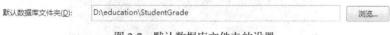

图 2-7　默认数据库文件夹的设置

② 浏览设定。单击图 2-7 右侧的"浏览"按钮，打开图 2-8 所示的"默认的数据库路径"对话框，由用户通过文件夹的浏览指定默认数据库文件夹。

图 2-8　浏览设定默认的数据库路径

2.2.2　功能区的设置

功能区的设置主要包括：功能区的显示和隐藏；定制功能区的标准选项卡组合。

（1）功能区的最小化和展开

为了扩大数据库对象的工作区，Access 2010 允许用户把功能区最小化。最小化功能区的最简单方法就是单击功能区右端的"功能区最小化按钮"，也可以使用快捷键"Ctrl+F1"。功能区最小化后，就折叠起来，只保留一个个显示选项卡名称的光条。

功能区最小化后，单击"展开功能区按钮"，功能区就还原为展开状态了。当然，工作区的展开也可以使用组合键"Ctrl+F1"。

功能区最小化后，"功能区最小化按钮"就自动更名为"展开功能区按钮"。

除了使用按钮和快捷键以外，功能区的最小化还可以通过双击活动的命令选项卡（突出显示的选项卡即活动选项卡）来实现。当然，再次双击活动的命令选项卡，最小化的功能区将还原为展开的功能区。

（2）功能区选项卡的定义

Access 2010 允许用户对界面的一部分功能区进行个性化设置。例如，可以创建自定义选项卡和自定义组来包含经常使用的命令。

单击"Access 选项"对话框左侧窗格中"自定义功能区"主题，打开图 2-9 所示的"自定义功能区"主题窗格。通过"自定义功能区"主题窗格的相关操作，可以完成：勾选或取消勾选功能区显示的标准选项卡；改变标准选项卡的显示位置；建立新的标准选项卡。

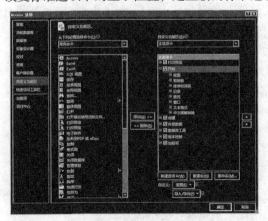

图 2-9　自定义功能区

图 2-10 中新建了一个选项卡"师生", 它包括"teacher"和"student"两个命令组, 其中"teacher"命令组包括三个命令, 而"student"命令组包括两个命令。

设置完成后, 返回 Access 的主界面, 就会看到功能区已经增加了刚刚创建的"师生"选项卡, 如图 2-11 所示。另外, "自定义功能区"主题窗格除了可以选择功能区中的标准选项卡以外, 还可以改变标准选项卡的显示位置, 这两个问题非常简单, 请读者自己完成。

图 2-10　在功能区新建"师生"选项卡

图 2-11　功能区中新建"师生"选项卡

2.2.3　快速访问工具栏的设置

快速访问工具栏的位置以及工具栏所包括的命令是可以修改的, 方法主要有两种。

1. 自定义访问工具栏

通过图 2-12 所示的"自定义快速访问工具栏"列表框, 可以定义工具栏的命令。

① 单击快速工具栏最右侧的下拉箭头。

② 在"自定义快速访问工具栏"列表框中, 勾选要添加的命令, 则该命令添加到"快速访问工具栏"中。

③ 在"自定义快速访问工具栏"列表框中, 取消勾选要添加的命令, 则该命令从"快速访问工具栏"中就去掉了。

默认情况下, 快速访问工具栏位于功能区的上方。勾选图 2-12 所示的"自定义快速访问工具栏"列表框中的"在功能区下方显示"选项, 可以将工具栏置于功能区的下方。

图 2-12　快速访问工具栏的定义

如果要添加的命令在"自定义快速访问工具栏"列表框中未列出，那么单击"自定义快速访问工具栏"列表框中的"其他命令"，打开图 2-13 所示的"Access 选项"对话框，在该对话框的"自定义快速访问工具框"窗格中即可完成。

2. "Access 选项"对话框

如果要添加的命令在"自定义快速访问工具栏"列表框中未列出，那么打开"Access 选项"对话框，就可以完成快速访问工具栏命令的添加或删除。具体步骤是：

① 打开"Access 选项"对话框的"快速访问工具栏"主题窗格。

② 在主题窗格的左侧列表框中选择要添加的一个或多个命令，然后单击"添加"；或者，在列表中双击该命令。

③ 若要删除命令，请在右侧的列表中突出显示该命令，然后单击"删除"；或者，在列表中双击该命令。

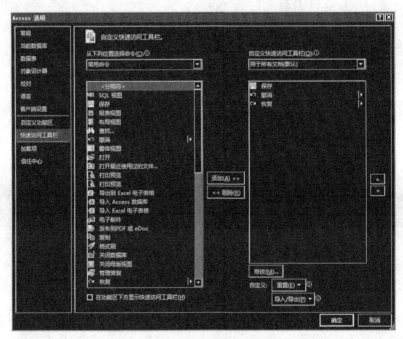

图 2-13 "Access 选项"对话框定义快速访问工具栏

2.3 Access 的数据库对象

在 Access 中，数据库是一个容器，可存储数据库应用系统中的任何对象，它包括表、查询、窗体、报表、宏和模块 6 种数据库对象。表是数据库的核心与基础，存放着数据库中的全部数据；报表、查询都是从数据表中获得信息，以满足用户特定的需求；窗体可以提供良好的用户操作界面，通过它可以直接或间接地调用宏或模块，实现对数据的综合处理。

2.3.1 表

表又称数据表，是数据库中存储数据的唯一对象，是整个数据库的数据源，因此数据表是创建其他数据库对象的基础，是整个数据库的核心。

建立和规划数据库，首先要做的就是建立各种数据表。Access 允许一个数据库中包含多个表，用户可以在不同的表中存储不同主题的数据。通过表中的公共字段，可以在表之间建立关系，将不同主题表中的数据联系起来，以供用户使用。

2.3.2　查询

查询是数据库中应用得最多的对象之一。它的功能很多，其中最常用的功能是从表中检索符合某种条件的数据。查询是数据库设计目的的体现，数据库创建完成后，数据只有被使用者查询使用才能真正体现它的价值。

查询可以按照一定的条件或准则从一个或多个表中筛选出需要的数据，并将它们集中起来，形成动态数据集，这个动态数据集就是用户想看到的来自一个或多个表中的记录，它显示在一个虚拟的数据表窗口中。用户可以浏览、查询、打印，甚至修改这个动态数据集中的数据，Access 会自动将所作的任何修改更新到对应的表中。执行某个查询后，用户可以对查询的结果进行编辑或分析，并可以将查询结果作为其他对象的数据源。

查询的数据来源是表或其他查询，查询又可以作为数据库其他对象的数据来源。

2.3.3　窗体

窗体是数据库和用户联系的界面，它是 Access 数据库对象中最具灵活性的一个对象。

1. 窗体的功能

窗体的功能很多，最常见的功能如下所示。

（1）数据表的数据展示和更新。可以将窗体与数据表进行链接，然后读取数据表中的记录展示在窗体上供用户查询和浏览；还可以利用窗体这个界面，让用户对数据表的记录进行编辑、处理和更新。

（2）数据库对象的组织和控制。在窗体中可以将表、查询、宏、模块以及报表等对象有机的组织在一起，由窗体统一控制，各个对象分工协作完成数据库的某个应用。

2. 窗体的类型

窗体的类型比较多，大致可以分为如下三类。

（1）数据型窗体：使用该类型的窗体，可以实现用户对数据库中相关数据进行操作的界面，这是 Access 数据库应用系统中使用得最多的窗体类型。

（2）提示型窗体：主要用于显示一些文字和图片等信息，没有实际性的数据，也基本没有什么功能。例如，数据库应用系统的欢迎界面一般就是提示型窗体。

（3）控制型窗体：使用该类型的窗体，可以在窗体中设置相应的菜单和一些命令按钮，用于完成各种功能模块的调度。

2.3.4　报表

报表是用打印格式展示数据的一种有效方式。在 Access 中，如果要打印输出数据或与数据相关的图表，可以使用报表对象。利用报表可以将需要的数据从数据库中提取出来，并在进行分析和计算的基础上，将数据以格式化的方式发送到打印机。

报表的数据源也是数据表和查询，可以在一个数据表或查询的基础上创建报表，也可以在多个数据表或查询的基础上创建报表。

2.3.5　宏

Access 的宏对象是实现批操作的一个对象。通常 Access 宏是一个或多个操作（命令）的集合，其中每个操作命令都能实现特定的功能，例如打开某个数据表、打开某个窗体、打印某个报表等。利用宏可以使大量的重复性操作自动完成，以简化一些经常性的操作，同时方便用户对数据库进行管理和维护。

尽管宏的功能很强大，但用户不必编写任何代码，只需要基于工作流的思想对操作进行封装，就可以实现一定的程序功能。

2.3.6　模块

Access 中的模块是用 Access 支持的 VBA（visual basic for applications）语言编写的过程的集合，因此，创建模块对象的主要任务就是使用 VBA 编写过程代码。

尽管 Access 是面向对象的数据库管理系统，但其在针对对象进行程序设计时，必须使用结构化程序设计思想。每一个模块由若干个过程组成，而每一个过程都应该是一个 Sub 过程或一个 Function 过程。

使用模块对象可以完成宏不能完成的复杂任务。要基于 Access 开发数据库应用系统，用 VBA 编写适当的程序一定是必不可少的。也就是说，若需要开发一个 Access 数据库应用系统，其间必然包括 VBA 模块对象。

【本节小结】上面讲述了 Access 数据库各对象的概念和功能，下面通过图 2-14 描述 Access 数据库的六个对象之间的关系。

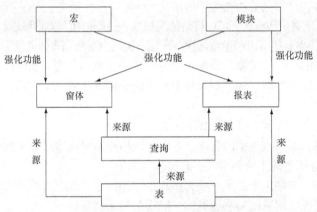

图 2-14　各数据库对象之间的关系

【说明】在 Access 2007 以前的版本中，Access 数据库中还有一种数据访问页对象，它是一种特殊的 Web 页，是 Access 中唯一独立于 Access 数据库文件之外的对象。Access 2007 及其以后的版本不再支持数据访问页对象。

2.4　Access 中的数据

用 Access 对数据进行组织、操纵和管理时，最常用到的基本数据形式有两种：一种是字段形式的数据，另一种是常量形式的数据。字段形式的数据是组织数据表的基础，常量形式的数据是查询、宏、窗体、报表以及模块进行数据操纵和管理的最基础数据形式。

不管是常量还是字段，总属于某种数据类型。数据的类型决定了数据的值域和相关的操作。对 Access 中的数据进行操作的方法很多，但最常用的方法只有两种：一种是函数，另一种是表达式。当然，广义上讲，函数也是表达式的一种特殊形式。

这就是说，常量和字段是数据处理的基本数据对象，而函数和表达式是对这两种基本数据对象的进行处理的方法。那么 Access 有哪些类型的数据呢？特定类型的数据又有哪些函数对它们进行处理呢？特定类型的数据又能组织成什么样的表达式进行运算呢？这一节我们来回答上面这几个问题。

2.4.1　Access 中的数据类型

1．常量的数据类型

常量用于表示一个具体的、不变的数据。在 Access 中，常用的常量类型：文本型、数值型、日期型、逻辑型和空值型。

（1）文本型常量

文本型常量是用定界符括起来的字符串，很多情况下，文本型常量就简称为字符串。定义文本型常量时需要使用定界符，定界符通常有单引号（''）、双引号（""）两种形式，注意定界符必须配对使用。

例如：'销售量'、"Customer"、"12345"、"顾客，Customer"等都是文本型常量。

某个文本型常量所含字符的个数被称为该文本型常量的长度。Access 允许文本型常量的最大长度为 255。此外，只有定界符而不含任何字符的字符串也是一个文本型常量，用来表示一个长度为零的空字符串。应当注意，空字符串和包含空格的字符串是不同的。

（2）数值型常量

数值型常量包括整数和实数。整数，如 123、-123 等；实数，如 9.167、-17.56 等，是用来表示包含小数的数。

实数既可通过定点数来表示，也可用科学计数法进行表示。如 12.9 是定点数形式的数值型常量，而 0.129E2 是科学计数法形式的数值型常量。又如：1.257E-6 代表 $1.257×10^{-6}$，即 0.000001257。

请注意：实数表示数的范围远远超过整数，当一个数很大，超过整数表示数的范围时，只能用实数表示。另外，在 Access 中，分数（包括百分数）并不是一个数值型常量。

（3）日期型常量

日期型常量即用来表示日期型数据。日期型常量用"#"作为定界符，如 2016 年 7 月 19 日，表示成常量即为#16-7-19#，也可表示为#16-07-19#。在年月日之间的分隔符也可采用"/"作为分隔符，即#16/7/19#或#16/07/19#。

对于日期型常量，年份输入为 2 位时，如果年份在 00～29 内，系统默认为 2000～2029 年；如果输入的年份在 30～99，则系统默认为 1930～1999 年。如果要输入的日期数据不在默认的范围内，则应输入 4 位年份数据。

（4）逻辑型常量

逻辑型常量有两个值，真值和假值，用 True（或-1）表示真值，用 False（或 0）表示假值。系统不区分 True 和 False 的字母大小写。

　　　　在数据表中输入逻辑值时，如果需要输入值，则应输入-1 表示真，0 表示假，不能输入 True 或 False。

（5）空值常量

空值常量用 NULL 表示，空值表示待定值，或者不知道的值。空值与数值零、空格串以及不含任何符号的空串等具有不同的含义，例如对于一个表示价格的字段，空值可表示暂未定价，而数值零则可能表示免费。

一个实体的属性是否允许为空值与实际应用有关，例如作为关键字的实体属性是不允许为空值的，而那些暂时还无法确切知道具体数据的属性则往往可设定为允许空值。

2. 字段的数据类型

Access 数据库是用表这种数据结构来组织数据的，在表中同一列数据必须具有相同的数据特征，称为字段的数据类型。Access 的数据类型有 12 种，包括文本、数值、日期/时间、货币、自动编号、是/否、备注、OLE 对象、超级链接、附件、计算和查阅向导类型。

（1）文本型字段

文本数据类型用于表示字符、数字和其他可显示的符号及其组合。例如，地址、姓名；或是用于不需要计算的数字，如邮政编码、学号、身份证号等。

文本数据类型是 Access 系统默认的数据类型，默认的字段大小是 50，最多可以容纳 255 个字符。如果取值的字符个数超过了 255，可使用备注型。

在数据表中不区分中西文符号，即一个西文字符或一个中文字符均占一个字符长度。例如，如果定义一个文本型字段的字段大小为 10，则在该字段最多可输入的汉字数和英文字符数都是 10 个。同时，数据表在对文本字段的数据进行保存时，只保存已输入的符号，即非定长字段。

（2）数值型字段

数值型字段用来存储进行算术运算的数值数据。数值型字段又可以细分为下面的子类型：字节、整型、长整型、单精度型和双精度型，分别占 1、2、4、4 和 8 个字节。系统默认的数值类型是长整型，数值数据类型可以通过"字段大小"属性来进行进一步的设置。数值型字段的子类型如表 2-1 所示。

表 2-1   数值型字段的子类型

子类型	值范围	小数位数
字节	$0\sim255$	无
整型	$-32768\sim32767$	无
长整型	$-2147483648\sim2147483647$	无
单精度	$-3.4\times10^{38}\sim3.4\times10^{38}$	7
双精度	$-1.79734\times10^{308}\sim1.79734\times10^{308}$	15
小数	有效数值位为 18 位	自定义

（3）货币型字段

货币型是一种特殊的数字型数据，所占字节数和具有双精度属性的数字型类似，占 8 个字节，可精确到小数点左边 15 位和小数点右边 4 位，在计算时禁止四舍五入。

货币数据类型是用于存储货币值的。在数据输入时，不需要输入货币符号和千分位分隔符，Access 会自动显示相应的符号，添加两位小数到货币型字段中。

（4）自动编号

对于自动编号型字段，每当向表中添加一条新记录时，Access 会自动插入一个唯一的顺序编号。最常见的自动编号方式是每次增加 1 的顺序编号，也可以随机编号。

自动编号字型字段的长度为 4 字节，保存的是一个长整型数据。自动编号型字段不能更新，每个表中只能有一个自动编号型字段。

注意　　自动编号数据类型一旦指定，就会永久地与记录连接。如果删除表中含有自动编号字段的一条记录后，Access 不会对表中自动编号型字段进行重新编号；当添加一个新记录时，被删除的编号也不会被重新使用。用户不能修改自动编号字段的值。

（5）日期/时间型字段

日期/时间型字段用来存储日期、时间或日期时间的组合，占 8 个字节。在 Access 2010 中，"日期/时间"型字段附有内置日历控件，输入数据时，日历按钮自动出现在字段的右侧，可供输入数据时查找和选择日期。

日期/时间数据类型可以在"格式"属性中根据不同的需要进行显示格式的设置。可设置的类型有常规日期、长日期、中日期、短日期、长时间、中时间和短时间等。

（6）是/否型字段

是/否型字段常用来表示只有两种不同取值的字段，如性别、婚姻情况等字段。是/否型字段占 1 个字节，通过设置它的格式特性，可以选择是/否型字段的显示形式，使其显示为 Yes/No、True/False 或 On/Off。

（7）备注型字段

文本型字段的长度最大是 255，往往不能满足应用需求。备注数据类型可以解决文本类型无法解决的问题，用于存储长文本数据，或具有 RTF 格式的文本。例如注释或说明等。

备注型字段允许存储的最大字符个数为 65536，如果以编程方式输入数据时最大存储为 2 GB 的字符。在备注型字段中可以搜索文本，但搜索速度比在有索引的文本型字段中慢。不能对备注型字段进行排序和索引。

（8）OLE 对象型字段

OLE 型字段允许字段链接或嵌入 OLE 对象。链接是指字段中保存该链接对象的访问路径，而链接的对象依然保存在原文件中；嵌入是指将对象放置在字段中。

可以链接或嵌入到字段中的 OLE 对象是指其他使用 OLE 协议程序创建的对象，如 Word 文档、Excel 电子表格、图像、声音或其他二进制数据。OLE 对象字段最大长度为 1GB，但它受磁盘空间的限制；以编程方式输入数据时为 2GB 的字符存储。

（9）超链接型字段

超链接型字段用于存放超链接地址，最多存储 64 KB 个字符。

超链接地址的一般格式为：DisplayText#Address。其中，DisplayText 表示在字段中显示的文本，Address 表示链接地址。

（10）附件型字段

Access 2010 新增了附件型字段。使用附件可以将整个文件嵌入到字段当中，这是将图片、文档及其他文件和与之相关的记录存储在一起的重要方式。使用附件可以将多个文件存储在单个字段之中，甚至还可以将多种类型的文件存储在单个字段之中。

附件型字段是用于存放图像和任意类型的二进制文件的首选数据类型。对于压缩的附件，最大为 2GB；未压缩的附件，最大容量为 700KB。

（11）计算型字段

计算型字段是指该字段的值是通过一个表达式计算得到的。计算型字段必须引用同一张表的其他字段。可以使用表达式生成器来创建计算字段。计算字段的字段长度为 8 字节。

（12）查阅向导型字段

查阅向导型字段通过其他数据取得该字段的数据，它可以通过组合框或列表框选择来自其他 Access 表或固定值列表的值。该字段实际的数据类型和大小取决于数据的来源。

查阅向导可以显示如下两种数据来源：一是从已有的表或查询中查阅数据列表，表或查询中的所有更新均会反映到数据列表中；二是存储一组不可更新的固定值列表。

最后，我们提一下变量。变量是指在运算过程中其值允许变化的量。在 Access 中，字段的值与记录有关，不同记录的同一字段的值是允许变化的量，因此，字段是一种特殊的变量，称为字段变量。引用字段变量是通过字段名，一般需要使用[字段名]的格式，如[姓名]。如果需要指明该字段所属的数据源，则要写成[数据表名]![字段名]的格式。

2.4.2 Access 中的函数

Access 内置了大量函数，每一种函数都代表了一种特定的数据操作功能。与数学中的函数类似，Access 的函数也有其自变量及其对应的函数返回值。函数的数据类型是由其返回值（即该函数计算的结果值）的数据类型所决定的。此外，各种函数对其自变量的个数、排列顺序、值域和数据类型等都有自己的规定和要求，应用时必须严格遵守。

函数调用的格式为：函数名([参数 1][,参数 2][,参数 3,…])。请注意：函数名之后紧跟一对圆括号，括号内可以根据需要指定一个或多个参数作为函数的自变量，当然，有的函数没有参数。此外，函数允许嵌套，即允许一个或多个函数作为另一个函数的自变量。

根据函数的数据类型，Access 函数可以分为数值型、文本型、日期时间型以及转换型函数等很多种，下面举例说明上述这几类函数的基本语法和使用方法。

需要说明的一点是：为了便于读者验证函数和表达式的语法和功能，本书 2.4 节中的例题借用了 VBA 的"立即"窗口及两个简单命令来进行场景模拟。图 2-15 就是 VBA 的"立即"窗口，窗口中还图解了定义 VBA 变量和计算输出 VBA 表达式值的两条命令。如果在"立即"窗口执行命令，请：在"立即"窗口中键入一行命令代码；单击<Enter>键来执行代码。

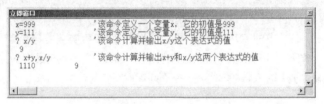

图 2-15　VBA 的立即窗口及两条命令图解

1. 数值函数

（1）绝对值函数

【格式】ABS(<expN>)

【说明】函数参数如果嵌入到符号"<>"中，表示该参数不能缺省；expN 代表一个数值型表达式。这两项说明适应于下面所有的函数。

【功能】求<expN>的绝对值。

（2）求整数函数

【格式】INT(<expN>)

【功能】返回不大于<expN>值的最大整数。

（3）取整数函数

【格式】Fix(<expN>)

【功能】截掉<expN>值的小数，取整数部分。

（4）平方根函数

【格式】SQR(<expN>)

【功能】求<expN>的平方根。<expN>的值须大于等于零。

（5）四舍五入函数

【格式】ROUND(<expN1>,[<expN2>])

【功能】对<expN1>四舍五入到由<expN2>指定的小数位数。

【说明】该函数的第一个参数不能缺省；第二个参数是非负整数，可以缺省，缺省时，该值默认为 0，即四舍五入时不保留小数位数。

（6）求随机数函数

【格式】RND([<expN>])

【功能】产生 0～1 之间的随机数。

【说明】<expN>的值是产生随机数的种子，可以省略。

【例 2-1】数值型函数综合应用举例。

```
X= -10
Y=3
? X+Y, ABS(X+Y)
-7    7
? INT(X/Y)
-4
? ROUND(123.4567,3)
 123.457
? ROUND(123.4567)
 123
? SQR(6-x)
 4
```

2．文本函数

（1）求字符串长度函数

【格式】LEN(<expC>)

【功能】返回<expC>中包含字符的个数。

【说明】expC 代表一个文本型表达式。

（2）取左子串函数

【格式】LEFT(<expC>,<expN>)

【功能】截取<expC>左面的<expN>个字符。

（3）取右子串函数

【格式】RIGHT(<expC>,<expN>)

【功能】截取<expC>右面的<expN>个字符。

（4）取子串函数

【格式】MID(<expC>,<expN1>[,<expN2>])

【功能】截取<expC>中第<expN1>个字符开始的共<expN2>个字符；缺省<expN2>时，则从第<expN1>个字符开始截取到字符串的尾部。

（5）小写转换为大写函数

【格式】UCase(<expC>)

【功能】将<expC>中的小写字母转换成大写字母。

（6）大写转换为小写函数

【格式】LCase(<expC>)

【功能】将<expC>中的大写字母转换成小写字母。

（7）删除两端空格函数

【格式】TRIM(<expC>)

【功能】删除<expC>的左端和右端的首尾空格。

（8）删除左端空格函数

【格式】LTRIM(<expC>)

【功能】删除<expC>的左端空格。

（9）删除右端空格函数

【格式】RTRIM(<expC>)

【功能】删除<expC>右端的空格。

（10）生成空格字符串函数

【格式】SPACE(<expN>)

【功能】产生<expN>个空格字符。

（11）子串搜索函数

【格式】InStr(<expC1>,<expC2>)

【功能】返回<expC2>在<expC1>中存在的起始位置值，不存在时则返回零值。

【说明】该函数对参数不区分大小写。

（12）字符重复函数

【格式】String(<expN>,<expC>)

【功能】将<expC>的第一个字符重复<expN>次，生成一个新的字符串。

下面举例说明这些函数的功能与用法。

【例2-2】字符型函数综合应用举例。

```
? InStr("This IS a boy", "IS")
3
hisname="孙皓"
孙皓="老顾客"
顾客姓名=hisname+SPACE(2)
? 顾客姓名+"先生"
孙皓  先生
? TRIM(顾客姓名)+"先生"
孙皓先生
? LEN(顾客姓名)
4
ThisString="你好!孙皓先生。"
? InStr("孙皓",ThisString)
0
? InStr(ThisString,"孙皓")
4
? LEFT(ThisString,5)
你好!孙皓
? RIGHT(ThisString,8)
你好!孙皓先生。
```

```
? Mid(ThisString,6,4)
先生。
? Mid(ThisString,6)
先生。
? UCase("This IS a boy ")
THIS IS A BOY
? String(3,"this")
ttt
```

3. 日期/时间函数

（1）日期函数

【格式】DATE()

【功能】返回当前系统日期。

【说明】本函数没有参数。

（2）时间函数

【格式】TIME()

【功能】返回当前系统时间。

（3）日期时间函数

【格式】NOW()

【功能】返回当前系统日期和时间。

（4）取年份函数

【格式】YEAR(<expD>)

【功能】返回<expD>中的年份数（用四位整数表示）。

【说明】expD 代表一个日期型表达式。

（5）取月份函数

【格式】MONTH(<expD>)

【功能】返回<expD>中的月份数。

（6）取日函数

【格式】DAY(<expD>)

【功能】返回<expD>中的日值。

（7）取工作日函数

【格式】WeekDay(<expD>)

【功能】返回<expD>的这一天是一周中的第几天。

【说明】函数的返回值范围是 1~7，系统默认星期日是一周的第一天。

（8）取小时函数

【格式】Hour(<expT>)

【功能】返回<expT>中的小时值。

【说明】expT 代表一个时间型表达式。

（9）取分钟函数

【格式】Minute(<expT>)

【功能】返回<expT>中的小时值。

（10）取秒函数

【格式】Second(<expT>)

【功能】返回<expD>中的小时值。

【例 2-3】日期时间函数应用举例。

```
? DATE()
2016/7/25
? TIME()
20:56:55
? DAY(DATE())
25
? MONTH(DATE())
7
? YEAR(DATE())
 2016
? WeekDay(DATE())
 2
? WeekDay(DATE()+20)
1
```

4. 转换函数

（1）将字符转化为 ASCII 码的函数

【格式】ASC(<expC>)

【功能】返回<expC>中首字符的 ASCII 码值。

（2）将 ASCII 码转换为字符的函数

【格式】CHR(<expN>)

【功能】返回 ASCII 码值为<expN>的对应字符或控制码。

（3）将数值转换为字符串的函数

【格式】STR(<expN>)

【功能】将<expN>转换成字符串。

【说明】如果转换结果是正数，则字符串前添加一个空格。

（4）将字符串转换为数值的函数

【格式】VAL(<expC>)

【功能】将<expC>转换成数值型数据。

【例 2-4】转换函数应用举例。

```
? ASC("abc")
 97
? CHR(65)
A
TheValue=1234.567
? STR(TheValue)
1234.567
? VAL("1234.56789")
 1234.56789
? VAL("This")
 0
```

2.4.3 Access 中的表达式

表达式是由运算符和括号将运算对象连接起来的式子。Access 中常用的运算对象有常量、字段以及函数等。注意：常量、字段和函数都可以看成是最简单的表达式。

表达式经过运算，将得到一个具体的结果值，称为表达式的值。根据表达式计算结果的类型，

Access 将表达式分为数值、文本、日期、关系和逻辑等类型。

1. 数值表达式

数值表达式是由算术运算符将各类数值型运算对象连接而成,其运算结果为一个数值型数据。Access 的各种算术运算符及其功能如表 2-2 所示。

表 2-2　　　　　　　　　　算术运算符

运算符	功能	例子
-	取负值,单目运算	-(2+9)结果为-11
^	乘方运算	4^2 结果为 16
*　、/	分别为乘、除运算	1/2*3 结果为 1.5
\	整除运算	16*2\5 结果为 6
Mod	模运算（求余运算）	87 Mod 9 结果为 6
+　、-	分别为加、减运算	2-4+5 结果为 3

在进行算术运算时,要根据运算符的优先级来进行。算术运算符的优先级顺序如下:先括号,在同一括号内,单目运算的优先级最高,然后先幂,再乘除,再模运算,后加减。

【例 2-5】求下列表达式的值。

? 15 Mod 4, 15 Mod -4, -15 Mod 4, -15 Mod -4

结果为:3　3　-3　-3

与 Access 2010 不同,Excel 2010 通过 MOD 函数实现求余运算。该函数的返回值可用如下公式来表示:MOD(n, d) = n - d*INT(n/d)。

2. 文本表达式

文本表达式是由文本运算符将各类文本型运算对象连接而成的式子,其运算结果为一个字符串。文本运算符及其功能如表 2-3 所示。

表 2-3　　　　　　　　　　文本运算符

运算符	功能	例子
+	两个表达式的字符串相连。 返回值为文本型数据。	"购物车"+" 商品" 结果为:"购物车 商品"
&	将两个表达式的值进行首尾相接。 返回值为文本型数据	"出版日期"&Date() 结果为:"出版日期 2016/6/19"

① 文本运算符的优先级相同;

② "+"运算符的两个运算量都是文本表达式时才能进行连接运算;

③ "&"运算符是将两个表达式的值进行首尾相接。表达式的值可以是字符、数值、日期或逻辑型数据。如果表达式的值非字符型,则系统先将它转换为字符,再进行连接运算。可用来将多个表达式的值连接在一起。

【例 2-6】求下列表达式的值。

?　"出版日期"&Date()

结果为:出版日期 2016/7/25

?　"出版日期"&Date()

结果为:运行时错误,类型不匹配

3. 日期表达式

日期表达式的运算结果为某个具体日期。日期表达式的运算符有："+"和"-"，但与字符运算符不同。日期运算符及其功能如表 2-4 所示。

表 2-4 日期运算符

运算符	功能	例子
+	加法运算	#2016-07-15# + 10 结果为：2016/7/25
-	减法运算	#2016-07-15# - 10 结果为：2016/7/5

① 一个日期型数据加上或减去一个整型数据 N 时，整型数据 N 被作为天数，得到的是这个日期加上或减去 N 天后的日期。

② 两个日期数据可以相减，结果是这两个日期相差的天数。这说明两个日期型表达式相减的结果是一个整型数据。

③ 两个日期型数据相加是无意义的。

【例 2-7】 求下列表达式的值。

```
? #2016-07-15#-#2015-9-9#
```
结果为：310

4. 关系表达式

关系表达式是用关系运算符把两个相同类型的运算对象连接起来的式子。关系表达式是运算符两边同类型的运算对象进行比较，关系成立，则表达式的值为真（True），否则为假（False）。关系表达式常在各种命令中充当"条件"。

关系运算符及其功能如表 2-5 所示。

表 2-5 关系运算符

运算符	功能	例子
<	小于	33<44 结果为 True
>	大于	"A">"a"结果为 False
=	等于	11=12 结果为 False
>=	大于等于	"孙">="刘"结果为 True
<=	小于等于	#2016-6-6# <= #2016-9-9# 结果为 True
<>	不等于	4 <> -6 结果为 True
Is Null	左侧的表达式值为空	价格 Is Null 结果视价格的值而定
Is Not Null	左侧的表达式值不为空	价格 Is Not Null 结果视价格的值而定
In	判断左侧的表达式的值是否在右侧的值列表中	商品名称 In ("蛋糕","面包","包子") 结果视商品名称的值而定
Between … And	判断左侧的表达式的值是否在指定的范围内。闭区间	商品价格 Between 9 And 99 结果视商品价格的值而定
Like	判断左侧的表达式的值是否符合右侧指定的匹配模式。如果符合，返回真值，否则为假	"我们" like "我和你" 结果为 False 姓名 Like " 张%" 结果视姓名的值而定

① 不同关系运算符对运算对象的类型是有要求的，具体要求在以后的内容中交代。

② 日期型数据比较时，日期在前者为小，日期在后者为大。

③ 文本型数据比较时，先比较两个字符串的第一个字符的大小，若第一个字符就

可区分大小，那么停止，否则比较第二个字符的大小，……以此类推直至最后一个字符；字符的大小是由其排列顺序决定的，排列在前者为小，排列在后者为大。

④ 运算符 Like 仅能用于文本型数据之间的比较，该运算符的用法将在第 6 章介绍。

⑤ Is Null、Is not Null、In、Between … And 的使用方法也将在第 5 章详细介绍。

5. 逻辑表达式

逻辑运算式是用逻辑运算符将逻辑型运算对象连接起来的式子，其运算结果依然是逻辑型数据。逻辑运算符及其功能如表 2-6 所示。

表 2-6　　　　　　　　　　　　　　　　逻辑运算符

运算符	功能	例子
NOT	非	NOT(3<6)结果为 False
AND	与	(3>6)AND(4*5=20)结果为 False
OR	或	(3>6)OR(4*5=20)结果为 True
Xor	异或	"A">"a" Xor 1+3*6>15 结果为 True
Eqv	逻辑等价	"A">"a" Eqv 1+3*6>15 结果为 False

逻辑运算规则如表 2-7 所示，其中的 A 与 B 分别代表两个逻辑型运算对象。

表 2-7　　　　　　　　　　　　　　　　逻辑运算规则表

运算	运算规则
NOT A	当 Not 后的运算对象 A 为假时，表达式的值为真，否则为假
A AND B	当 And 前后的运算对象 A 和 B 均为真时，表达式的值为真，否则为假
A OR B	当 Or 前后的运算对象 A 和 B 均为假时，表达式的值为假，否则为真
A Xor B	当 Xor 前后的运算对象 A 和 B 均为假或均为真时，表达式的值为假，否则为真
A Eqv B	当 Eqv 前后的运算对象 A 和 B 均为假或均为真时，表达式的值为真，否则为假

　　当不同的运算符出现在同一逻辑表达式中时，它们的优先级次序为：括号优先（最内层的括号最优先），其次是数值运算或字符运算，然后为关系运算，最后才是逻辑运算。对于相同优先级的运算，则从左到右按顺序进行。

2.4.4　表达式的计算输出

1. 表达式的书写规则

表达式是构建 Access 对象的一个重要元素，正确书写表达式是学好 Access 的一个基本要求。书写表达式时，需要遵循下面的规则。

① 每个字符应占同样大小的一个字符位，所有字符都应写在同一行上。

② 数值表达式中有相乘关系的地方，一律采用 "*" 号表示，不能省略。

③ 在需要括号的地方，一律采用圆括号 "()"，且左右括号必须配对。

④ 不得使用罗马字符、希腊字符等非特殊字符。

⑤ 字段名与函数名中的字母可以大写也可以小写，其效果是相同的。

⑥ 逻辑运算符 NOT、AND、OR、XOR、EQV 的前后应用空格与其他内容分开。

⑦ 表达式中对运算对象的数据类型都有要求，类型不匹配时，将出现错误警告。

2. 表达式的输出命令

在前面的例题中已多次用到了以 "?" 开头的输出命令，这条命令可用来完成表达式的计算并将其结果在立即窗口上输出，其命令格式及相应功能如下：

【格式】？ [<表达式表>]

【功能】计算<表达式表>中各表达式的值，并在立即窗口命令的下一行输出其计算结果。

【例2-8】表达式输出命令举例。

myname= "秋雨枫"

？ "姓名：", myname

？ myname + "先生"

结果为：

姓名：   秋雨枫

秋雨枫先生

【说明】本命令是借用 VBA 的立即窗口来模拟表达式的语法检查和运行。

2.5　Access 的设计工具

Access 提供了一整套的可视化设计工具，这些工具可以帮助用户轻松地完成数据库及其对象的设计任务，把操作规范化、可视化和简单化，从而加快了数据库的开发，大大提高工作效率。Access 的设计工具包括模板、向导、设计器和生成器四大类。

2.5.1　模板

为了方便用户的使用，Access 提供了一些标准的对象框架，又称模板。这些模板不一定完全符合用户的实际需求，但在模板的基础上，对它们稍加修改即可建立一个新的对象。下面以 Access 数据库的创建为例，简单介绍一下模板的作用。

Access 提供了两种创建数据库的方法，一种是使用数据库模板来完成目标数据库创建，利用模板创建的数据库包括建立相应的表、查询、窗体、报表、宏和模块等样板对象，对这些对象根据应用需要稍加修改，就可以快速创建一个完整的目标数据库；另一种是直接创建一个空的数据库，之后可根据需要添加相应的表、查询、窗体、报表、宏和模块等对象。下面对这两种方法的优缺点进行比较。

1. 基于模板创建数据库

基于模板创建数据库，要求目标数据库与模板数据库相近。一个包含了表、查询等数据库对象的数据库，如果能直接套用与其需求最接近的模板，此方法的效果最佳。

但遗憾的是，Access 提供的模板，往往与特定业务的需要有较大差距，模板数据库就没有了用武之地，硬要套用模板，往往适得其反。

2. 基于空数据库创建数据库

基于空数据库创建数据库的这种方法，适合于创建比较复杂的目标数据库，并且没有合适的数据库模板的情况。方法是：首先创建一个空白数据库，然后在空白数据库中可以根据实际需要，添加所需要的表、窗体、查询、报表、宏和模块等对象。

这种方法虽然灵活，用户可以根据需要创建出各种个性化的数据库，但是由于用户需要自己动手创建各个对象，因此操作比较复杂。

其实空白数据库也是一种特殊的数据库模板，只是空白数据库只有数据库的外壳，没有任何的数据库对象和数据而已。

【例 2-9】基于样本模板"学生"创建"大学生"数据库。

具体步骤如下:

① 启动 Access 数据库管理系统;

② 点选"样本模板";

③ 在"样本模板"中选择"学生",如图 2-16 所示;

④ 将数据库文件名改为"大学生",如图 2-16 所示;

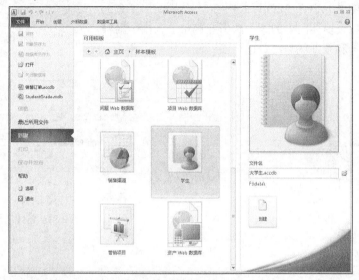

图 2-16　数据库模板

⑤ 点击"创建"按钮,瞬间就创建了图 2-17 所示的"大学生"数据库。

仔细观察图 2-18 的导航窗格,"大学生"数据库中已经包含了很多的对象。可见,基于模板创建数据库是高效率的,前提是样板数据库与目标数据库相似。

图 2-17　"大学生"数据库

图 2-18　导航窗格

2.5.2 向导

向导是一种交互式的快速设计工具，用户在向导这个智能工具的引导和帮助下，不用复杂的设计就能快速地建立高质量的数据库对象，完成许多数据库操作和管理功能。

Access 为用户提供了许多功能强大的向导，几乎涉及所有的数据库对象。图 2-19、图 2-20 以及图 2-21 分别给出了查询向导、报表向导以及窗体向导的第一次引导和帮助，由于篇幅限制，后续的引导和帮助就不再赘述了。

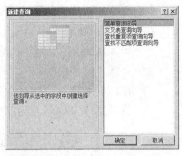

图 2-19　查询向导

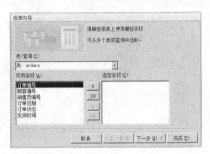

图 2-20　报表向导

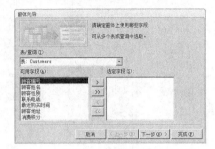

图 2-21　窗体向导

2.5.3 设计器

设计器是创建和修改数据库所包含的各种对象的一种可视化工具，几乎所有的数据库子对象都有相应的对象设计器，这为用户提供了一个友好的图形界面操作环境。与向导相比，设计器具有更强的设计功能，适宜专业人员设计复杂的数据库对象。图 2-22~图 2-25 分别刻画了 Access 的表、查询、报表和窗体四个对象的设计器界面。设计器的使用方法将在相应的章节详细讲解。

图 2-22　表的设计视图

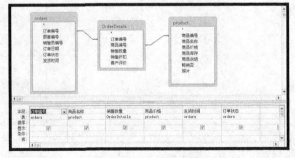

图 2-23　查询的设计视图

图 2-24　报表的设计视图

图 2-25　窗体的设计视图

2.5.4　生成器

生成器通常是一些带有选项卡的对话框，主要用来在对象的构建中创建和生成某种控件。Access 系统提供了若干个生成器，用以简化对象的设计过程，提高数据库对象开发的质量和效率。大多数生成器都包含相应的控件，允许用户通过这些控件设置所要生成的对象的相关属性。应用最广泛的生成器是表达式生成器，图 2-26 给出了表达式生成器的界面，使用方法将在后续章节的对象设计中详细介绍。

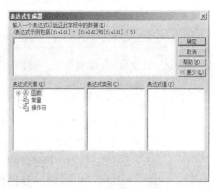

图 2-26　表达式生成器

2.6　Access 的操作方式

Access 提供了两种工作方式，即交互方式和批处理方式。

2.6.1　交互方式

交互方式是指用户利用 Access 提供的选项卡命令、快速工具栏命令、快捷键命令以及右键菜单命令等向 Access 发出操作请求，由 Access 后台完成用户要求的操作。交互方式一般通过窗口界面和一系列的人机对话来完成用户操作。Access 的大部分功能都可以通过交互方式来实现，该方式简单和直观，但执行一次命令一般只能完成一个操作，所以效率较低。

特别值得一提的是，Access 还支持用户直接使用 SQL 命令对数据库及其对象进行交互式的定义、维护和操纵。这就需要学习数据库语言 SQL，这个内容将在第 6 章详细介绍。

2.6.2　批处理方式

交互方式虽然给用户带来了很多方便，但却降低了执行速度。在实际工作中，常常会将一批经常要执行的命令按照所要完成的任务和系统的约定编写成宏或者程序，待需要时执行该宏或程序，就可以自动地执行其内包含的一系列命令，完成所要完成的任务。

1.　宏方式

宏是一个或多个命令的集合，其中的每个命令都可以实现特定的操作，通过将这些命令组合起来，可以自动完成某些经常重复或复杂的操作。

相比较交互式操作而言，宏的一次执行，可以批量完成很多项操作，效率较高。但宏只能完成逻辑较为简单的批操作。逻辑复杂的批量操作必须设计程序来完成。宏的创建、管理和运行将在第 7 章详细介绍。

2.　程序方式

对于一些复杂数据的处理与管理问题通常都是采用程序方式来完成的。程序也是一条或多条命令的集合，相对于宏而言，程序执行方式的优点除了效率更高以外，另外还允许设计逻辑关系复杂的批操作。对于最终用户来说，采用程序执行方式可以不必了解程序中的命令和内部结构，便能方便地完成程序所设定的功能。

Access 支持的面向过程的程序设计方法和面向对象程序设计方法，开发人员可以结合这两种方法并根据所要解决问题的具体要求，设计出相应的应用程序。

习　题

一、单选题

【1】以下关于"对象工作区"的叙述中，_____是正确的。

  A.　显示表的记录　　B.　删除整个对象　　C.　编辑 VBA 程序　　D.　插入一个对象

【2】以下关于快速访问工具栏的叙述中，_____是正确的。

  A.　工具栏只能位于窗口的固定位置，不能放在其他位置

  B.　工具栏可以随当前操作自动打开或关闭，不能由用户打开或关闭

  C.　可以定义自己的工具栏命令

  D.　不能修改系统提供的工具栏

【3】在"Access 选项"对话框中可以设置_____。

  A.　数据表的默认路径　　　　　　　　B.　查询的默认路径

  C.　数据库的默认路径　　　　　　　　D.　宏的默认路径

【4】下列文本型常量是规范的是_____。

  A.　[I like you!]　　　　　　　　　　B.　# 1 2-12-12#

  C.　" 12"　　　　　　　　　　　　　　D.　919.9

【5】在 Access 中，数值型没有_____子类型。

  A.　虚数　　　　　　B.　整型　　　　　　C.　长整型　　　　　　D.　小数

【6】在下列表达式中，值是 False 的是_____。

  A.　123>12　　　　　　　　　　　　B.　"订单">"订"

  C.　"123">"15"　　　　　　　　　　D.　123>15

【7】表达式 5 MOD 3、-5 MOD -3、-5 MOD 3 和 5 MOD-3 的正确结果_____。

A. 5、-5、-5、2 B. 2、-2、-1、-1

C. 2、-2、-2、2 D. 2、-2、1、-1

【8】函数 LEN(TRIM("　二级考试　"))的正确结果（字符串前后各有 2 个空格）_____。

A. 7 B. 5 C. 4 D. 6

【9】在下列函数中，返回值为数值型的是_____。

A. RIGHT("订单",1) B. LEFT("产品订单", 2)

C. LEN("订单") D. SPACE(16)

二、填空题

【1】一个表达式包含数值运算、逻辑运算和关系运算时，运算的优先次序是_____。

【2】Access 支持用户使用_____命令对数据库及其对象进行定义、维护和操纵。

【3】用户在_____智能工具的引导和帮助下，不用复杂的设计就能快速地建立数据库对象。

【4】表达式 YEAR(DATE())的值是_____，DAY(DATE())的值是_____。

【5】基于模板创建数据库，要求目标数据库与_____相近。

【6】当 Eqv 前后的运算对象均为假或均为真时，表达式的值为_____。

【7】表达式 date()-#2016-1-21#的结果是_____类型的数据。

【8】使用_____可以将多个不同类型的文件存储在单个字段之中。

【9】_____运算符是将两个表达式的值进行首尾相接。

三、思考题

【1】简述 Access 2010 与 DBMS 的关系。

【2】说明使用"Access 选项"对话框定制功能区的方法。

【3】举例说明 Access 中主要的字段数据类型有哪些。

【4】请说明常量、字段、函数以及表达式的关系。

【5】查阅资料，分析模板、向导、生成器与设计器之间有没有关系。

【6】查阅资料，分析附件字段与 OLE 对象字段之间的异同。

【7】举例说明文本字段与备注字段之间的异同。

第3章
数据库的创建与管理

　　数据库是指存储在外部存储器上的有组织的数据集合，在关系数据库中数据集合的组织结构是满足关系特征的数据表。Access 数据库是一个容器，它将相互联系的数据表及其相关对象进行统一组织和管理。本章以 StudentGrade.accdb（学生成绩）数据库为例，重点讲解数据库的创建、日常管理和安全管理。

3.1　数据库的创建

　　在 Access 2010 中，数据库是一个逻辑上的概念和手段，用于将相互联系的表对象及其相关的数据库对象（查询、窗体、报表、宏、模块等）统一管理和组织。在物理上，创建数据库表现为建立了一个用来存放数据库的定义信息的扩展名为.accdb 的文件。

　　Access 2010 提供了两种创建数据库的方法：一种是使用模板创建，模板是预设的数据库，含有已定义好的数据模式，甚至数据。如果能找到与需求接近的模板，使用模板是创建数据库的最快方式。但使用模板创建的数据库往往不能满足用户需求，还需要对数据库进行修改。另一种是从空数据库开始创建。本书只介绍空数据库的创建。

3.1.1　空数据库的创建

　　如果找不到需要的数据库模板，或者需要导入数据，可以创建空数据库，空数据库中不包含任何数据库对象，用户可根据需要在其中创建或添加表、查询、窗体、报表等对象，并建立表对象之间的关系和参照完整性等。

　　【例 3-1】创建"StudentGrade"空数据库。

　　① 启动 Access 2010，在启动窗口中、中间窗格左上方，单击"空数据库"，如图 3-1 所示。

　　② 在右侧窗格的文件名文本框中，把默认的文件名"Database1.accdb"修改为"StudentGrade.accdb"，如图 3-1 所示。

　　③ 单击文件名右侧的 📂 按钮，在打开的"文件新建数据库"对话框中，选定保存该数据库文件的文件夹，如 D:\DATABASE，单击"确定"按钮，如图 3-2 所示。

　　④ 单击"确定"按钮后，会返回到 Access 新建界面，如图 3-1 所示，显示将要创建的数据库名称和保存位置。在右侧窗格右下角，单击"创建"按钮，就创建了数据库 StudentGrade.accdb，如图 3-3 所示。新创建的数据库名称会出现在标题栏上。

　　创建空数据库时，系统会自动为数据库添加一个名为"表 1"的表对象。如果不想创建表，可以直接关闭表或数据库，系统会自动删除此表，退出创建。

图 3-1　新建文件窗口

图 3-2　"文件新建数据库"对话框

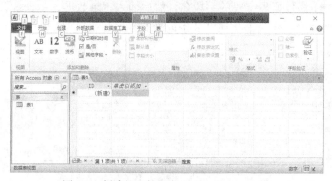

图 3-3　创建的空数据库 StudentGrade.accdb

注意

Access 2010 使用的是 Access 2007 文件库，新建的数据库文件都是.accdb 格式。

3.1.2　简单数据表的创建

刚刚创建的 StudentGrade 数据库自动成为当前数据库，并且自动创建一个对象名为"表 1"的数据表。用户可以利用"表 1"快速地创建一个数据表。"表 1"第一个字段是 ID，默认类型为自动编号，可以通过"表格工具 | 字段"选项卡中的"名称和标题"更改 ID 的名称和标题。

【例 3-2】在新建的 StudentGrade.accdb 数据库中建立数据表 student。

① 在"表1"中选中 ID 列，在"表格工具|字段"选项卡中的"属性"组中单击"名称与标题"按钮，或直接双击 ID 列，将名称改为"sno"，如图 3-4 和图 3-5 所示。

图 3-4　新建数据表

图 3-5　修改字段名

② 选中"sno"列，在"格式"组中的"数据类型"下拉列表框中，将该列数据类型改为"文本"，如图 3-6 所示。在"sno"下面的单元格中输入"201513111001"。

③ 在"单击以添加"下面的单元格中输入"隋玉婷"，这时 Access 自动为新字段命名为"字段1"，双击"字段1"把名称修改为"sname"，如图 3-7 所示。

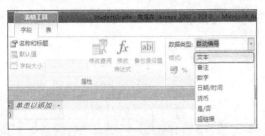

图 3-6　设置字段"数据类型"

图 3-7　输入数据和字段名

④ 重复步骤（3）添加所需字段的字段名，然后输入记录数据，Access 会自动根据输入的值为字段分配数据类型。继续输入第 2 到第 8 条记录的数据，结果如图 3-8 所示。

sno	sname	sex	major	birthday	nation	department	levels	picture	note
201513111001	隋玉婷	女	国际经济与贸易	1996/5/1	汉族	国贸系	本科		
201513111002	卢月	女	国际经济与贸易	1995/4/6	汉族	国贸系	本科		
201513111003	葛菲	女	国际经济与贸易	1995/9/26	汉族	国贸系	本科		
201513111004	明晓	女	国际经济与贸易	1996/1/14	汉族	国贸系	本科		
201513111005	王钰婷	女	国际经济与贸易	1995/1/14	汉族	国贸系	本科		
201513111006	何方敏	女	国际经济与贸易	1996/2/6	汉族	国贸系	本科		
201513111007	苏华	女	国际经济与贸易	1995/11/13	汉族	国贸系	本科		
201513111008	张文汶	女	国际经济与贸易	1995/3/20	汉族	国贸系	本科		

图 3-8　student 表结果

⑤ 单击"文件"选项卡中的"保存"命令，如图 3-9 所示，在弹出的另存为对话框中输入表名称"student"，单击"确定"按钮，如图 3-10 所示，简单数据表就建好了。

图 3-9　"保存"命令

图 3-10　"另存为"对话框

　　简单数据表的创建方法非常方便快捷，用户只要输入数据，系统就会根据输入数据的值自动分配数据类型，创建表结构。当然用户也可以根据需要修改这一表结构。简单数据表结构不一定完全符合用户需求，用户可以使用表设计视图对表进行修改，并添加约束。用户还可以在表的基础上根据需要添加其他数据库对象。这些内容都将在第 4 章中详细介绍。

3.2　数据库的日常管理

　　数据库的日常管理主要包括数据库的打开与关闭，数据库对象的组织，数据库的保存、不同版本数据库文件之间的转换、删除数据库等操作。用户要使用已经建立好的数据库时，首先要打开它，然后才能进行各种操作。当用户完成对数据库的操作不再使用它时，应将其关闭。打开数据库后，用户还可以查看和修改数据库的属性，组织和管理数据库中的对象。

3.2.1　数据库的打开

　　要查看或编辑已有数据库，必须先将其打开。

1. 打开数据库的方法

　　有 3 种方法可以打开数据库。

　　① 双击数据库文件图标。

　　② 快速打开：启动 Access 2010 后，在 Backstage 视图的左侧列出了最近打开的 4 个数据库文件，可以单击直接打开，如图 3-11 所示。或单击"最近所用文件"命令，在右侧窗格中列出更多的最近使用过的数据库文件，选择需要的数据库打开。

图 3-11　打开最近使用的数据库文件

　　③ 单击"文件"选项卡中的"打开"命令，在弹出的"打开"对话框中，选定要打开文件，例如选定"StudentGrade.accdb"文件，然后单击"打开"按钮，如图 3-12 如示。

图 3-12　"打开"对话框

2. 打开数据库的模式

　　打开数据库有 4 种模式，单击"打开"按钮右侧箭头可进行选择，如图 3-12 所示。

　　① 打开：默认的打开方式，是以共享方式打开数据库。

　　② 以只读方式打开：此方式打开的数据库只能查看不能编辑修改。

　　③ 以独占方式打开：此方式打开数据库时，其他用户试图打开该数据库时，会收到"文件已在使用中"的消息，不能再打开。

④ 以独占只读方式打开：此方式打开数据库时，其他用户仍能打开该数据库，但只能以只读方式打开该数据库。

3.2.2　数据库对象的视图

对数据库的操作实际上是对数据库中各个对象的操作，视图是用户操作数据库对象的界面。不同的对象有不同的视图模式。以表对象为例，表有 4 种视图：数据表视图、数据透视表视图、数据透视图视图和设计视图，4 种视图的用法会在第 4 章详细介绍，这里只介绍切换不同视图的方法。

有 3 种切换不同视图的方法。以 StudentGrade.accdb 为例，首先打开数据库，在左侧的导航窗格中双击表"Student"，将其打开。

① 单击"开始"选项卡中最左侧的"视图"下拉按钮 ，单击视图选项，如图 3-13 所示，从中选择所需视图。

② 在表名选项卡上（把光标移到右侧表窗口上方表名称 Student 上）右键单击，在弹出的快捷菜单中选择需要的视图，如图 3-14 所示。

图 3-13　"视图"菜单　　　　　　　　　　　　　　　　图 3-14　"视图"快捷菜单

③ 单击状态栏最右侧视图切换按钮 ，选择不同的视图方式。

图 3-15～图 3-17 分别是数据表的设计视图、数据透视表视图和数据透视图视图。数据库对象的性质不同，视图模式和操作方法也有所不同，这是后续的章节要进一步介绍的内容。但是不同的数据库对象，其视图的切换方式与表对象是类似的。

图 3-15　设计视图　　　　　　　　　　　　　　　　　　图 3-16　数据透视表视图

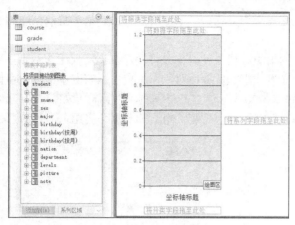

图 3-17 数据透视图视图

3.2.3 数据库对象的组织

Access 提供了导航窗格对数据库对象进行组织和管理，导航窗格是对 Access 中的表、查询、窗体、报表、宏和模块等对象进行管理的工具。

在 Access 2007 以前的 Access 版本中，都是通过数据库窗口来使用数据库中的对象。例如，使用数据库窗口打开要使用的对象，修改对象设计时也使用该窗口。Access 2010 可以利用导航窗格对数据库对象进行组织，以便更高效地管理数据库对象，如图 3-18 所示，在导航窗格中用户可以很方便地打开或关闭、添加或复制数据库对象，还可以删除或重命名对象以及查看对象的属性。

单击"所有 Access 对象"右侧的"百页窗开/关"《 按钮或按 F11 键，可以打开或收起导航窗格。单击"所有 Access 对象"右侧的下拉箭头 ，即可打开导航窗格菜单，如图 3-19 所示，从中可以查看正在使用的类别和展开的对象。可以采用多种方式对数据库对象进行组织管理，这些组织方式包括对象类型、表和相关视图、创建日期、修改日期、按组筛选、按对象类别以及自定义。

图 3-18 导航窗格

图 3-19 导航窗格菜单

（1）对象类型

对象类型就是按照表、查询、窗体、报表、宏和模块等对象组织数据。"表"组仅显示表对象，"查询"组仅显示查询对象。在对象类别中，如果只选择"表"对象，导航窗格将只显示数据库中所有的表。

（2）表和相关视图

表和相关视图是一种基于数据库对象的逻辑关系的组织方式。在 Access 数据库中，数据表是最基本的对象，其他对象都是基于表作为数据源而创建的。因此，某个表和其相关对象就构成了某种逻辑关系。通过这种组织方式，可以使用户比较容易了解数据库相关对象之间的关系。

（3）自定义

自定义是一种灵活的组织方式，Access 允许用户根据需要组织数据库中的对象。

如果需要通过自定义方式组织数据库对象，用户可以右键单击导航窗格，在弹出的快捷菜单中单击"导航选项"，如图 3-20 所示，打开导航选项对话框，如图 3-21 所示。通过"添加项目""删除项目""重命名项目""添加组""删除组"和"重命名组"，可自定义所需的类别及组。

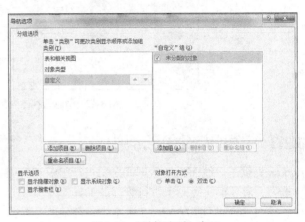

图 3-20　导航窗格快捷菜单　　　　　　　　　　图 3-21　"导航选项"窗口

在导航窗格中，选择任何对象，都可以通过单击鼠标右键打开快捷菜单，从中选择并执行某项操作。选择不同的对象弹出的快捷菜单会有所不同。

3.2.4　数据库的属性管理

想了解一个新打开的数据库，可以通过查看数据库的属性，了解数据库的文件名、文件类型、大小、存放位置以及数据库中包含了哪些对象等相关信息。数据库属性分为常规、摘要、统计、内容和自定义五类。

【例 3-3】查看数据库 StudentGrade 的属性。

① 单击"文件"选项卡中的"信息"命令，在打开的 Backstage 视图右侧窗格中单击"查看和编辑数据库属性"命令，如图 3-22 所示。

② 在打开的属性对话框中选择各个选项卡，查看数据库的相关信息，如图 3-23 所示。

图 3-22　数据库信息选项卡　　　　　　　　　　图 3-23　数据库属性对话框

（1）常规和统计属性：都属于 Access 2010 的自动更新属性，用户不能指定或更改这些属性。常规属性包括：文件名、类型、位置、大小、创建时间、修改时间和访问时间。统计属性包括创建时间、修改时间和访问时间等。查找文件时可以使用这些属性，例如，可以搜索昨天修改的所有文件。

（2）摘要属性：摘要属性包括标题、主题、作者、类别、关键词等数据库的说明信息，可以为这些属性指定自己的文本值以便更容易地组织和标识文档。用户可以通过主题、作者、关键词等信息来检索文件。

（3）内容属性：内容属性列出了按对象类型分组的所有数据库对象的名称，用户可以看到当前数据库中包含了哪些表、查询、窗体、报表、宏和模块等。

（4）自定义：用户可以设置自定义属性，并把这些属性作为高级搜索的条件。设置自定义属性时，用户只需要输入或选择属性的名称、类型和取值，然后单击"添加"按钮即可。

3.2.5　数据库的保存与关闭

对数据库的操作结束后，要保存和关闭数据库，以释放内存空间。另外为了在早期版本的 Access 中打开和使用数据库，可以在保存时把文件转成早期版本的数据库格式。

1. 数据库的保存

对数据库做了修改以后，需要及时保存数据库。

（1）保存命令

以下三种方法均可保存对当前数据库的修改。

① 单击"文件"选项卡中的"保存"命令。

② 单击快速访问工具栏中的保存按钮 。

③ 按 Ctrl+S 组合键。

（2）另存为命令

使用该命令可更改数据库的保存位置和文件名，对原数据库进行备份。

① 单击"文件"选项卡中的"数据库另存为"命令（Access 会弹出"保存数据库前必须关闭所有打开的对象"的提示框，单击"是"按钮即可，如图 3-24 所示）。

② 在弹出的"另存为"对话框中，选择文件的保存位置，然后在"文件名"文本框中输入文件名称。

图 3-24　提示框

③ 单击"保存"按钮。

（3）保存并转换成早期版本格式

Access 具有不同的版本，可以将 Microsoft Office Access 2003、Access 2002、Access2000 或 Access 97 创建的数据库转换成 Access 2007—2010 文件格式.accdb。也可以将 Access 2007—2010 文件格式.accdb 转换成早期版本。因为 Access 2010 数据库文件格式（.accdb）不能用早期版本的 Access 打开，如果需要在早期版本的 Access 中使用.accdb 格式的数据库，则必须将其转换为早期版本的文件格式。

转换方法如下。

① 打开要转换的数据库。

② 单击"文件"选项卡中的"保存并发布"命令，在打开 Backstage 视图中单击"文件类型"组中的"数据库另存为"命令，显示信息如图 3-25 所示。

图 3-25　数据库另存为

③ 在右侧窗格"数据库文件类型"组中有 4 个选项，选择所需版本，然后单击"另存为"按钮。

④ 在弹出的"另存为"对话框中，选择保存文件的位置，输入数据库名称，单击"保存"按钮。当 Access 2010 数据库中使用的某些功能在早期版本中没有时，不能将 Access 2010 数据库转换为早期版本的格式。

2. 数据库的关闭

当数据库不再使用或要打开另一个数据库时，就要关闭当前数据库，有以下几种方式。

（1）关闭打开的数据库而不退出 Access：单击"文件"选项卡中的"关闭数据库"命令。

（2）先关闭打开的数据库，然后退出 Access。

① 单击"文件"选项卡中的"退出"命令。

② 单击标题栏右侧的"×"按钮。

③ 单击控制图标Ⓐ或按组合键 Alt+Space，在弹出的菜单中选择"关闭"命令。

④ 双击Ⓐ按钮。

⑤ 按组合键 Alt+F4。

3.2.6　数据库的删除

有两种方式可以删除数据库文件。

① 在 Windows 资源管理器或"计算机"中对数据库文件进行删除。

② 单击"文件"选项卡中的"打开"命令，在弹出的打开窗口中右键单击要删除的数据库文件，在弹出的快捷菜单中选择删除命令，如图 3-26 所示。

图 3-26　"打开"对话框和快捷菜单

删除数据库后，数据库中包含的对象也都一并删除了。

3.3　数据库的安全管理

数据库担负着存储和管理数据信息的任务，在使用过程中，如何保证数据库系统能安全可靠地运行是一个十分重要的问题。数据库的安全性是指保护数据库以防止不合法的使用所造成的数据泄露、更改或破坏。下面介绍如何利用 Access 2010 中提供的安全功能来实现对数据库的安全操作，主要包括信任中心的设置，对数据库加密和解密，备份和恢复数据库，以及对数据库进行压缩和修复。

3.3.1　Access 数据库的安全体系

在早期版本的 Access 中，有用户级安全管理机制，利用用户级安全机制可以对数据库及其表、查询、窗体、报表和宏等对象建立不同的访问级别。然而，用户级安全功能创建的权限并不能阻止具有恶意的用户来访问数据库。因此，在 Access 2010 版本中不再提供用户级安全机制，但若是在 Access 2010 中打开由早期版本创建的数据库，并且该数据库应用了用户级安全，那么这些设置仍然有效。

Access 数据库是由表、查询、窗体、报表、宏、模块等一组对象构成的文件，这些对象之间通常相互配合、共同发挥作用。例如，查询就是以数据库表中的数据为数据源，根据用户给定的条件从指定的数据表或者查询中检索出数据，形成一个新的数据集合。有几个 Access 组件会造成安全风险，动作查询、宏、VBA 代码等都会造成安全风险，因此保证 Access 数据库的安全更加重要。

Access 的安全性保证体现在：

① 使用信任中心进行安全检查；

② 对数据库进行打包、签名和分发；

③ 使用密码对数据库进行加密或解密；

④ 对数据库进行压缩和修复。

3.3.2　信任中心的设置

"信任中心"是 Access 为用户提供的一个查看和更改安全设置的控制界面，它实际上是一个对话框。通过"信任中心"，可以创建或更改受信任位置，设置 Access 的安全选项。

信任中心还可以评估数据库的组件，确定打开数据库是否安全，或者信任中心是不是应该禁用数据库，有一些 Access 组件，例如动作查询（用于插入、删除或更改数据的查询）、宏、一些表达式（返回单个值的函数）、VBA 代码会造成安全风险，因此不受信任的数据库中将禁用这些组件。为了确保数据更加安全，每当打开数据库时，Access 信任中心都将执行一组安全检查。如果信任中心禁用数据库内容，则在打开数据库时将出现消息栏。

将 Access 数据库放在受信任位置时，所有 VBA 代码、宏和安全表达式都会在数据库打开时运行。用户不必在数据库打开时做出信任决定。

信任中心的设置如下。

① 启动 Access。

② 单击"文件"选项卡中的"选项"命令，如图 3-27 所示，弹出"Access 选项"对话框，

如图 3-28 所示。

③ 在"Access 选项"对话框中的左侧，选择"信任中心"，单击右侧的"信任中心设置"按钮，弹出"信任中心"对话框，如图 3-28 所示。

④ 在"信任中心"对话框中单击左侧的"受信任位置"选项，在右侧打开图 3-29 所示的受信任位置对话框，对话框右侧内容显示的是系统默认的受信任位置。

图 3-27 文件菜单

图 3-28 "Access 选项"对话框

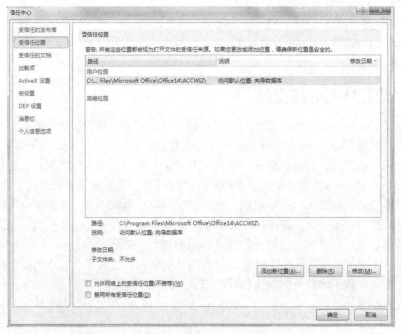

图 3-29 "信任中心"对话框

⑤ 在该对话框中，用户可以增加、删除和修改受信任的位置。单击"添加新位置"按钮，会弹出"Microsoft Office 受信任位置"对话框，如图 3-30 所示。在文本框中直接输入或单击"浏览"按钮定位文件夹，然后单击"确定"按钮。

可以通过"信任中心"对话框左侧的选项，如图 3-29 所示，逐个设置受信任的文档、加载项、ActiveX 设置、宏设置、DEP 设置、消息栏、个人信息选项等内容。

图 3-30 "Microsoft Office 受信任位置"对话框

受信任位置设置完成后，可以将数据库文件移动或复制到受信任文件夹里面，以后打开受信任位置下的文件，就不必再做信任检查。

3.3.3　数据库的打包、签名和分发

数据库开发者将数据库分发给不同的用户使用，需要考虑数据库分发时的安全问题。对数据库添加数字签名，表明数据库开发者认为该数据库是安全的并且其内容是可信的。签名是为了保证分发的数据库是安全的，打包是确保在创建该包后数据库没有被修改。这可以帮助数据库用户确定是否信任该数据库。

对数据库打包和签名前，首先要获得数字证书，这相当于给数据库加盖了印章。如果用于个人目的而创建数字证书，可以使用"Microsoft Office 2010 工具"中提供"VBA 工程的数字证书"完成。如果是用于商业目的要获取数字证书，则需要向商业证书颁发机构（CA）申请获得。

在打包、签名和分发数据库时要注意以下几点。

① 将数据库打包并对包进行签名是一种传达信任的方式。在对数据库打包并签名后，数字签名会确认在创建该包之后数据库未进行过更改。

② 从包中提取数据库后，签名包与提取的数据库之间将不再有关系。

③ Access 2010 只能对.accdb、.accde 等文件格式的数据库使用"打包并签署"工具。对采用早期文件格式的数据库也提供了进行签名和分发的工具，所使用的数字签名工具必须适合于所使用的数据库文件格式。

④ 一个包中只能添加一个数据库。

⑤ 该过程将对包含整个数据库的包（而不仅仅是宏或模块）进行签名。

⑥ 该过程将压缩包文件，以便缩短下载时间。

⑦ 可以从位于运行 Windows SharePoint Services 3.0 或更高版本的服务器上的包文件中提取数据库。

1．创建签名包

【例 3-4】以 StudentGrade 数据库为例，说明创建签名包的过程。

① 单击 Windows 操作系统的 "开始"按钮，在弹出的菜单中单击"所有程序"，依次选择"MicrosoftOffice""Microsoft Office 2010 工具""VBA 工程的数字证书"选项，如图 3-31 所示。

② 在弹出的"创建数字证书"对话框中，为证书创建一个描述性名称，例如"签名证书"，如图 3-32 所示。

③ 单击对话框中的"确定"按钮，就会出现"SelfCert 成功"对话框，表明已经成功创建了一个数字证书。

④ 打开 StudentGrade 数据库。

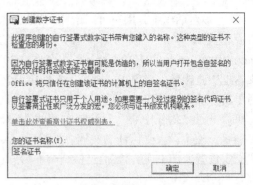

图 3-31　程序列表　　　　　　　　　　　　图 3-32　"创建数字证书"对话框

⑤ 在"文件"选项卡中，单击"保存与发布"命令，在打开 Backstage 视图中间窗格上方"文件类型"组中，单击"数据库另存为"选项，出现如图 3-33 所示的"数据库另存为"选项窗体，双击窗体右侧的"打包并签署"选项。

⑥ 在弹出的"Windows 安全"对话框中选择证书，如图 3-34 所示，然后单击"确定"按钮。

图 3-33　"保存并发布"命令　　　　　　　图 3-34　"Windows 安全"对话框

⑦ 在弹出的"创建 Microsoft Access 签名包"对话框中，选择适当的位置，并在"文件名"输入框中输入文件名（默认为打开的数据库名称），单击"创建"按钮，则在指定的位置创建了扩展名为.Accdc 的签名包，如图 3-35 所示。

图 3-35　"创建 Microsoft Access 签名包"对话框

2. 提取并使用签名包

提取并使用签名包的步骤如下。

① 启动 Access。

② 单击 Access 的"文件"选项卡中的"打开"命令，在"打开"对话框中，选择文件类型"Microsoft Access 签名包（*. Accdc）"，选择所要打开的文件，单击"打开"按钮，如图 3-36 和图 3-37 所示。

图 3-36 "打开"对话框

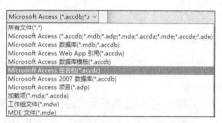

图 3-37 "文件类型"下拉菜单

③ 第一次提取签名包时，会弹出图 3-38 所示的"Microsoft Access 安全声明"对话框，如果用户信任该数据库，单击"打开"按钮。如果信任来自提供者的任何证书，单击"信任来自发布者的所有内容"按钮。将出现"将数据库提取到"对话框。一旦选择了"信任来自发布者的所有内容"按钮，下次执行该操作时，将不再出现此对话框。

④ 在弹出的"将数据库提取到"对话框中，为提取的数据库选择一个位置，然后在文件名文本框中输入文件名称，单击"确定"按钮，即可提取出数据库，如图 3-39 所示。

图 3-38 "Microsoft Access 安全声明"对话框

图 3-39 "将数据库提取到"对话框

也可在 Windows 资源管理器中找到签名包文件，双击该文件，完成对数据库的提取工作。

3.3.4 密码的设置与撤销

数据库的安全性极其重要，为了保护数据库不被其他用户使用或修改，可以给数据库设置访问密码。密码设置后，还可以根据需要，撤销密码或重新设置密码。要对数据库设置密码或撤销密码，必须以独占的方式打开数据库。

1. 设置用户密码

以数据库 StudentGrade.accd 为例。

① 以独占方式打开 StudentGrade.accd 数据库，如图 3-40 所示。

图 3-40 以"独占方式"打开数据库

② 选择"文件"选项卡中的"信息"命令，打开"有关 StudentGrade 的信息"窗格，如图 3-41 所示。

③ 单击"用密码进行加密"按钮，弹出"设置数据库密码"对话框，如图 3-42 所示。

④ 在"密码"和"验证"文本框中分别输入相同的密码，然后单击"确定"按钮。

2. 撤销用户密码

① 以独占方式打开 StudentGrade.accdb 数据库。

② 单击"文件"选项卡中的"信息"命令，打开"有关 StudentGrade 的信息"窗格，如图 3-43 所示。

③ 单击"解密数据库"按钮，弹出"撤销数据库密码"对话框，如图 3-44 所示。

图 3-41 "信息"窗格

图 3-42 "设置数据库密码"对话框

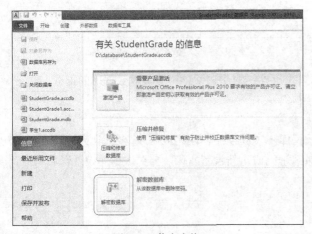

图 3-43 信息窗格

图 3-44 撤销数据库密码

④ 在"密码"文本框内输入密码，单击"确定"按钮。如果输入的密码不正确，撤销命令无效。

3.3.5　数据库的备份与还原

为了保证数据库安全，要经常对数据库进行备份。数据库的备份文件最好不要与原始文件放在同一个目录下，在需要时可以用备份数据库进行恢复。

1. 备份数据库

使用 Access 中的数据库备份功能，可以对数据库定期做备份，避免数据库丢失或损坏造成损失。步骤如下。

① 打开要备份的数据库（以 StudentGrade 数据库为例）。

② 单击"文件"选项卡中的"保存并发布"命令。

③ 单击"文件类型"组中的"数据库另存为"选项，然后双击"数据库另存为"组中的"备份数据库"按钮，如图 3-45 所示。

图 3-45　保存并发布

④ 在弹出的"另存为"对话框中选择保存位置，单击"保存"按钮。Access 在备份数据库时，自动给出备份数据库名，默认的备份数据库名为原数据库名+下划线+当前系统日期，如图 3-46 所示。

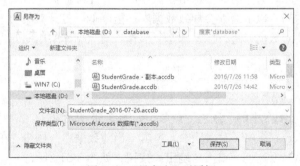

图 3-46　"另存为"对话框

2. 还原数据库

如果数据库文件丢失或损坏，可以使用备份文件对数据库进行还原。可以还原整个数据库，也可以只还原数据库中的部分对象。

还原整个数据库时，只需要将备份的数据库文件复制到需要替换的数据库的位置，并将数据库名称修改为所需要的文件名。若要还原部分数据库对象，可以将其从备份文件中导入需要的数据库。步骤如下。

① 打开要将对象还原到其中的数据库，单击"外部数据"选项卡"导入并链接"组中的"Access"按钮，如图 3-47 所示。

图 3-47 "导入并链接"组

② 在弹出的"获取外部数据-Access 数据库"对话框中，单击"浏览"按钮查找并选择备份数据库，然后选中"将表、查询、窗体、报表、宏和模块导入当前数据库"单选按钮，单击"确定"按钮，如图 3-48 所示。

③ 在弹出的"导入对象"对话框中，单击要还原的对象类型选项卡，如图 3-49 所示。如果要还原表和查询，先单击"表"选项卡，在列出的表对象中选中所需要的表，然后单击"查询"选项卡，在查询列表中选中所需的查询对象，最后单击"确定"按钮。

图 3-48 "获取外部数据-Access 数据库"对话框   图 3-49 "导入对象"对框话

④ 确定是否要保存导入步骤，然后单击"关闭"按钮。

3.3.6 数据库的压缩与修复

用户不断地添加、更改或删除数据或对象，会使数据库文件越来越大；Access 系统为了完成各种任务而创建的一些临时对象有时会保留在数据库中；删除数据库对象时，系统不会自动回收该对象所占用的磁盘空间。以上原因会导致数据库性能降低、打开对象的速度变慢、查询运行时间长等情况。因此，要对数据库进行压缩和修复操作。对数据库的压缩分为关闭时自动执行压缩和手动压缩与修复。

1. 关闭时自动压缩

① 打开要压缩的数据库。

② 单击"文件"选项卡中的"选项"命令，如图 3-50 所示。

③ 在弹出的"Access 选项"对话框中，单击"当前数据库"按钮。在"应用程序选项"组中，选中"关闭时压缩"复选框，单击"确定"按钮，如图 3-51 所示。

经过上述设置后，每当数据库关闭时，会自动对数据库进行压缩。由于"关闭时压缩"只对当前数据库有效，对每个需要自动压缩修复的数据库，都必须单独设置此项参数。

2. 手动压缩和修复数据库

除了使用"关闭时压缩"之外，还可以运行"压缩和修复数据库"命令。

打开数据库，单击"文件"选项卡中的"信息"命令，在打开的 Backstage 视图的中间窗格单击"压缩和修复数据库"按钮，如图 3-52 所示。或单击"数据库工具"选项卡，然后单击最左侧的"压缩和修复数据库"按钮，如图 3-53 所示，都可以完成对当前数据库的压缩和修复。

在压缩和修复数据库时，会在状态栏中显示压缩进度。

图 3-50　"文件"选项卡

图 3-51　"Access 选项"对话框

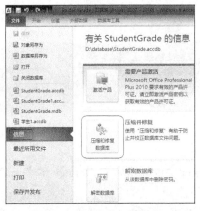

图 3-52　压缩和修复数据库

图 3-53　数据库工具

习　　　题

一、单选题

【1】在 Access 2010 中，数据库文件的扩展名为_____。

  A．.dbc   B．.mdb   C．.accdb   D．.accde

【2】Access 2010 在同一时间可打开_____个数据库。

  A．1   B．2   C．3   D．4

【3】在 Access 2010 中，建立数据库文件可以选择"文件"选项卡中的_____命令。

  A．"新建"   B．"创建"   C．Create   D．New

【4】Access 2010 创建的签名包的扩展名为_____。

  A．.Accdc   B．.Accdt   C．.accdb   D．.accde

【5】对 Access 数据库设置密码后，需要在_____时输入密码。

    A. 打开数据库   B. 关闭数据库   C. 修改数据库   D. 打开数据表

二、填空题

【1】空数据库是指该文件中_____。

【2】对数据库进行操作之前应先_____数据库，操作结束后要_____数据库。

【3】在 Access 中，要设置默认数据库文件夹，可以选择"文件"选项卡中的_____命令。

【4】打开数据库的四种方式是_____、_____、_____、_____。

【5】在 Access 中要对数据库设置密码，必须以_____的方式打开数据库。

【6】_____是对 Access 中的表、查询、窗体、报表、宏和模块等对象进行管理的工具。

【7】对于表对象，Access 提供了_____视图、_____视图、_____视图和_____视图四种视图模式。

【8】_____是 Access 为用户提供的一个查看和更改安全设置的控制界面。

【9】将 Access 数据库放在_____时，所有 VBA 代码、宏和安全表达式都会在数据库打开时运行。用户不必在数据库打开时做出信任决定。

【10】对数据库打包和签名前，首先要获得_____，这相当于给数据库加盖了印章。

【11】在打包、签名和分发数据库时，一个包中只能添加_____数据库。

【12】从包中提取数据库后，签名包与提取的数据库之间将_____。

【13】为了保证数据库安全，要经常对数据库进行_____。

【14】如果数据库文件丢失或损坏，可以使用_____对数据库进行还原。可以还原_____，也可以还原_____。

【15】对数据库的压缩分为_____和_____。

三、思考题

【1】创建数据库的方法有哪几种？

【2】打开和关闭数据库的方法有哪些？

【3】如何创建受信任的位置？

四、操作题

【1】创建文件名为"销售订单"的空数据库，并在数据库中创建名为 Customers 的表，表内容如图 3-54 所示。

顾客编号	顾客姓名	顾客性别	联系电话	最近购买时	顾客地址	消费积分
c3701001	王女士	女	15588826856	2011/12/23	济南市大明路19号	800
c3701002	王先生	男	18656325987	2011/11/30	济南市文化西路100号	700
c3702001	孙皓	男	05328896651	2012/5/1	青岛市莱阳路10号	900
c3702002	方先生	男	05328856661	2011/8/10	青岛市云南路9号	1000
c1101001	黄小姐	女	01051688889	2012/9/29	北京市东园西甲128号	1200
c1101002	王先生	男	01051685555	2011/10/16	北京市黄厅南路128号	900
c5305001	陈玲	女	08716678965	2012/6/22	昆明市广发北路78号	1000

图 3-54　Customers 表

【2】对 Customers 表切换不同的视图进行查看。

【3】查看"销售订单"数据库的相关属性

【4】给数据库"销售订单"加上密码。

【5】对"销售订单"数据库进行手动压缩并修复。

【6】备份"销售订单"数据库。

【7】创建签名包，并提取和使用签名包。

【8】关闭销售订单数据库。

第4章
表对象的创建与维护

表是 Access 中最基本的对象，主要用来存储原始数据，是整个数据库系统的基础。Access 中的其他数据库对象，如查询、窗体、报表等，都是在表的基础上建立的。数据表的创建首先要定义表的模式，然后按照表的模式在表中插入数据。数据表创建后，就进入维护阶段，最主要的维护性操作包括：表模式的维护，主要涉及表结构的维护、索引的维护以及约束的维护；表数据的维护，主要涉及记录的添加、删除、修改；表应用的维护，主要涉及表数据的导入导出、表的备份和删除等。

4.1　表的创建

表的创建涉及模式和数据两个方面的内容。要在数据库中创建一个表，必须首先定义表的模式，这包括表的结构、表的索引以及表的约束；然后再按照表的模式在表中插入数据。因此，要创建一个数据表，主要的任务有：

① 根据用户需求建立一个表的结构，表结构主要描述了表的组织形式,例如表中字段的个数、每个字段的名称、数据类型、字段大小、取值范围。

② 为了提高数据的查询效率，还可以根据需要在表中创建索引。

③ 根据用户需求定义表的完整性约束，这主要包括实体完整性约束、域完整性约束以及参照完整性约束。

④ 按照表的模式，在表中插入记录数据。

4.1.1　表结构的创建

在 Access 数据库中创建表结构的方式有以下 2 种：

- 使用"数据表视图"创建表结构；
- 使用"设计视图"创建表结构。

第一种方法在第 3 章已经介绍过了，这种方法创建表结构比较直观，一般在建立空白数据库时使用，但也有一定的局限性，比如，设置字段属性不方便等。第二种方法是通过"设计视图"创建表结构，这也是比较常用的方式。以这种方式创建表结构，可以根据需要，自行设计字段，还能对字段的属性进行详细设置。

1. 使用"设计视图"定义表结构的过程

下面就以"销售订单"数据库为例，介绍创建 product 表的过程，product 表如图 4-1 所示。

【例 4-1】使用"设计视图"创建 product 数据表，具体字段信息如表 4-1 所示。

图 4-1　product 表

表 4-1　　　　　　　　　　　　　　　商品表 product 字段信息

字段名称	数据类型	字段长度	说明
商品编号	文本	6	主键
商品名称	文本	20	商品名称，非空
商品价格	货币		非空
商品库存	数字（长整型）		非空
畅销否	是/否		True：畅销，False：不畅销
照片	OLE 对象		

① 启动 Access2010，打开"销售订单"数据库。

② 切换到"创建"功能区，在"表格"组中单击"表设计"按钮，如图 4-2 所示。

③ 出现图 4-3 所示的"设计视图"。

图 4-2　"表格"组　　　　　　　　　　　　　　　图 4-3　设计视图

④ 在"字段名称"列中分别输入商品编号、商品名称、商品价格、商品库存、畅销、照片等内容。在"商品编号"的数据类型下拉列表中选择"文本"，在"字段属性"区的"字段大小"文本框中输入"6"。同样，设置"商品名称"的数据类型为"文本""字段大小"为"20"。在"商品价格"的数据类型下拉列表中选择"货币"，在"字段属性"区的"格式"下拉列表中选择"货币"。按同样的方式再设置"商品库存""畅销否"和"照片"等字段，如图 4-4 所示。

⑤ 单击快速访问工具栏中的"保存"按钮，以"product"为名称保存数据表，如图 4-5 所示。

图 4-4　product 表的设计视图

图 4-5　"另存为"对话框

⑥ 如果新建的数据表中没有设置主键，将弹出设置主键提示对话框，单击"否"按钮，取消主键设置，即可完成 product 表结构的建立，如图 4-6 所示。

图 4-6　创建主键提示框

2. 设置字段属性

定义表结构的另一个重要工作就是设置每个字段的属性，设置合理的字段属性不但能提高数据的读取速度和查询效率，还能保证数据表具有良好的扩展性和一致性。

字段属性包含字段大小、格式、默认值、输入掩码等内容。

（1）字段大小

文本型"字段大小"属性用于限定文本型字段能够保存的文本长度。文本型数据的大小范围为 1～255 个字符，默认值是 255。

数字型"字段大小"属性限定了数字型数据的种类，不同种类的数字型数据的大小范围是不同的。

（2）格式

用于控制数据显示格式。"格式"属性可以在不改变数据内部存储的条件下，改变数据显示格式。不同的数据类型有不同的格式。

文本和备注型数据可以使用 4 种格式符号控制显示的格式，如表 4-2 所示。

表 4-2　　　　　　　　　　　　文本和备注型数据的格式符号

符 号	说 明
@	需要输入文本字符（一个字符或空格）
&	不需要输入文本字符
<	强制所有字符都小写
>	强制所有字符都大写

数字型数据的"格式"属性有"常规数字""货币""欧元""固定""标准""百分比""科学记数"等 7 种，如图 4-7 所示。

日期/时间型数据有"常规日期""长日期""中日期""短日期""长时间""中时间""短时间" 7 种，如图 4-8 所示。

图 4-7　数字型数据的格式

图 4-8　日期/时间型数据的格式

【例 4-2】将 sellers 表中"电子邮箱"字段中的数据全部设置为大写。

① 启动 Access2010，打开"销售订单"数据库。

② 右键单击导航窗格中的 sellers 数据表，在弹出的快捷菜单中选择"设计视图"。

③ 选择"电子邮箱"字段所在的行，在"字段属性"区中的"格式"文本框中输入">"，

如图 4-9 所示。

④ 切换到"表格工具"的"设计"选项卡，在"视图"组中单击"视图"按钮，在弹出的下拉菜单中选择"数据表视图"，在 sellers"数据表视图"窗口中所有的"电子邮箱"均以大写方式显示，如图 4-10 所示。

图 4-9 设置格式属性

图 4-10 格式属性显示结果

（3）默认值

当添加新记录时，自动加入到字段中的值。如果数据表中某些字段的数据内容相同或者包含相同的部分，此时我们可以将出现较多次数的值作为该字段的默认值。默认值的使用是为了减少输入时的重复操作。

（4）输入掩码

在数据输入过程中，有时常常需要严格限制数据的格式和长度，例如，输入邮政编码、身份证号码时，既要求数据内容必须是数字，又要求数据长度固定。Access 提供的输入掩码就可以实现这样的要求。常用的输入掩码如表 4-3 所示。

表 4-3 输入掩码

代　码	用法
0	表示数字（0～9），不允许使用"+\-"符号
9	数字或空格（可选），不允许使用"+\-"符号
#	数字或空格（可选），允许使用"+\-"符号
L 和?	表示字母（A～Z），L 是必选项，?是可选项
A 和 a	必须在该位置上输入一个字母或数字，A 是必选项，a 是可选项
.,:;-/	小数分隔符、千位分隔符、日期和时间分隔符
<	其后全部字符转换为小写
>	其后全部字符转换为大写
密码	输入的字符显示为"*"

Access 提供了两种设置输入掩码的方式，一种是系统预定义的模板，对于一些常用的数据，例如邮政编码、身份证号码和日期等，我们直接使用模板即可。另外一种是对于其他的数据，Access 允许用户按照表 4-3 的格式，自行定义输入掩码。例如，"手机号码"字段要求输入的信息必须符合 XXX-XXXX-XXXX 的要求，则输入掩码为"999-9999-9999"。

【例 4-3】为 product 表的"商品编号"字段设置输入掩码，保证数据必须是 6 位，且首字符必须是字母，其余 5 个字符必须是数字。

① 使用"设计视图"打开 product 表。选择"商品编号"字段，在"字段属性"选项卡中单击"输入掩码"文本框，接着单击右侧的按钮⋯。

② 弹出"输入掩码向导"对话框，保持系统默认，单击"下一步"按钮。

③ 在"输入掩码"文本框中输入"L00000"，在"占位符"的下拉列表中选择空字符""，如图 4-11 所示。输入完成后单击"下一步"按钮。

④ 其他内容保持系统默认，单击"完成"按钮。

⑤ "输入掩码"文本框中的表达式如图 4-12 所示。单击快速访问工具栏中的"保存"按钮，保存设置。

图 4-11　输入掩码向导

图 4-12　输入掩码表达式

4.1.2　表数据的输入

设计好数据表的结构之后，就可以向数据表中输入数据了。Access 数据的追加是在"数据表视图"中完成的，进入"数据表视图"有以下 2 种方式。

① 双击导航窗格中的数据表，系统自动以"数据表视图"方式打开表。

② 如果数据表已经打开，切换到"表格工具"功能区中的"字段"选项卡，单击"视图组"的"视图"按钮，在弹出的下拉菜单中选择"数据表视图"。

1. 文本和数字型数据的输入

对于文本和数字型数据，通常直接输入即可。文本型数据字段最多只能输入 255 个字符。

2. 日期型数据的输入

当光标定位到日期型数据字段时，字段右侧出现一个"日期选择器"图标。单击该图标打开日历控件，如图 4-13 所示。用户可以在控件中输入日期。

日期型数据也可以手工方式输入，格式必须符合日期型数据的要求，如"2016-8-31"或"2016/8/31"。

3. 备注型数据的输入

备注型字段可以直接在文本框中输入备注文本，如果需要输入大量文字数据，可以按 Shift+F2 组合键，系统打开"缩放"对话框，输入完成后，单击"确定"按钮即可。

4. OLE 字段的输入

OLE 字段有两种输入方式：插入新对象和插入某个已存在的对象。

插入新对象时，首先切换到"数据表视图"，在空白的 OLE 字段上单击鼠标右键，在弹出的快捷菜单中选择"插入对象"命令，然后选择要插入的对象类型，Access 启动相应的程序，用户编辑完后关闭窗口即可。例如，如果想创建一张图片，就选择"Bitmap Image"对象类型，Access 启动"画图"程序，用户编辑完后关闭窗口，位图图片自动存入 OLE 字段。

要插入现有的对象，先选择"由文件创建"单选按钮，再单击"浏览…"按钮，选择要插入的文件，如图 4-14 所示。

5. 查阅列表字段的创建

一般情况下，表中的大部分字段值都来自直接输入的数据，或从其他数据源导入的数据。如果某字段值是一组固定数据，例如职工表中的"职称"字段的值为"助教""讲师""副教授"和

"教授"四个固定的值,这时可将这组固定值设置为一个列表,从列表中选择,即可以提高输入效率,也可以减少输入错误。

图 4-13　日历控件

图 4-14　插入对象

【例 4-4】为 sellers 表中的"性别"字段创建查阅列表,列表中显示"男"或"女"。

① 使用"设计视图"打开 sellers 表,选择"性别"字段。

② 在"数据类型"字段列的下拉列表中选择"查阅向导",打开"查阅向导"第一个对话框。在该对话框中选择"自行键入所需的值",然后单击"下一步"按钮。

③ 打开"查阅向导"第二个对话框,在"第 1 列"的行中依次输入"男"和"女"两个值。结果如图 4-15 所示。

④ 设置完成后,单击"完成"按钮。单击快速访问工具栏中的"保存"按钮,保存设置。

保存后切换到"开始"选项卡,单击"视图"组的"视图"按钮,在弹出的下拉菜单中选择"数据表视图"命令,切换到 sellers 表的"数据表视图",可以看到"性别"字段右侧出现▼按钮,单击按钮,会弹出一个下拉列表,列出了"男"和"女"两个值,如图 4-16 所示。

图 4-15　列表设置结果

图 4-16　列表设置结果

由于字段的数据类型和属性不同,对不同的字段输入数据时会有不同的要求,对于"自动编号"类型的字段,不需要用户手动输入,系统会自动填充值。

在增加新记录时,新记录行的前面会显示"*"标记。向新记录输入数据时,此标记会高亮显示,表示此时处于输入状态。带"*"标记的行不计入记录总数。

4.1.3　表索引的创建

索引是非常重要的属性,它可以提高在表中查找和排序的速度。索引的作用相当于图书的目录,可以根据目录中的页码快速找到所需的内容。除此之外,创建索引还对建立表间关系、验证数据的唯一性有很大作用。在 Access 中,索引分为以下两种类型。

① 唯一索引:字段值不允许重复,一个表可以有多个唯一索引。

② 普通索引：字段值可以有重复值，一个表可以有多个普通索引。

建立索引时，应该考虑该字段值是否允许重复，如果没有重复，就建立唯一索引，例如学生表中的"学号"或"身份证号码"字段，如果有重复，则建立普通索引，例如学生表中的"姓名"字段等。

表索引的创建是在"字段属性"的"索引"列表框中设置，有以下 3 种选择。

① "无"，该字段不建立索引。

② "有（有重复）"，字段中的内容可以重复，即普通索引。

③ "有（无重复）"，字段中的内容不能重复，即唯一索引，这种字段适合做主键。

按构成索引的字段数量来分，索引可分为单索引和复合索引。单索引只包含一个字段，复合索引可以包含多个字段。

1．创建单索引

【例 4-5】为 product 表的"商品库存"字段建立单索引。

① 右键单击 product 表，在弹出的下拉菜单中选择"设计视图"命令，打开 product 表的"设计视图"。

② 选择"商品库存"字段。

③ 单击"字段属性"的"索引"框，在下拉列表中选择"有（有重复）"，如图 4-17 所示。

2．创建复合索引

【例 4-6】在 sellers 表中，以"性别"升序、"出生日期"降序建立复合索引，索引名为"xbsr"。

① 打开 sellers 表的"设计视图"。

② 单击"设计"选项卡，单击"索引"工具栏按钮，如图 4-18 所示。

图 4-17　设置单索引

③ 打开"索引"对话框，在"索引名称"列输入索引名"xbsr"，单击"字段名称"列的第一行，在下拉列表中选择"性别"字段，在"排序次序"列第一行选择"升序"，同样的，在"字段名称"列的第二行选择"出生日期""排序次序"列第二行选择"降序"。结果如图 4-19 所示。

图 4-18　索引按钮

图 4-19　设置复合索引

④ 关闭"索引"对话框。单击快速访问工具栏"保存"按钮，保存设置结果。

复合索引最多可以包括 10 个字段。只要复合索引不用作该表的主键，那么复合索引中的任何字段都可以为空。

4.1.4　表约束的创建

约束又称为完整性约束，是为了保证数据的正确性和相容性而提供的一种机制。例如，在"销售订单"数据库中 product 表中的商品编号必须是唯一的，sellers 表中的性别只能是男或女等。

同时 Access 数据库包含多个数据表，每个表不是完全孤立的，它们之间往往有关联性，即表间也存在完整性约束关系。表间关系往往通过每个表中的公共字段联系在一起。例如，在"销售订单"数据库中，orders 表和 sellers 表之间通过"销售员编号"字段联系起来。

完整性约束有三种：实体完整性约束、域完整性约束和参照完整性约束，内容详见 1.3.3 小节。Access 通过设置主键、设置有效性规则和设置表间关系来实现上述三种完整性约束。

1. 设置主键

设置主键的字段值不能是空值，且必须是唯一的。设置方法是在"设计视图"中选择要设置主键的字段，然后切换到"表格工具"的"设计"选项卡，单击"主键"按钮，如图 4-20所示。

图 4-20　设置主键

也可以在要设置主键的字段上单击鼠标右键，在弹出的快捷菜单上选择"主键"命令。

2. 设置有效性规则

Access 通过"字段属性"中的"有效性规则"和"有效性文本"设置字段有效性约束。

"有效性规则"实际上就是设置一个条件，对于输入的数据，Access 会自动检查该数据是否符合所设定的条件，只有输入正确的内容才能完成该字段数据的输入。例如，为保证 Customer 数据表中的"顾客性别"字段中的数据只能是"男"或"女"，我们可以在"有效性规则"文本框中输入""男" Or "女""。

当输入的数据违反有效性规则时，系统会显示如图 4-21 所示的提示信息框。提示信息的内容可以直接在"有效性文本"文本框内输入。

图 4-21　有效性文本

【例 4-7】为 Customers 表的"顾客性别"字段设置一个规则，保证输入的数据必须是"男"或"女"，当输入的数据违反有效性规则时，系统提示"性别字段只允许男或女"。

① 打开"销售订单"数据库，在导航窗格中右键单击 Customer 表，在弹出的快捷菜单中选择"设计视图"。

② 选择"顾客性别"字段。

③ 在"字段属性"的"有效性规则"文本框中输入""男" Or "女""，在"有效性文本"文本框中输入文本"性别字段只允许输入男或女"，如图 4-22 所示。单击快速访问工具栏的"保存"按钮。

④ 切换到"开始"选择卡，单击"视图"组中的"视图"按钮，在弹出的下拉菜单中选择"数据表视图"命令，测试有效性规则的效果，在"顾客性别"字段中输入错误的数据，再在其他数据上单击，将弹出提示对话框，如图 4-23 所示。最后单击"确定"按钮。

如果规则条件比较复杂，也可以点击"有效性规则"文本框右边的"表达式生成器"按钮，启动"表达式生成器"对话框来定义。

3. 设置表间关系

Access 的表间关系分为三种：一对一关系、一对多关系和多对多关系，详细内容参见 1.5 节。

图 4-22　设置有效性

图 4-23　提示对话框

要在两个表之间建立关系，我们必须找到两个表中的公共字段，如 sellers 表中的"销售员编号"和 orders 表中的"销售员编号"就是一对公共字段，其中 sellers 表是发出关联的表（又称主表），主表中的公共字段称为主键。orders 表是被关联的表（又称从表），从表中的公共字段称为外键。在建立表间关系时，必须为公共字段建立相应的索引。

① 一对一关系的建立：主表的公共字段必须建立唯一索引，从表中的公共字段必须建立唯一索引。

② 一对多关系的建立：主表的公共字段必须建立唯一索引，从表中的公共字段必须建立普通索引。

③ 多对多关系的建立：Access 不能直接建立多对多的关系，而是将多对多关系分解为两个或多个一对多的关系来处理。例如学生表和课程表之间就是多对多关系，因为一个学生可以选修多门课程，一门课程也可以被多个学生选修。为此我们可以再创建一个学生选修表进行过渡。结构如下。

学生（学号，姓名，性别，专业）
课程（课程编号，课程名称，学分）
学生选修（学号，课程编号）

这样，学生表和学生选修表之间是一对多关系，课程表和学生选修表之间也是一对多关系。

【例 4-8】建立"销售订单"数据库中 sellers、orders 和 orderdetails 三个表之间的关系。

① 打开"销售订单"数据库，使用上例方法为三个表建立索引，然后关闭所有表。

② 切换到"数据库工具"选项卡，单击"关系"组中的"关系"按钮，打开"关系"窗口，系统同时弹出"显示表"对话框，如果"显示表"对话框没有出现在屏幕上，用户可以单击"设计"选项卡中的"显示表"按钮，如图 4-24 所示。

③ 在"显示表"对话框的"表"选项卡中双击 sellers 表，将表添加到"关系"窗口中。使用同样的方法将 orders 和 orderdetails 也添加到"关系"窗口中。然后单击"关闭"按钮，如图 4-25 所示。

图 4-24　"显示表"对话框

图 4-25　"关系"窗口

④ 在"关系"窗口中，将鼠标指针移到 sellers 表中的"销售员编号"字段上，将该字段拖到 orders 表的"销售员编号"上，松开鼠标后，弹出"编辑关系"对话框。

⑤ 在"编辑关系"对话框中显示用于建立两个表关系的公共字段，并且"关系类型"中显示了表间是一对多的关系，如图 4-26 所示。单击"创建"按钮，创建表间关系。

⑥ 使用同样的方法将 orders 表中的"订单编号"字段拖到 orderdetails 表中的"订单编号"字段上，并单击"创建"按钮，结果如图 4-27 所示。

 在定义表间关系之前，必须关闭要定义关系的所有表。

图 4-26 "编辑关系"对话框

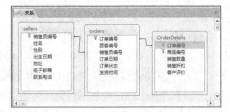

图 4-27 建立关系

4.2 表的维护

创建数据库和表时，由于种种原因，可能会有不合适的地方，而且随着数据库的不断使用，也需要增加或删除一些字段，这就需要对数据表进行不断的维护。

4.2.1 表结构的维护

修改表的结构包含添加字段、重命名字段、删除字段等，这些操作可以在"设计视图"中完成。

1. 添加字段

在表中添加一个字段不会影响其他字段和现有的数据。

【例 4-9】在"销售订单"数据库 product 表插入新字段"供应商"。

① 右键单击导航窗格中的 product 表，在快捷菜单中选择"设计视图"命令，以"设计视图"方式打开 product 表。

② 将鼠标指针移到要插入新字段的位置，然后在该字段上单击鼠标右键，弹出快捷菜单，如图 4-28 所示。

③ 在快捷菜单中选择"插入行"命令，数据表中将出现新的空白行。然后在新行的"字段名称"列中输入新的字段名称"供应商"，并且在"数据类型"下拉列表中选择"文本"，在"字段属性"的"字段大小"文本框中输入"20"，如图 4-29 所示。

图 4-28 插入新字段

图 4-29 插入"供应商"字段

④ 完成后，单击快速访问工具栏中的"保存"按钮，保存更改后的数据表。

也可以用下面的方法插入新字段：先选择插入行的位置，然后切换到"表格工具"功能区的"设计"选项卡，再单击"工具"组中的"插入行"按钮。

2. 重命名字段

在表的"设计视图"中，选中需要重命名的字段，在"字段名称"列删除原来的字段名，输入新的字段名。

也可以在表的"数据表视图"中，双击原来的字段名，此时该字段呈现为可编辑状态，输入新的字段名。

3. 删除字段

在表的"设计视图"中，右键单击需要删除的字段，在快捷菜单中选择"删除行"。

也可以在表的"数据表视图"中，右键单击字段选择器上要删除的字段，在快捷菜单中选择"删除字段"。

删除字段，实质是删除表中的一列数据。删除字段操作是不可恢复的，所以进行该操作时应小心谨慎。

4.2.2　表数据的维护

表数据的维护包括添加记录、删除记录、复制记录、定位记录和查找记录等，这些操作通常在"数据表视图"中进行。

1. 添加记录

添加记录，就是向数据表中添加一条新记录。用户可以将光标定位到"数据表视图"的最后一行输入数据来完成。

除上述方法外，新增记录的其他方法还有以下 2 种。

① 切换到"开始"选项卡，单击"记录"组中"新建"按钮。

② 在"记录选择器"上单击鼠标右键，在快捷菜单中选择"新记录"，如图 4-30 所示。

图 4-30　使用快捷菜单添加记录

2. 删除记录

删除记录，首先选中需要删除的记录。如果要同时删除多条记录，可按<Ctrl>键依次选择要删除的记录。然后切换到"开始"选项卡，单击"记录"组中的"删除"按钮。

3. 复制数据

在输入或编辑数据时，有些数据可能是相同或相似的，这时可以使用复制和粘贴操作将某字段中部分或全部数据复制到另一个字段中。这种操作与 Windows 的复制和粘贴操作是一样的。

【例 4-10】复制"销售订单"数据库中 product 表中的一条记录。

① 在导航窗格中双击 product 表，打开 product 表的"数据表视图"。

② 将鼠标移到记录选择器上，单击鼠标选中该记录，切换到"开始"选项卡，单击"剪贴板"组中的"复制"按钮，复制该记录。也可以单击鼠标右键，在快捷菜单中选择"复制"。

③ 单击记录选择器，选择需要复制数据的字段，单击"剪贴板"组中的"粘贴"按钮，字段的内容就会复制到指定位置。也可以单击鼠标右键，在快捷菜单中选择"粘贴"。

4. 定位记录

定位记录可以数据库中快速找到指定记录。

【例 4-11】将指针定位到 product 表的第 7 号记录上。

① 打开 product 表。

② 在"记录定位器"的记录编号框中双击编号，输入记录号"7"，按<Enter>键，如图 4-31 所示。

5. 查找记录

当数据表中的数据很多时，可以通过"记录定位器"的"搜索"文本框定位到指定记录，如图 4-32 所示。

在查找数据时，还可以使用通配符。通配符的用法如表 4-4 所示。

图 4-31　定位记录

图 4-32　搜索记录

表 4-4　　　　　　　　　　　　　　　通配符的用法

字　符	用　　法	示　例
*	通配任意多个字符	Cf* 任意 Cf 开头的，如 Cfx，但找不到 Cxf
?	通配任意单个字符	C?f 任意以 C 开头及 f 结尾的 3 个字符
[ ]	通配方括号内任何单个字符	C[ad]f 可以找到 Caf 和 Cdf
!	通配任何不在括号内的字符	C[!ad]f 可以找到除 Caf 和 Cdf 之外，以 C 开头，f 结尾的 3 个字符
-	通配范围内任何一个字符，必须以递增顺序指定区域	C[a-c]f 可以找到 Caf、Cbf 和 Ccf
#	通配任何单个数字字符	1#4 可以找到 104，114，124，134，…，194

例如：要查找以"def"结束，且第一位不是"a"、"b"和"c"的 4 位字符串，则应在搜索框中输入"[!a-c]def"。

4.2.3　表约束的维护

1. 主键的维护

在 Access 中，一个表只能有一个主键，用户可以根据需要设置主键，也可以删除已经存在的主键。主键可以由多个字段组成。

（1）主键的删除

使用"设计视图"打开数据表，选择要删除主键的字段，切换到"表格工具"功能区"设计"选项卡，单击"工具"组中的"主键"按钮。

（2）多字段主键的设置

使用"设计视图"打开数据表，首先选中需要的第一个字段，然后按住<Ctrl>键，依次单击其他字段，然后右击鼠标，从弹出的快捷菜单中选择"主键"选项。或者切换到"表格工具"功能区"设计"选项卡，单击"工具"组中的"主键"按钮，如图 4-33 所示。

【例 4-12】为"销售订单"数据库中的 sellers、orders 和 orderdetails 三个表建立主键。

① 使用"设计视图"方式打开 sellers 表，右键单击"销售员编号"字段，在快捷菜单中选

择"主键"。

② 使用"设计视图"方式打开 orders 表，右键单击"订单编号"字段，在快捷菜单中选择"主键"。

③ 使用"设计视图"方式打开 orderdetails 表，按住<Ctrl>键，依次选择"订单编号"字段和"商品编号"字段，切换到"表格工具"功能区的"设计"选项卡，单击"工具"组的"主键"按钮。

2. 有效性规则维护

有效性规则的维护是通过"字段属性"中的"有效性规则"和"有效性文本"进行的，操作方式与设置有效性规则相同，内容详见 4.1.4 小节。

3. 参照完整性

建立表间关系不仅建立了表之间的关联，还保证了数据库的参照完整性。参照完整性是一个规则，Access 使用这个规则来确保相关表中记录之间的有效性，并且不会意外地删除或更改相关数据。设置参照完整性的方法如下。

单击"数据库工具"选项卡中的"关系"按钮，打开"关系"窗口，双击两个数据表之间的关系线，弹出"编辑关系"对话框，然后勾选"实施参照完成性"复选框，如图 4-34 所示。

图 4-33　主键设置

图 4-34　"编辑关系"对话框

参照完整性有两个规则如下。

- 级联更新相关字段：当主表中的数据被改变时，从表中的数据相应发生变化。
- 级联删除相关记录：当主表中的记录被删除时，自动删除从表中相关记录。

4.2.4　表的应用维护

在数据库和表的使用中，会涉及数据的排序、筛选、备份等操作，这些操作在 Access 中很容易完成。

1. 表的排序和筛选

数据表中的数据往往是没有规律的，但在日常数据处理中，经常需要按某种规律排列数据，因此，人们在进行数据分析过程中，一般需要对数据进行排序，然后从中筛选出符合某种条件的数据进行分析。

（1）排序

排序是根据当前表中的一个或多个字段的值，来对整个表中的所有数据进行重新排列，排序过程中，不同的字段类型，排序规则会有所不同，具体规则如下。

- 英文按字母顺序排序，不区分大小写，升序时按 A 到 Z 排列，降序时按 Z 到 A 排列。
- 中文按拼音字母的顺序排序，升序时从 A 到 Z 排列，降序时按 Z 到 A 排列。
- 数字按数值大小顺序排序，升序时从小到大排列，降序时从大到小排列。
- 日期/时间字段按日期的先后顺序排序，升序时按从前向后的顺序排列，降序时按从后向前排列。

空值（NULL）参与排序时，升序时含空值的记录排在第 1 条，降序时含空值的记录排在最后 1 条。

1）单字段排序

【例 4-13】将 Customers 表的"消费积分"字段按降序排序。

① 在导航窗格中双击 Customers 表，打开 Customers 表的"数据表视图"。

② 单击"消费积分"字段名称右侧的下拉箭头，打开排序下拉菜单，如图 4-35 所示。

③ 在下拉菜单中，选择"降序"命令，Access 将按数值大小降序排序，结果如图 4-36 所示。

图 4-35　字段列的排序下拉菜单

图 4-36　"消费积分"降序排序结果

也可以切换到"开始"选项卡，单击"排序和筛选"组中的"降序"命令对数据进行排序。

2）多字段排序

多个字段排序时，先对选中的第 1 个字段进行排序，再在第 1 个字段排序的基础上对第 2 个字段进行排序，依此类推。

【例 4-14】在 orderdetails 表中，按"商品编号"字段和"销售数量"字段升序排序。

① 在导航窗格中双击 orderdetails 表，打开 orderdetails 表的"数据表视图"。

② 选定"商品编号"和"销售数量"字段列，单击"开始"选项卡"排序和筛选"组中的"升序"按钮，排序后如图 4-37 所示。

多字段排序时，排序的字段必须相邻，并且每个字段都要按照同样的方式（升序或降序）排序。如果两个字段不相邻，需要调整字段位置，并将第一个排序字段置于最左侧。

3）高级排序

高级排序可以对多个不相邻的字段采用不同的排序方式进行排序。

【例 4-15】在 orderdetails 表中，按"商品编号"升序和"销售数量"降序排序。

① 在导航窗格中双击 orderdetails 表，打开 orderdetails 表的"数据表视图"。

② 切换到"开始"选项卡，单击"排序和筛选"组中的"高级"按钮，打开"高级"选项菜单，选择"高级筛选/排序"命令，如图 4-38 所示。

图 4-37　多字段排序结果

图 4-38　排序的"高级"选项菜单

③ 打开"筛选"窗口，如图 4-39 所示。

④ 在"筛选"窗口中双击选择要排序的"商品编号"和"销售数量"字段，并在"排序"行右侧下拉列表中分别选择排序方式，如图 4-40 所示。

图 4-39　筛选窗口　　　　　　　　　　　　　图 4-40　"筛选"窗口设置

（2）筛选

使用数据库时，常常需要从大量数据中筛选出一部分进行操作或处理。Access 中提供了 4 种筛选方法，分别是选择筛选、筛选器筛选、按窗体筛选和高级筛选。

1）选择筛选

选择筛选是按选定内容进行筛选，这是最简单的筛选方法，用这种方法可以很容易地找到包含某字段值的记录。

【例 4-16】在"销售订单"数据库中的 Customers 表中筛选性别为"女"的记录。

① 双击 Customers 表，打开 Customers "数据表视图"。

② 单击"性别"字段列的任意一行，切换到"开始"选项卡，点击"查找"组中的"查找"按钮，弹出"查找和替换"对话框，在"查找内容"文本框中输入"女"，单击"查找下一个"按钮，如图 4-41 所示。

③ 此时找到一条性别为"女"的记录，单击"排序和筛选"组中单击"选择"下拉菜单中的"等于'女'"命令。筛选结果如图 4-42 所示。

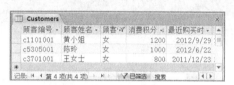

图 4-41　查找和替换　　　　　　　　　　　　图 4-42　筛选结果

2）筛选器筛选

筛选器筛选提供了一种更为灵活的方式，它通过输入筛选条件进行筛选。

【例 4-17】在"销售订单"数据库中的 Customers 表中筛选"消费积分"不低于 1000 分的记录。

① 双击 Customers 表，打开 Customers "数据表视图"。

② 单击"消费积分"字段列的任意一行，单击鼠标右键，在快捷菜单中选择"数字筛选器"下的"大于"命令，弹出"自定义筛选"对话框，在文本框中输入"1000"，如图 4-43 所示。

③ 单击"确定"按钮，得到筛选结果，如图 4-44 所示。

图 4-43　设置筛选目标　　　　　　　　　　　图 4-44　筛选结果

3）按窗体筛选

按窗体筛选时，不需要浏览整个记录就可以对表中两个以上的字段值进行筛选。

【例 4-18】在"销售订单"数据库中的 Customers 表中筛选出"性别"为男，且"消费积分"不低于 1000 分的记录。

① 双击 Customers 表，打开 Customers "数据表视图"。

② 在"开始"选项卡的"排序和筛选"组中单击"高级"下拉菜单中的"按窗体筛选"命令，切换至按窗体筛选窗口。

③ 在"性别"字段下拉列表中选择"男"，在"消费积分"字段中输入">=1000"，如图 4-45 所示。

④ 单击"开始"选项卡"排序和筛选"组中的"切换筛选"按钮，筛选结果如图 4-46 所示。

图 4-45　选择字段值

图 4-46　筛选结果

4）高级筛选

高级筛选可以挑选出符合多重条件的记录，进行复杂筛选，并可以对筛选结果进行排序。

【例 4-19】在"销售订单"数据库中的 product 表中筛选出"商品价格"不低于 300 的记录，并按"商品库存"降序排列。

① 双击 product 表，打开 product "数据表视图"。

② 在"开始"选项卡的"排序和筛选"组中单击"高级"下拉菜单中的"高级筛选/排序"命令，打开筛选窗口，如图 4-47 所示。

③ 双击"商品价格"和"商品库存"字段。在"商品价格"字段的"条件"行输入">=300"，在"商品库存"字段的"排序"行右侧下拉列表中选择"降序"，如图 4-48 所示。

图 4-47　所示

图 4-48　设置筛选条件及排序方式

④ 单击"开始"选项卡"排序和筛选"组中的"切换筛选"按钮，筛选结果如图 4-49 所示。

图 4-49　高级筛选结果

5）清除筛选

在设置筛选后，如果不再需要筛选时应该将它清除，否则将影响下一次筛选。清除的方式是在"开始"选项卡的"排序和筛选"组中，打开"高级"下拉菜单，选择"清除所有筛选器"命令。

2. 表的导入和导出

数据共享是加快信息流通、提高工作效率的要求，Access 提供的导入和导出功能就是用来实现数据共享的工具。

（1）导入数据

在 Access 中，可以通过导入存储在其他位置的信息来创建表或添加表中的数据。例如可以导入 Excel 工作表、ODBC 数据库、其他 Access 数据库、文本文件、XML 文件以及其他类型文件。下面以导入 Excel 表为例，讲述 Access 数据库如何获取外部数据。

【例 4-20】将"顾客.xls"导入"销售订单"数据库中。

① 打开"销售订单"数据库，在"外部数据"选项卡的"导入并链接"组中，单击"Excel"命令按钮。

② 在打开的"获取外部数据–Excel 电子表格"对话框中，单击"浏览"按钮，在弹出的"打开"对话框中选中数据文件"顾客.xls"，单击"确定"按钮，如图 4-50 所示。

③ 单击"确定"按钮后启动"导入数据表向导"对话框，如果 Excel 文件包含多个工作表，则选择要导入的工作表，单击"下一步"进入"导入数据表向导"第二个对话框。

④ 选中"第一行包含列标题"，单击"下一步"按钮，进入"导入数据表向导"第三个对话框，如图 4-51 所示。

图 4-50　从 Excel 中导入数据

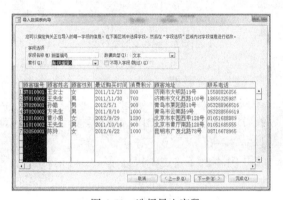

图 4-51　选择导入字段

⑤ 先选中"顾客编号"字段列，再在"字段选项"组中指定"顾客编号"数据类型为"文本"，索引项为"有（无重复）"，然后，依次选择其他字段，如果某些字段不需要导入，则勾选"不导入字段（跳过）"复选框。

⑥ 单击"下一步"按钮，进入"导入数据表向导"第四个对话框，选中"我自己选择主键"单选项，设置主键为"顾客编号"，然后单击"下一步"按钮，如图 4-52 所示。

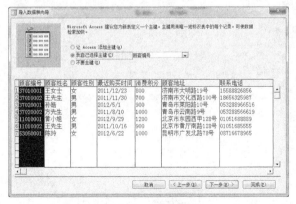

图 4-52　设置主键

⑦ 打开"导入数据表向导"第五个对话框，在"导入到表"文本框中，输入"顾客"，单击"完成"按钮，如图 4-53 所示。

图 4-53　输入表名

⑧ 在打开的"获取外部数据 – Excel 电子表格"对话框中，不勾选"保存导入步骤"复选框，单击"关闭"按钮，至此完成数据导入工作。

（2）导出数据

Access2010 支持将数据导出为文本文件、Excel 工作表、XML 文件、PDF/XPS 文件、RTF 文件、HTML 文件和 ODBC 数据库等。这些导出操作都比较类似，本节以导出 Excel 类型为例进行介绍。

【例 4-21】将"销售订单"中的 product 表导出到名为 product.xlsx 的 Excel 文件中。

① 打开"销售订单"数据库，双击 product 表，打开 product 表"数据表视图"。

② 切换到"外部数据"功能区选项卡，单击"导出"组中的"Excel"按钮，打开导出向导，在"选择数据导出操作的目标"对话框中选择导出的目标文件名和文件格式，如图 4-54 所示。

图 4-54　选择数据导出操作的目标

③ 单击"确定"按钮，导出操作，在打开的"保存导出步骤"对话框中，如果想保存导出步骤，则勾选"保存导出步骤"复选框，否则直接单击"关闭"按钮，完成数据导出工作。

3. 表的备份和删除

数据是有生命周期的，对于生命期内的数据需要进行复制备份，以保证数据的安全性，生命期以外的数据需要进行删除，以节约存储空间，降低管理成本。

（1）备份表

备份表的操作分为 2 种情况：在同一个数据库内备份表和将数据表从一个数据库备份到另一个数据库。

① 数据库内备份表

在导航窗格中，选中需要复制的数据表，在"开始"选项卡的"剪贴板"组中，单击"复制"按钮，然后单击"粘贴"按钮，系统打开"粘贴表方式"对话框，如图 4-55 所示。

该对话框中有 3 种粘贴表的方式，各方式的功能如下。

- "仅结构"：将所选择的表的结构复制，形成一个新表。
- "结构和数据"：将表的结构及其全部数据记录一起复制，形成一个新表。
- "将数据追加到已有的表"：将所选择的表的全部数据追加到一个已存在的表中，该功能要求两个表的结构相同。

② 数据库之间备份表

在导航窗格中，选中需要复制的数据表，在"开始"选项卡的"剪贴板"组中，单击"复制"按钮，然后关闭这个数据库，打开要接收数据表的数据库，选择"开始"选项卡的"剪贴板"组，单击"粘贴"按钮，同样会打开"粘贴表方式"对话框，接下来的操作方法与第一种复制操作相同。

（2）删除表

要删除一个数据表，首先选中需要删除的表，然后按<Delete>键即可。也可以在表上单击鼠标右键，在弹出的快捷菜单中选择"删除"命令，系统出现图 4-56 所示的信息提示对话框。单击"是"按钮删除选中的表。

图 4-55　"粘贴表方式"对话框

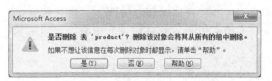

图 4-56　删除表信息提示对话框

习　题

一、单选题

【1】在"工资表"中有字段：基本工资、津贴、房补、水电费和实发工资。其中，实发工资=基本工资+津贴+房补-水电费，在建表时应将"实发工资"的数据类型定义为＿＿＿＿。

　　A．数字　　　　　B．单精度　　　　　C．双精度　　　　　D．计算

【2】在输入学生所属专业时，要求"专业名称"字段中必须包括汉字"专业"两个字（例如：金融专业、投资专业等），要保证输入数据的正确性，应定义"字段属性"的_____。

    A. 默认值   B. 有效性规则   C. 有效性文本   D. 输入掩码

【3】如果"销售折扣"字段的取值范围为 0～1，则下面的选项中，错误的有效性规则是_____。

    A. >=0 and <=1

    B. [销售折扣]>=0 and [销售折扣]<=1

    C. 销售折扣>=0 and 销售折扣<=1

    D. 0<=[销售折扣]<=1

【4】若要求"手机号码"字段的输入的格式为：XXX-XXXXXXXX，则输入掩码的格式是_____。

    A. 000-00000000   B. ###-########

    C. 999-99999999   D. ???-????????

【5】下列关于索引的叙述中，正确的是_____。

    A. 同一个表可以有多个唯一索引，但只能有一个主索引

    B. 同一个表只能有一个唯一索引，且只有一个主索引

    C. 同一个表可以有多个唯一索引，且可以有多个主索引

    D. 同一个表只能有一个唯一索引，但可以有多个主索引

【6】下列字段中，可以作为主关键字的是_____。

    A. 身份证号   B. 姓名   C. 班级   D. 专业

【7】若在数据库表的某个字段中存放演示文稿数据，则该字段的数据类型应是_____。

    A. 文本型   B. 备注型   C. OLE 对象型   D. 超链接型

【8】下列关于 OLE 对象的叙述中，正确的是_____。

    A. 用于处理超链接类型的数据

    B. 用于存储一般的文本类型数据

    C. 用于存储 Windows 支持对象

    D. 用于存储图像、音频或视频文件

【9】在表的"设计视图"中，不能完成的操作是_____。

    A. 修改字段的名称   B. 删除一个字段

    C. 修改字段的属性   D. 删除一条记录

【10】在 Access 的数据表中删除一条记录，被删除的记录_____。

    A. 不能恢复   B. 可以恢复到原来位置

    C. 被恢复为第一条记录   D. 被恢复为最后一条记录

二、思考题

【1】Access2010 数据库字段的类型有哪几种？

【2】Access2010 索引有几种类型？

【3】如何建立多对多联系？

【4】如何对记录进行排序？

【5】简述筛选的种类和操作方法。

【6】如何将数据表导出为 Excel 文件？

三、操作题

【1】建立一个"教学管理"数据库，并向数据库添加三个数据表，分别为 student 表、course 表和 score 表。三个表的字段如表 4-5、表 4-6 和表 4-7 所示。

表 4-5　　　　　　　　　　　　　　　　student 表字段信息

字段名称	数据类型	说明
学号	文本	主键，长度 12
姓名	文本	长度 4
性别	文本	长度 1
照片	OLE 对象	

表 4-6　　　　　　　　　　　　　　　　course 表字段信息

字段名称	数据类型	说明
课程编号	文本	主键，长度 5
课程名称	文本	长度 20
课程学分	数字	整型
课程性质	文本	必修、选修　长度 10

表 4-7　　　　　　　　　　　　　　　　score 表字段信息

字段名称	数据类型	说明
学号	文本	长度 5
课程编号	文本	长度 5
成绩	数字	单精度，小数位 1

【2】在 score 表中将学号和课程编号设置成复合索引。

【3】设置 student 表的"性别"字段的有效性规则，只允许输入男或女，设置 score 表中的"成绩"字段的有效性规则，成绩范围在 0～100 之间。

【4】为 course 表中的"课程性质"字段创建"查询列表"，只能输入必修和选修两个值。

【5】在三个表之间建立表间关系，设置参照完整性。

【6】向三个表中输入数据。

第 5 章
查询对象的设计与应用

用户在数据库中创建表对象之后，就可以对表中数据进行查询和更新了。本章将围绕着查询和更新这两类应用，基于向导和设计视图这两个工具，详细介绍检索型查询对象、计算型查询对象、分析型查询对象以及操作型查询对象的设计和应用。

5.1 查询对象概述

表是数据库存储数据的对象，它实现了数据库的数据组织和存储功能。查询是对表中数据进行检索和更新的一个数据库对象，它实现了数据库的应用功能。使用查询可以对数据库中数据进行一系列的操作。如：查找满足某个条件的数据，通过计算抽取表中某个字段的部分数据，对表中数据进行分类对比分析，对表中数据进行修改、删除和追加等。

5.1.1 查询对象的概念

1. 查询对象
查询能够将存储于数据库中的一个或多个表中数据按用户要求挑选出来，并对挑选出来的结果按照某种规则进行运算的数据库对象。查询是 Access 数据库的一个重要对象，通过查询挑选出来的符合条件的记录，构成一个新的数据集合。

需要指出的是，尽管查询的结果是以数据表的形式显示，但查询的结果是一个动态的"虚表"，这是因为"虚表"中的数据记录实际上是与数据表"链接"产生的，因此"虚表"中的内容会随数据表内容的变化而变化。

 查询与查找筛选的区别：查找、筛选只是用手工方式完成一些比较简单的数据搜索工作，如果想要获取符合特定条件的数据集合，并对该集合做更进一步的汇总、统计和分析的话，必须使用查询功能来实现；另外，如果对数据库中的多个表进行关联查询，查找筛选就无能为力了，必须设计查询这一对象才能实现多表关联查询。

2. 查询源
为查询提供数据的数据库对象称为查询的数据源，其中，表是最基本的数据源，另外查询的结果也可以作为数据库中其他对象的数据源。

5.1.2 查询对象和表对象的关系

1. 查询对象和表对象的不同点
从数据的呈现形式上来看，查询这个对象的运行结果与表对象的数据呈现形式是一致的，但就概念和功能而言，它们之间存在着本质的区别。

（1）概念不同

表对象中的数据是物理存在的，并存储在特定外部存储器上，而查询对象本身没有存储任何实际数据，只是一种逻辑对象，该对象运行后呈现的所有数据都是通过引用基本表反映出来的。如果没有表对象，则不会有查询对象。

一个 Access 查询对象不是数据记录的集合，而是操作命令的集合。创建查询后，保存的是查询的操作命令，只有在运行查询时才会从查询数据源中抽取数据，并创建动态的记录集合，只要关闭查询，查询的动态数据集就会自动消失，查询结果中的数据都保存在其原来的基本表中。所以，可以将查询的运行结果看作是一个临时表，也就是我们前面所说的动态数据集。

（2）功能不同

Access 中，数据表的基本功能是组织和存储数据，它将业务的全局数据进行了分割，按主题组织和存储业务数据，而查询对象的基本功能是检索和更新数据。

查询对象可以按照应用规则将不同表的数据进行组合，它可以从多个数据表中查找到满足条件的记录并组成一个动态集，然后以数据表视图的方式显示。需要注意的是，建立多表查询之前，一定要先建立数据表之间的关系。

用户不仅可以通过查询对象从数据表中提取所需的数据，更重要的是，还可以通过查询对象来更新数据库表中的数据。当通过查询对象修改数据时，实际上是在改变基本表中的数据；相反地，基本表数据的改变也会自动反映在将该表作为查询源的所有查询对象中。

2．查询对象和表对象的相同点

查询和表都是数据库的重要组成对象，二者的相同之处在于它们都可以作为其他数据库对象的数据源。表作为最基础的数据库对象可以是查询、窗体和报表等数据库对象的最重要的数据源，而查询也可以是窗体、报表以及其他查询的数据源。

5.1.3　查询对象的应用

查询是 Access 中检索数据、处理数据、分析数据与更新数据的对象。为了优化存储，在设计一个数据库时，经常将数据分别存储在多个表里，这就增加了检索、计算、分析和更新等应用的复杂性，为了解决这个问题，Access 提供了查询对象。

在 Access 中，利用查询对象可以实现下述多种应用。

① 数据检索。将一个和多个表中的数据按照某种规则筛选出来，呈献给用户。

② 数据计算。对检索得到的数据进行二次计算。

③ 数据分析。对数据库中的数据进行详细研究和概括总结。

④ 数据更新。对数据表中的数据进行追加、更改和删除。

⑤ 建立新表。用检索得到的数据结果生成新数据表。

⑥ 提供数据。作为报表或窗体等其他对象的数据源。

5.1.4　查询的类型

Access 支持设计多种类型的查询对象，以实现多种类型的查询功能。根据操作特征和结果形式的不同，可将查询的类型分为 5 种：选择查询、参数查询、交叉表查询、操作查询以及 SQL 查询。

1．选择查询

选择查询是最常用的查询类型，它是按某种规则从一个或多个数据源对象中选取信息，并对信息进行相应的处理，然后创建动态数据集，并在指定的窗口中显示。

经常设计选择查询对象来完成数据的检索、计算或分析。例如，从数据表中选择用户需要的字段；又如，对数据表中的数据求平均、求最小值、求最大值等计算；再如，对数据表中数据进行分组，然后对各组数据进行比较分析等。

选择查询包括无条件查询和条件查询。条件查询又包括静态条件查询和动态条件查询。如果要实现动态条件查询，那么需要设计参数查询对象。

2. 参数查询

参数查询是在选择查询中增加了可变化的条件，即"参数"。执行参数查询时，Access 会显示一个或多个预定义的对话框，提示用户输入参数值，并根据该参数值动态地调整查询条件，给出相应的查询结果。通过设计参数查询对象，可以实现交互式的查询。

3. 交叉表查询

交叉表查询是 Access 特有的一种查询类型，它可以在交叉表窗体中显示行标题和列标题所聚焦的摘要数据。交叉表查询实际上是一种特殊的分组查询，分组字段有两类，一类以行标题的方式显示在表格的左边；一类以列标题的方式显示在表格的顶端，在行和列交叉的地方对数据进行总计、平均、计数或者是其他类型的计算，并显示在交叉点上。

交叉表查询可以使数据库中数据以更直观的形式显示出来，可以更方便地对数据进行分类比较或分析。另外，交叉表查询所得到的数据还可作为图表或报表的数据来源。

4. 操作查询

操作查询能够创建新表或操纵表中数据，它可以成组的对数据表中数据记录进行追加、更新和删除操作，也可以把检索得到的结果生成新表。操作查询共有 4 种类型：删除、更新、追加与生成表。

① 删除查询：可以从一个或多个表中删除一组记录。

② 更新查询：可以对一个或多个表中的一组记录进行全部更改。

③ 追加查询：可以将一个或多个表中的一组记录追加到另外一个或多个表的末尾。

④ 生成表查询：可以将一个或多个数据源对象中的查询结果组织起来创建新表。

5. SQL 查询

SQL 查询是通过执行用户键入的 SQL 命令来实现查询功能的。SQL 是一种功能极其强大的关系数据库标准语言，具有数据查询、数据定义、数据操纵和数据控制等功能，包括了对数据库的所有操作。SQL 查询将在第 6 章详细介绍。

5.1.5 查询对象的视图

在设计查询对象和查看查询对象的运行结果时，Access 中提供了图 5-1 所示的 5 种视图，分别是设计视图、SQL 视图、数据表视图、数据透视表视图和数据透视图视图。不同类型的视图，适用于不同的应用场合，其中前 3 种视图最常用，下面介绍一下。

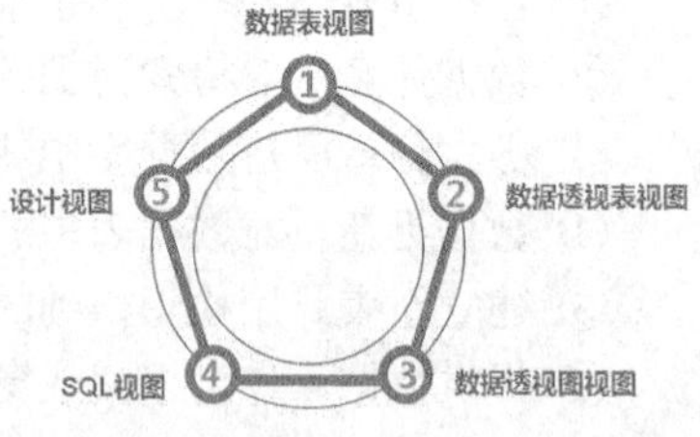

图 5-1 查询的视图类型

1. 设计视图

查询对象的设计视图是查询设计器的图形化形式，通常由上、下两个窗格构成，分别是数据源对象窗格和查询设计窗格（也称 QBE 网格）。

2. 数据表视图

查询对象的数据表视图是查询对象运行结果的显示视图，通常表现为以行和列的格式显示查询结果的窗口。在这个视图中，除了可以调整视图的显示风格，对行高、列宽以及单元格的风格进行设置外，还可以进行数据的查找、添加、修改和删除等操作，也可以对记录进行排序和筛选等。这些操作的方法与数据表类似。

3．SQL 视图

查询对象的 SQL 视图用来显示或编辑当前查询的 SQL 命令。要使用 SQL 视图设计查询对象，必须熟练掌握 SQL 命令的语法和使用方法，这将在第 6 章进行介绍。

这 5 种类型视图的切换非常简单，常用的方法有 3 种：第一种是在右下角的视图切换按钮中单击相应的视图按钮；第二种方法是在查询标题上单击鼠标右键，在弹出的快捷菜单中选择具体视图即可；第三种方法是在设计功能区的"结果"组中，单击"视图"命令，打开图 5-2 所示的下拉菜单，选择相应的选项即可切换到指定视图。

图 5-2　视图切换下拉菜单

5.2　查询对象的设计工具

Access 提供了两个工具来创建查询对象，一个是查询向导，另一个是查询设计视图。查询向导可以快速地创建查询对象，但使用查询向导创建的查询对象存在一定的局限性，一般只能创建一些简单的查询，对于创建条件查询，向导就不能胜任了。大多数情况下，使用向导创建的查询对象还需要在设计视图中进行修改，才能满足用户的需求。

因此，查询设计视图是 Access 中创建查询对象的主要方法，对于查询向导只需简单了解即可。本节先通过几个案例介绍查询向导这个工具的使用方法，然后再介绍一下查询设计视图这一工具的界面。使用查询设计视图设计查询对象的内容将在 5.2 节后面的章节中详细讲解。

5.2.1　查询向导

要在 Access 中通过查询向导创建查询对象，需要先打开某个已有的 Access 数据库，然后选择"创建"选项卡的"查询"选项组，单击"查询向导"按钮即可打开向导窗口。

Access 查询向导有以下 4 种类型：简单查询向导、查找重复项查询向导、查找不匹配项查询向导和交叉表查询向导。其中，交叉表查询向导用于创建交叉表查询，而其他类型的查询向导创建的都是选择查询。

交叉表是一种常用的分类汇总表格，在这个表格中，显示数据源中某个字段的汇总值。汇总值是分组显示的，其中行分组字段在数据表的左侧，而列分组字段在数据表的上部，行和列的交叉处显示汇总字段的计算值，如和、平均值、记数、最大值、最小值等。

1．简单查询向导的案例分析

创建简单查询，一般先要确定数据源对象，即确定创建查询所需要的字段由哪些表对象或查询对象提供，然后再确定该查询对象中要使用的字段。

需要注意的是，如果用户所需查询的数据信息来自两个或两个以上的对象，那么就需要用户在这些数据源对象之间事先建立关系，这就要求这些对象必须有相关联的公共字段。

【例 5-1】在数据库"销售订单"中，用向导建立一个查询，查询顾客的基本信息，包括顾客的姓名、性别、最近购买时间等。

【分析】本案例只涉及单表，只需要从"Customers"中检索数据。

使用查询向导创建查询的操作步骤如下。

① 打开数据库"销售订单"，如图 5-3 所示。

图 5-3　打开数据库"销售订单"的 Access 窗口

② 选择"创建"选项卡的"查询"组，单击"查询向导"命令，打开图 5-4 所示的"新建查询"对话框。

③ 在"新建查询"对话框中，选择"简单查询向导"，单击"确定"命令，打开图 5-5 所示的"简单查询向导"对话框，用户在该对话框中可以指定查询源及相关字段。

图 5-4　"新建查询"对话框

图 5-5　"简单查询向导"对话框

④ 在"表/查询（T）"下拉列表中，选择"表：Customers"，在"可用字段"列表框中选择顾客姓名、顾客性别和最近购买时间这三个字段，如图 5-6 所示。操作完成后，单击"下一步"按钮，打开图 5-7 所示的对话框。

⑤ 在图 5-7 所示的对话框中，可以给查询指定标题，当然也可以采用默认标题。给向导指定标题后，单击"完成"按钮就可以看到图 5-8 所示的查询结果了。

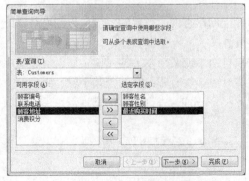

图 5-6　指定数据源并选定字段

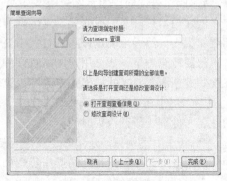

图 5-7　指定查询标题

⑥ 至此，通过向导创建本案例查询对象的任务就完成了。如果用户没有其他的任务，直接关闭 "销售订单" 数据库，并退出 Access 即可。

图 5-8　向导创建的 "Customers 查询" 的运行结果

当然，如果用户觉得向导创建的查询不能满足要求，还可以在图 5-7 所示的对话框中选择 "修改查询设计" 这一选项，然后单击完成，就会打开图 5-9 所示的 "查询设计视图"，用户可以在这个视图中对向导创建的 "Customers 查询" 进行修改，以达到用户的要求。

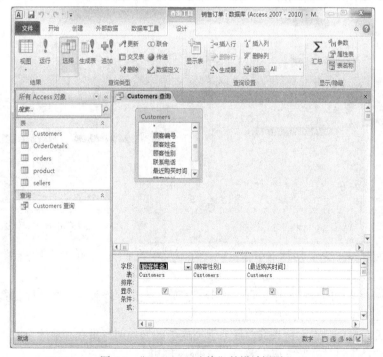

图 5-9　 "Customers 查询" 的设计视图

用设计视图设计和修改查询对象的内容，将在 5.2 节的后面详细讲解。

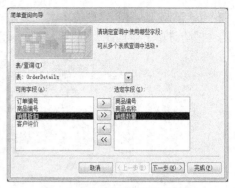

图 5-10　指定数据源并选定字段

【例 5-2】在数据库"销售订单"中，用向导建立一个查询对象，查询商品的销量信息，查询的结果包括：商品编号、商品名称。

【分析】本案例的查询信息来自 product 和 Order Details 这两个表，因此需要基于"商品编号"这一公共字段，事先建立起表间关系，否则，在图 5-10 所示的对话框中选择表及其字段后，单击"下一步"按钮，Access 将弹出图 5-11 所示的错误提示对话框。

图 5-11　错误提示

使用查询向导创建本案例查询对象的操作步骤如下。

① 打开数据库"销售订单"，然后打开该数据库的"关系设计"窗口。

② 基于公共字段"商品编号"建立 product 和 OrderDetails 两个表的关系。

③ 打开"新建查询"对话框。

④ 在"新建查询"对话框中，选择"简单查询向导"，单击"确定"按钮，打开"简单查询向导"对话框。

⑤ 用户在"简单查询向导"对话框中指定查询源及相关字段：首先指定数据表 product 的选定字段，如图 5-12 所示；然后指定 OrderDetails 表的选定字段，如图 5-13 所示。

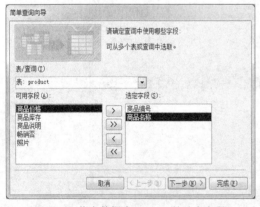

图 5-12　指定数据表 product 的选定字段

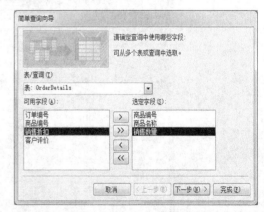

图 5-13　指定 OrderDetails 表的选定字段

⑥ 在"简单查询向导"对话框中指定完查询源及相关字段后，单击"下一步"按钮，打开图 5-14 所示的对话框。

⑦ 在图 5-14 所示的对话框中，直接单击"完成"按钮，该查询以默认标题名保存，并打开图 5-15 所示的窗口，显示查询的结果信息。

至此，通过向导创建本案例查询的任务就完成了。如果用户没有其他的数据库管理和应用任务，直接关闭"销售订单"数据库，并退出 Access 即可。

图 5-14　指定标题对话框

图 5-15　"product 查询"对象的运行结果

注意

在图 5-14 所示的对话框中，还可以为查询指定非默认的标题。如果用户指定了非默认的标题，除了查询的数据表视图将采用这一标题外，查询这个对象也将用该标题名作为这个对象的名字。

2. 查找重复项查询向导的案例分析

表中经常有字段值相同的记录，我们把这样的记录称为具有重复项的记录，值相同的字段称为重复项。查找重复项向导可以创建一个查询对象来寻找表中具有重复项的记录。

需要指出的是，重复项可能是一个字段，也可能是两个以上字段的字段组合。另外，用向导创建重复项查询，其数据来源只能有一个。

【例 5-3】在 "Customers" 表中查询消费积分相同的顾客记录，要求显示姓名、性别和积分。

【分析】顾客姓名以及消费积分都包含在单表 "Customers" 中，因此可以使用 "查找重复项查询向导" 快速找到 "Customers" 表中的消费积分相同值的记录。

具体操作步骤如下。

① 打开 "销售订单" 数据库，并在数据库窗口中选择 "创建" 选项卡中的 "查询" 选项组。

② 单击 "查询" 选项组中的 "查询向导" 命令，弹出 "新建查询" 对话框，在 "新建查询" 对话框中选择 "查找重复项查询向导" 选项，然后单击 "确定" 按钮，打开 "查找重复项查询向导" 对话框，如图 5-16 所示。

③ 在弹出的 "查找重复项查询向导" 对话框中选择 "Customers" 表，单击 "下一步" 按钮，打开图 5-17 所示的对话框。

图 5-16　指定重复字段所属的数据源

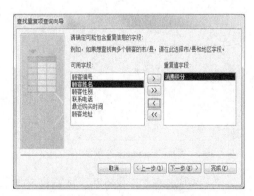

图 5-17　指定重复值字段

④ 在图 5-17 所示的对话框中选择"消费积分"为重复值字段，单击"下一步"按钮，打开图 5-18 所示的对话框。

⑤ 在图 5-18 所示的对话框中选择其他要显示的字段，方法是将对话框"可用字段"列中的"顾客姓名"和"顾客性别"移动到"另外的查询字段"列中。字段选择完成后，单击"下一步"命令，打开图 5-19 所示的对话框。

图 5-18　指定查询结果要包括的非重复值字段

图 5-19　指定查询的名称

⑥ 单击图 5-19 对话框中的"完成"按钮，图 5-20 所示的查询结果就呈现出来。

⑦ 关闭"销售订单"数据库，退出 Access。

3. 查找不匹配项查询向导的案例分析

查找不匹配项是指查找一个数据源对象和另一个数据源对象某个字段值不匹配的记录，其数据来源必须是两个。用户用"查找不匹配项查询向导"设计的查询对象，可以检索一个数据源对象的记录在另外一个数据源对象中是否有相关的记录。

【例 5-4】查找销量为零的商品信息，要求显示"商品编号""商品名称"和"库存"。

【分析】查找销量为零的商品信息，即在 Product 表中查找在 OrderDetails 表中没有关联订单的商品，利用"查找不匹配项查询向导"可以轻松地创建查询对象。

具体操作步骤如下。

① 打开"销售订单"数据库。

② 打开"查找不匹配项查询向导"对话框，如图 5-21 所示。

图 5-21　指定基准表

图 5-20　"查找 Customers 的重复项"的结果

③ 在弹出的"查找不匹配项查询向导"对话框中选择"Product"表，单击"下一步"按钮，打开图 5-22 所示的对话框。

④ 在图 5-22 所示的对话框中，选择与"product"表中的记录不匹配的"OrderDetails"表，单击"下一步"按钮，打开图 5-23 所示的对话框。

⑤ 在图 5-23 所示的对话框中，选取"商品编号"作为两个表之间的匹配字段，单击"下一步"按钮。

图 5-22　指定匹配表

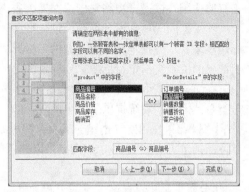

图 5-23　指定匹配字段

⑥ 选择其他要显示的字段，如图 5-24 所示，单击"下一步"按钮。

⑦ 在弹出的图 5-25 所示的对话框的"请指定查询名称"文本框中输入"销量为零的商品查询"。单击"完成"按钮，就可以看到图 5-26 所示的查询结果。

图 5-24　指定查询结果包含的字段

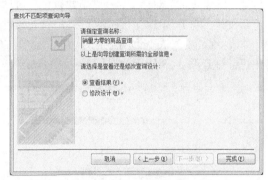

图 5-25　指定查询名称

图 5-26　"商品为零的商品查询"的运行结果

⑧ 关闭"销售订单"数据库，退出 Access。

4. 交叉表查询向导的案例分析

创建交叉表查询对象有两种方式：交叉表查询向导和查询设计视图。利用向导创建交叉表查询时，要求查询的数据源对象只能是一个。如果查询的数据源来自于两个或两个以上的对象，那么只能使用查询设计视图来创建交叉表查询对象。

不管是向导还是设计视图，创建交叉表查询对象都包括三个内容：一是指定交叉表左侧的行标题字段；二是指定交叉表上方的列标题；三是指定交叉表行与列的交叉处显示的字段汇总值。更简要的说就是指定行标题、列标题和总计字段。

在交叉表查询向导中，系统允许最多有 3 个行标题，但只能有 1 个列标题。为支持在交叉处进行总计汇总，系统提供了 5 个函数：Count、First、Last、Max 和 Min。

【例 5-5】使用向导创建交叉表查询对象，统计每张订单所销售的各种商品的数量，产生"订单商品销量汇总表"。要求查询结果以"订单编号"为行标题，以"商品编号"为列标题，行列交叉处为"总销量"。

【分析】交叉表查询一般基于两个分类主题显示实体所包含的某个属性的汇总值。本案例以订单编号和商品编号作为分类主题，显示每张订单中所包含的各个商品的总销量。

本案例的具体操作步骤如下。

① 打开"销售订单"数据库。

② 选择"创建"选项卡中的"查询"选项组，单击"查询"选项组中的"查询向导"选项，打开"新建查询"对话框，在"新建查询"对话框中选择"交叉表查询向导"选项，然后单击"确定"按钮，打开图 5-27 所示的"交叉表查询向导"对话框。

③ 在"交叉表查询向导"对话框中选择"OrderDetails"表，如图 5-27 所示。单击"下一步"按钮，打开图 5-28 所示的对话框。

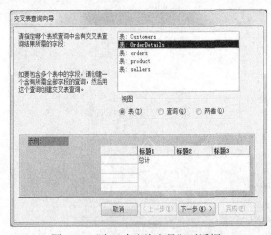

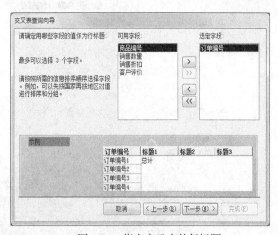

图 5-27 "交叉表查询向导"对话框	图 5-28 指定交叉表的行标题

④ 在图 5-28 所示的对话框中选择"OrderDetails"表的"订单编号"作为行标题，单击"下一步"按钮，打开图 5-29 所示的对话框。

⑤ 在图 5-29 所示的对话框中选择 "OrderDetails"表的"商品编号"作为列标题，单击"下一步"按钮，打开图 5-30 所示的对话框。

⑥ 在图 5-30 所示的对话框中指定"Sum（销售数量）"作为计算值，单击"下一步"按钮，打开图 5-31 所示的对话框。

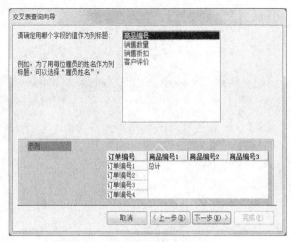

图 5-29 指定交叉表的列标题

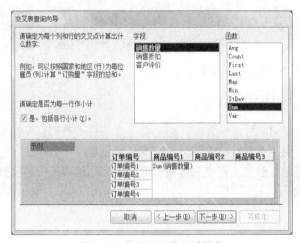

图 5-30 指定交叉点的计算值

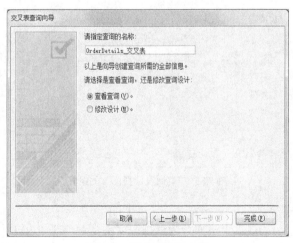

图 5-31 指定查询的名称

⑦ 在图 5-31 所示的对话框中，指定查询的名称，然后单击"完成"按钮，就看到图 5-32 所示的查询结果。

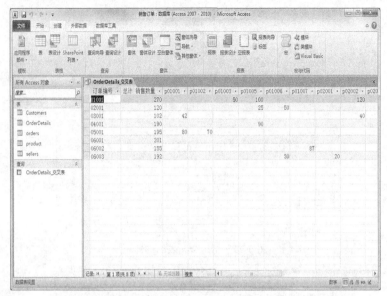

图 5-32 "OrderDetails_交叉表"的结果

⑧ 关闭"销售订单"数据库，退出 Access。

5.2.2 查询设计视图

对于简单的查询，使用向导比较方便，但是对于有条件的查询以及操作查询等，则无法使用向导来创建，而必须使用"查询设计视图"这一工具来创建。

用户打开某个数据库，单击"创建"选项卡下"查询"选项组中的"查询设计"按钮，即可打开图 5-33 所示的"查询设计视图"。

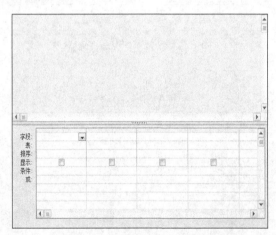

图 5-33 "查询设计视图"的组成

1. 设计视图的组成

"设计视图"由两部分构成：上半部分为数据源窗格，下半部分为设计窗格。

（1）数据源窗格

数据源窗格用来添加或移除数据源对象，包括表或其他查询。如果添加数据源对象，需要打开"显示表"对话框；如果要移除数据源窗格中列出的数据源对象，可以右键单击该对象，在打开的右键菜单中单击"删除表"命令，即可将其删除。

（2）设计窗格

设计窗格也称 QBE 网格，由若干行组成。设计窗格通常包括"字段"行、"表"行、"排序"行、"显示"行、"条件"行和"或"行，但是当查询对象的类型不同时，设计窗格包含的行会有所变化。

下面简单介绍一下"字段""表""排序""显示""条件""或"以及"空行"。至于"总计"行和"交叉表"行将在后续的相关应用中介绍。

① 字段行：用于指定查询需要的数据源字段、计算字段。

② 表行：用于指定查询的数据源对象名称。

③ 排序行：用于指定查询结果的排序字段。可以指定单一字段作为排序依据，也可以指定多个字段作为排序依据。当按多字段排序时，出现在最左边的排序字段为第一关键字，出现在次左的排序字段为第二关键字，依此类推。

④ 显示行：用于决定该栏字段是否在查询结果中显示。默认情况下所有栏目的字段都将显示出来，如果不希望某栏目的字段被显示，但又需要该字段参与查询条件的设置或参与运算，则可以在显示行中指定不显示该字段。

⑤ 条件行：用于设置查询的条件，满足条件的记录才会在查询结果中被显示出来。

⑥ 或行：用于设置查询条件中"或"关系的条件。当查询的条件包含多个，并且条件之间是"或"的关系，那么可以将查询的条件分别填写在"条件"行与"或"行。

⑦ 空行：用于放置更多的查询条件。

　　　　　查询设计视图打开后，在窗口的功能区会出现"设计"上下文选项卡，其中包含 4 个选项组，它们为用户设计查询对象提供了更大的方便。

2. 查询对象的主要设计内容

查询对象的设计，包括三项重要内容：一是指定查询源对象；二是指定查询结果中所包含的数据源对象的字段；三是指定查询条件，即查询结果要满足的条件。在查询对象的设计中，查询条件是最复杂的，它通常对应一个条件表达式，下面介绍一下条件表达式的设置。

（1）用表达式生成器辅助设置条件表达式

表达式生成器可以协助用户设定条件表达式。在设计窗格的"条件"单元格单击鼠标右键，从弹出的快捷菜单中选择"生成器"命令，即打开图 5-34 所示的"表达式生成器"。

"表达式生成器"提供了组成表达式的各种元素，其中包括：数据库中所有表或查询所包括的字段名称，函数、常量、运算符和通用表达式。用户只需要将上述元素进行合理搭配，就可以方便地构建任何一种表达式。

（2）在"条件"单元格中直接输入条件表达式

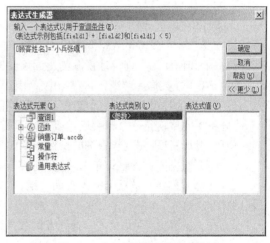

图 5-34　"表达式生成器"对话框

对于高级用户，可以先单击要设置条件的字段，然后在该字段同列的"条件"单元格中直接输入条件表达式。例如，想查询顾客"小兵张嘎"的信息，可以在"字段"行指定"顾客姓名"这一字段，并在该字段同列的"条件"单元格中输入：[顾客姓名]="小兵张嘎"。

设置条件表达式时，其中的文字及符号输入都要严格遵守 Access 的语法规则。条件表达式主要在查询"设计窗格"的"条件"行及"或"行中设置。写在同一个"条件"行上的多个条件是"与"关系，写在不同"条件"行上的条件是"或"关系。

3. 查询属性的设置

在查询对象的设计视图中，Access 还提供了查询属性设置，可以方便地控制查询的运行。要设置查询属性，可以在数据源对象窗格内单击鼠标右键，在弹出的快捷菜单中选择"属性"命令，或直接单击"设计"选项卡"显示/隐藏"命令组的"属性"命令，即可弹出"属性表"对话框，并对查询对象的属性进行设置。常用的查询属性设置主要包括下列几项。

① 输出所有字段：该选项用来控制查询结果是否输出所有字段。

② 上限值：当用户希望查询返回"第一个"或"上限"记录时，可使用该选项。

③ 唯一值：当用户希望查询结果的字段返回"唯一值"时，可使用该选项。

④ 唯一的记录：当用户希望查询结果的记录返回"唯一值"时，可使用该选项。

⑤ 记录锁定：该选项用于控制网络中共享的查询对象。

5.3　检索型查询对象的设计和应用

检索型查询指的是在数据库的数据集合中直接找出用户所需数据的过程。检索型查询一般直接从数据库中按照用户需求选取数据，选取的数据直接呈现给用户，一般不再进行其他的加工、处理和分析。根据检索时是否指定查询条件，检索型查询又可以分为无条件检索查询和有条件检索查询两种类型。对于有条件检索查询，根据条件是否需要在查询执行时动态调整，有条件检索查询又可以分为静态条件检索查询和动态条件检索查询。下面分别对无条件检索查询、静态条件检索查询和动态条件检索查询进行介绍。

5.3.1　无条件检索查询

无条件检索型查询是查询里面最简单的一种查询。在设计查询对象的时候，无需指定查询条件，只需要从一个或多个数据源对象中将用户需要查询的字段添加到设计窗格即可。下面通过几个案例讲解如何使用查询设计视图创建无条件检索型查询。

【例 5-6】在数据库"销售订单"中，用设计视图设计一个查询，查询顾客的最近购买时间信息，包括顾客的姓名、性别、最近购买时间等信息。

【分析】本案例是一个单表简单查询，只需要从一个表"Customers"中检索数据。

使用查询设计视图创建查询的操作步骤如下。

① 打开数据库"销售订单"，如图 5-35 所示。

② 选择"创建"选项卡的"查询"组，单击"查询设计"命令，打开图 5-36 所示的"查询设计视图"。

③ 在"显示表"对话框中，选择查询数据源"Customers"，单击"添加"按钮，然后单击"关闭"按钮，关闭"显示表"对话框，此时，查询设计视图如图 5-37 所示。

④ 在图 5-37 所示的查询设计视图中，依次添加用户要查询的字段。方法是将字段拖动到设计网格线的字段行，或者在字段网格线的下拉列表中选择需要添加的字段。字段添加完成后，查询设计视图如图 5-38 所示。

⑤ 单击快速访问工具栏上的"保存"按钮，将查询命名为"查询顾客最近购买时间"。

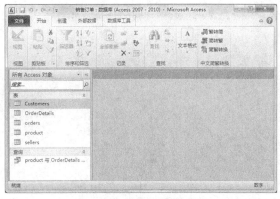

图 5-35 "销售订单"数据库

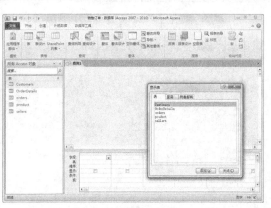

图 5-36 "销售订单"数据库的"查询设计视图"

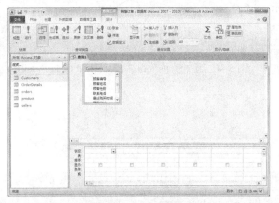

图 5-37 在数据源窗格添加数据源"Customers"

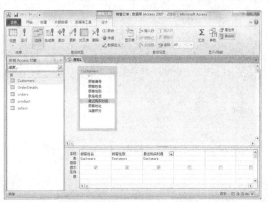

图 5-38 在设计窗格添加查询的字段

⑥ 单击"设计"选项卡下的视图按钮,选择"数据表视图"选项,顾客最近购买时间信息就呈现在用户眼前,如图 5-39 所示。

至此,通过查询设计器创建本案例查询对象的任务就完成了。如果用户没有其他任务,直接关闭"销售订单"数据库,并退出 Access 即可。

【例 5-7】在数据库"销售订单"中,用查询设计视图建立一个查询,查询商品在每一张订单中的销量信息,查询的内容包括:商品编号、商品名称、订单编号和销量。

【分析】本案例的查询信息来自 product 和 OrderDetails 这两个表,因此要求销售订单数据库要基于"商品编号"这一关联字段,事先建立起表之间的关系。如果没有建立关系,也可以在查询设计视图的数据源窗格中建立关系。

使用查询设计视图创建本案例查询的操作步骤如下。

① 打开数据库"销售订单"。

② 单击"创建"选项卡的"查询"组"查询设计"命令,打开"查询设计视图"。

③ 在"显示表"对话框中,依次添加查询数据源 product 和 OrderDetails,关闭"显示表"对话框,此时查询设计视图如图 5-40 所示。

④ 在数据源窗格中通过公共字段"商品编号"给 product 和 OrderDetails 建立关系。建立关系的方法很简单,只需要将 product 表的"商品编号"鼠标拖拽到 OrderDetails 表的"商品编号"即可。关系建立后,查询设计视图如图 5-41 所示。

⑤ 在图 5-40 所示的查询设计视图中,依次添加用户要查询的字段。方法是,直接双击相应表的字段名;或将字段拖动到设计网格线的字段行;或者在字段网格线的下拉列表中选择需要添加的字段。字段添加完成后,查询设计视图如图 5-41 所示。

⑥ 单击"设计"选项卡下的视图按钮,选择"数据表视图"选项,商品在每一张订单中的销售量信息,就呈现在用户眼前,如图 5-42 所示。

图 5-39 "查询顾客最近购买时间"的运行结果

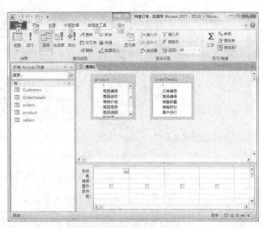

图 5-40 添加查询数据源 product 和 OrderDetails

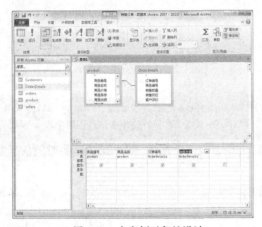

图 5-41 本案例对象的设计

图 5-42 本案例对象的执行结果

⑦ 单击快速访问工具栏上的"保存"按钮,可以将查询保存为特定名称的对象。

至此,通过查询设计器创建本案例查询的任务就完成了。如果用户没有其他任务,直接关闭"销售订单"数据库,并退出 Access 即可。

【思考】本案例如果没有基于"商品编号"建立 product 和 OrderDetails 这两个表之间的关系,那么查询是否能够执行?如果能够执行,结果是否与图 5-42 相同?如果不同,请读者思考,原因是什么?

5.3.2　静态条件检索查询

前面用查询设计视图创建的查询都很简单,都是无条件检索型查询,但在实际应用中,几乎所有查询都是有条件查询,这就需要在设计查询时根据用户要求指定查询的条件。

有条件查询包括静态条件查询和动态条件查询。动态条件查询将在下节介绍,本节主要介绍静态条件查询。下面通过几个案例介绍有条件查询的设计方法。

【例 5-8】在数据库"销售订单"中,用设计视图设计一个查询对象,查询女顾客的最近购买时间信息,包括顾客的姓名、性别、最近购买时间等信息。

【分析】本案例是一个单表条件查询，条件是"顾客性别是女"。

使用查询设计视图创建该查询的操作步骤如下。

① 打开数据库"销售订单"。

② 单击"创建"选项卡的"查询"组的"查询设计"命令，打开"查询设计视图"。

③ 在"显示表"对话框中，添加数据源对象 Customers。

④ 在图 5-43 所示的查询设计视图中字段行中，依次添加用户要查询的字段，包括顾客姓名、顾客性别和最近购买时间。

⑤ 在图 5-43 所示的设计视图的"顾客性别"字段所对应的条件单元格中，输入查询条件"[顾客性别]="女""，将其所对应的"显示"单元格中的对勾去掉。

⑥ 单击快速访问工具栏保存按钮，将查询命名为"女顾客的最近购买时间"。

⑦ 单击"设计"选项卡下的视图按钮，选择"数据表视图"选项，女顾客最近购买时间信息就呈现在用户眼前，如图 5-44 所示。

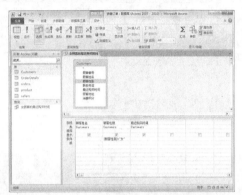

图 5-43　本案例查询对象的设计　　　　图 5-44　本案例查询对象的执行结果

"显示"行的作用是指定所选字段是否在查询结果中显示。若某一字段只用于条件表达式的构建而并非查询内容，则可将该字段设置为不显示。

【例 5-9】在数据库"销售订单"中，用查询设计视图设计一个查询对象，查询包含一次销量 50 个以上商品的订单信息，查询的内容包括 product 表中的商品编号、商品名称、是否畅销以及 OrderDetails 表中的销售数量和销售折扣。

【分析】本案例是一个两表条件查询，条件是"商品销量在 50 个以上"。

使用查询设计视图创建本案例查询的操作步骤如下。

① 打开数据库"销售订单"。

② 打开查询设计视图，添加数据源 product 和 OrderDetails，并通过公共字段"商品编号"给 product 和 OrderDetails 建立关系，如图 5-45 所示。

③ 在图 5-45 所示的查询设计视图中依次添加用户要查询的字段。

④ 在"销售数量"字段所对应的条件单元格中，通过图 5-46 所示的生成器生成查询条件"[OrderDetails]![销售数量]>=50"。

⑤ 将查询命名为"包含销量在 50 个以上的商品的订单信息"。

⑥ 选择"数据表视图"显示查询结果，如图 5-47 所示。

当查询条件由多个条件构成时，若多个条件之间是逻辑"与"的关系，则必须在同一"条件"行设置；若是逻辑"或"的关系，应分别在"条件"和"或"两行中设置。

图 5-45　本案例查询对象的设计　　　　图 5-46　本案例查询条件表达式的设置

图 5-47　本案例查询对象的执行结果

5.3.3　动态条件检索查询

上一节介绍的静态条件检索型查询，是针对某个固定条件进行的查询。如果查询条件经常变化，使用静态条件查询则不太方便。为此，Access 推出了一类特殊的条件查询，即动态条件查询，又称为参数查询。参数查询是在查询中增加了可变化的条件，即"参数"。执行参数查询时，Access 会显示一个或多个预定义的对话框，提示用户输入参数值，并根据该参数值得到相应的查询结果。

参数查询是一种交互式查询，根据交互时参数的个数，参数查询可分为单参数查询和多参数查询。例如，顾客购买商品时，往往通过商品名称查询商品的基本情况。这类查询不是事先在查询设计视图的条件中输入某一商品名称，而是根据需要在查询运行时输入某一商品名进行查询，商品名就是所谓的单参数。又如，到图书馆查书，往往需要按书名或者作者进行查询。这类查询是根据需要在查询运行时输入某一书名或作者名进行查询，书名和作者名就是所谓的多参数。

设置参数查询时，可在某一列的"条件"栏中输入用成对的英文方括号界定的"参数"。这里的参数既指出了查询条件，又指出了输入参数值时的提示信息。下面仍然通过两个案例介绍动态条件检索型查询的设计方法。

【例 5-10】在数据库"销售订单"中，用设计视图设计一个查询对象，要求根据用户输入的性别信息，动态地查询相应性别的顾客的最近购买时间信息，包括顾客的姓名、性别、最近购买时间等信息。

【分析】本例中需设置查询条件的字段为"顾客性别"字段，查询条件是一个不确定的条件，需要在查询对象执行时动态地输入参数"顾客性别"。

使用查询设计视图创建该查询的操作步骤如下。

① 打开数据库"销售订单"。

② 单击"创建"选项卡的"查询"组"查询设计"命令，打开 "查询设计视图"。

③ 在"显示表"对话框中，添加查询数据源 Customers。

④ 在图 5-48 所示的查询设计视图的字段行中，依次添加用户要查询的字段，包括顾客姓名、顾客性别和最近购买时间。

⑤ 在图 5-48 所示的查询设计视图"顾客性别"字段所对应的条件单元格中，输入参数："[请输入顾客性别：]"。

⑥ 单击快速访问工具栏保存按钮，将查询命名为"单参数查询示例"。

⑦ 保存查询并运行，显示"输入参数值"对话框，如图 5-49 所示。

⑧ 输入顾客性别"男"，查询将显示"男顾客"的最近购买信息；输入顾客性别"女"，查询将显示"男顾客"的最近购买信息。

为了更好地说明动态条件查询的应用，我们在图 5-50 中针对用户输入的参数值，对其查询结果进行了比较。该图生动地说明：条件因参数不同而动态改变，查询结果因条件的动态改变而相应发生变化。

【说明】除了通过"数据表视图"的切换执行该查询以外，还可以通过单击"设计"选项卡的"结果"组"运行"命令来执行当前查询，这两种方法的效果是一样的。

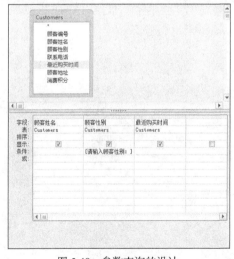

图 5-48　参数查询的设计

图 5-49　"输入参数值"对话框

【例 5-11】在数据库"销售订单"中，用查询设计视图设计一个查询对象，实现以下检索功能：当销售员动态指定商品的销售折扣和销售数量后，查询对象将与用户输入所匹配的商品的编号、名称、销售数量和销售折扣检索出来。

【分析】本案例是一个多参数条件查询，条件中的一个参数是"销售折扣"，另外一个参数是"商品销量"。

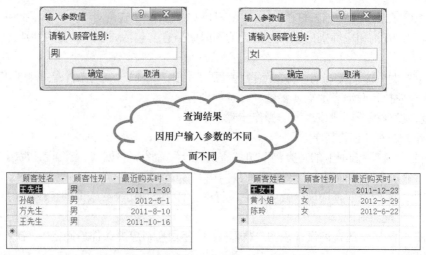

图 5-50　动态条件的比较说明

使用查询设计视图设计本案例查询对象的操作步骤如下。

① 打开数据库"销售订单"。

② 单击"创建"选项卡的"查询"组"查询设计"命令，打开"查询设计视图"。

③ 在"显示表"对话框中添加数据源对象 product 和 OrderDetails，并通过公共字段"商品编号"给 product 和 OrderDetails 建立关系。

④ 在图 5-51 所示的查询设计视图中字段行中，依次添加用户要查询的字段，包括商品编号、商品名称、销售数量和销售折扣。

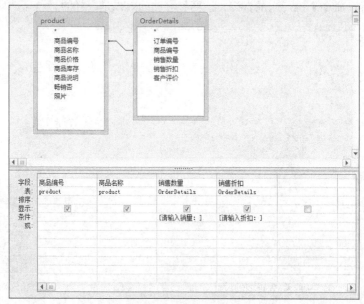

图 5-51　条件参数的设置

⑤ 在图 5-51 所示的"销售折扣"字段所对应的条件行单元格中，输入"[请输入折扣：]"，在"销售数量"字段所对应的条件行单元格中，输入"[请输入销量：]"。

⑥ 单击快速访问工具栏保存按钮，将查询命名为"多参数查询示例"。

⑦ 保存查询并运行，显示"输入参数值"对话框，如图 5-52 所示。

⑧ 输入销量和折扣这两个参数后，图 5-53 所示的查询结果就呈现在用户面前。

图 5-52 "输入参数值"对话框 　　　　　　　　　图 5-53 查询结果

5.4 计算型查询对象的设计和应用

在查询中，我们会常常关心数据表中的某个字段的部分信息，而不是数据表的某个字段的完全信息，这就需要对这个字段进行计算，从而获取这个字段的部分信息。例如，从顾客"姓名"这个字段的完全信息中通过计算获得部分信息"姓"；又如，从销售员的出生日期的完整信息"年-月-日"中获取部分信息"年"。

从字段的完全信息中提取部分信息，需要对这个字段进行计算，这需要在查询中添加计算字段。所谓的计算字段就是以数据表字段为核心操作对象所构造的表达式，通过这个表达式完成对字段的计算功能。最常用的表达式就是一个函数，例如从"顾客姓名"提取"姓"这个部分信息可以使用函数"left(顾客姓名,1)"来实现；又如，从完整的出生日期"年-月-日"中获取"年"可以使用函数"year(出生日期)"。

上面提到的计算字段仅仅涉及一个字段，更复杂的计算字段往往涉及两个或两个以上的字段。例如计算库存商品的价值就涉及数据表"Product"的两个字段，一个是"商品库存"，另外一个是"商品价格"，获取库存商品的价值可以通过"商品库存*商品价格"这一计算字段来实现。

通过上面的分析，我们发现计算字段是以基础数据表中的字段为核心操作对象所构造一个表达式。在运行查询时，这个表达式的计算结果会作为一个数据列显示在查询的执行结果中，它不会影响数据表的值，同样它也不会保存在数据库中，只有运行该查询时，系统通过运算才能得到该数据列。

为了便于理解，我们将计算型查询分为行计算型查询和列计算型查询。所谓的行计算型查询，指的是以同一条记录的相关字段为操作对象的计算型查询；所谓的列计算型查询是以某一列字段为操作对象的计算型查询。下面通过案例来分析计算型查询对象的设计和应用。

5.4.1 行计算型查询对象设计的案例分析

【例 5-12】在数据库"销售订单"中，用查询设计视图建立一个查询，查询所有产品的库存价值，要求查询结果中包括商品编号、商品名称、商品库存、商品价格和库存价值。

【分析】本查询的结果包括的"库存价值"这一信息必须通过计算字段来获得，计算公式是：库存价值=商品库存*商品价格。由于计算发生在同一行记录的商品库存和商品价格这两个字段上，所以本案例是一个典型的行计算型检索查询。

使用查询设计视图创建本案例查询的操作步骤如下。

① 打开数据库"销售订单"。

② 单击"创建"选项卡的"查询"组"查询设计"命令，打开 "查询设计视图"。

③ 在"显示表"对话框中添加数据源对象 product。

④ 在图 5-54 所示的查询设计视图的字段行中，依次添加用户要查询的字段，这包括商品编号、商品名称、商品库存和商品价格这四个普通字段，另外还要添加库存价值这一计算字段。添加计算字段的一般语法格式是："表达式名称:表达式"。例如库存价值这一计算字段可以表示为："表达式 1:[商品库存]*[商品价格]"。请注意：表达式名与表达式之间使用英文冒号来分割。

⑤ 单击快速访问工具栏保存按钮，将查询命名为"行计算型查询示例"。

⑥ 保存查询对象后执行该查询，弹出图 5-55 所示的查询结果。

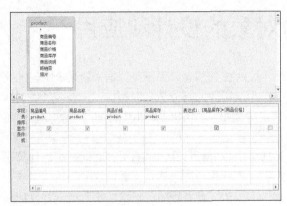

图 5-54 本案例查询对象的设计

商品编号	商品名称	商品价格	商品库存	表达式1
p01001	漫步者E1100MKII台式电脑音响	¥355.00	200	¥71,000.00
p01002	苹果专用移动电源	¥188.00	100	¥18,800.00
p01003	联想newifi1200M智能路由器	¥99.00	170	¥16,830.00
p01004	苹果笔记本蓝牙鼠标	¥55.00	170	¥9,350.00
p01005	苹果G6铝合金键盘	¥180.00	200	¥36,000.00
p01006	华为入耳式耳机	¥65.00	160	¥10,400.00
p01007	金士顿DTGE9金色U盘	¥45.00	200	¥9,000.00
p02001	纽比士玫瑰精油眼胶	¥55.00	170	¥9,350.00
p02002	妙巴黎烘焙胭脂腮红	¥49.00	100	¥4,900.00
p02004	熊猫护手霜蜜桃香	¥22.00	120	¥2,640.00
p02005	美丽日记法兰西面膜	¥9.90	111	¥1,098.90
p02006	水之澳绿洲夜间密集补水面膜	¥208.00	110	¥22,880.00
p02007	欧珀莱莹白活性爽肤水	¥144.00	130	¥18,720.00
p03001	休闲松糕凉鞋	¥46.00	120	¥5,520.00
p03002	韩版高腰绣花女式短裤	¥95.00	100	¥9,500.00
p03003	中长款短袖印花连衣裙	¥110.00	170	¥18,700.00
p03004	保暖大毛领加厚羽绒服	¥450.00	136	¥61,200.00
p03005	春夏薄款外穿打底裤	¥58.00	128	¥7,424.00
p03006	女单层堆领羊绒衫	¥319.00	129	¥41,151.00
p03007	FILA夏季新款运动鞋	¥399.00	90	¥35,910.00
*		¥0.00		

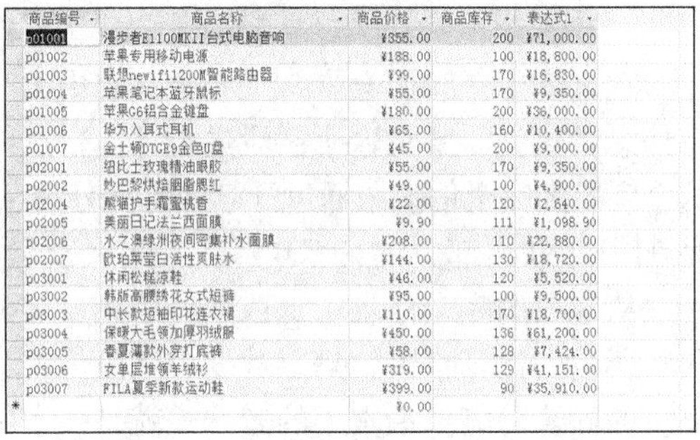

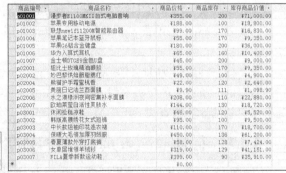

图 5-55 本案例查询对象的执行结果

需要指出的是，在设计窗格添加计算字段后，系统会自动给该字段命名为"表达式 1"；如果有第二个计算字段，则会自动命名为"表达式 2"；若有更多的字段，则会自动按相同的规则顺序命名。但计算字段的命名最好与表达式值的语义一致，这样查询结果更易于用户理解。按照这一原则，本例中的计算字段最好命名为"库存商品价值"，如图 5-56 所示。这样，本案例的查询运行后结果如图 5-57 所示，显然结果更易于用户理解。

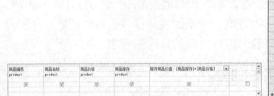

图 5-56 计算字段的重命名

商品编号	商品名称	商品价格	商品库存	库存商品价值
p01001	漫步者E1100MKII台式电脑音响	¥355.00	200	¥71,000.00
p01002	苹果专用移动电源	¥188.00	100	¥18,800.00
p01003	联想newifi1200M智能路由器	¥99.00	170	¥16,830.00
p01004	苹果笔记本蓝牙鼠标	¥55.00	170	¥9,350.00
p01005	苹果G6铝合金键盘	¥180.00	200	¥36,000.00
p01006	华为入耳式耳机	¥65.00	160	¥10,400.00
p01007	金士顿DTGE9金色U盘	¥45.00	200	¥9,000.00
p02001	纽比士玫瑰精油眼胶	¥55.00	170	¥9,350.00
p02002	妙巴黎烘焙胭脂腮红	¥49.00	100	¥4,900.00
p02004	熊猫护手霜蜜桃香	¥22.00	120	¥2,640.00
p02005	美丽日记法兰西面膜	¥9.90	111	¥1,098.90
p02006	水之澳绿洲夜间密集补水面膜	¥208.00	110	¥22,880.00
p02007	欧珀莱莹白活性爽肤水	¥144.00	130	¥18,720.00
p03001	休闲松糕凉鞋	¥46.00	120	¥5,520.00
p03002	韩版高腰绣花女式短裤	¥95.00	100	¥9,500.00
p03003	中长款短袖印花连衣裙	¥110.00	170	¥18,700.00
p03004	保暖大毛领加厚羽绒服	¥450.00	136	¥61,200.00
p03005	春夏薄款外穿打底裤	¥58.00	128	¥7,424.00
p03006	女单层堆领羊绒衫	¥319.00	129	¥41,151.00
p03007	FILA夏季新款运动鞋	¥399.00	90	¥35,910.00
*		¥0.00		

图 5-57 计算字段重命名后的查询结果

【例 5-13】在数据库"销售订单"中，用查询设计视图设计一个查询对象，查询所有女销售员的年龄，要求查询结果中包括销售员编号、姓名和年龄。

【分析】本查询的结果包括的"年龄"这一信息必须通过计算字段来获得，计算公式是：Year(Date())-Year([出生日期])。由于计算都是以每一行记录的出生日期字段为操作对象，所以本案例也是一个典型的行计算型检索查询。另外【例 5-12】是无条件查询，而本案例是条件查询，在设计查询对象时，需要构建"[性别]="女""这样一个条件。

【说明】本案例的解决方案与【例 5-12】类似，为了培养读者的自主学习能力，这里就不再给出详细的设计步骤了。读者可以根据图 5-58 和图 5-59 的提示来完成查询的设计。图 5-58 提示了计算字段和查询条件的添加方法；图 5-59 给出了查询的运行结果。

图 5-58　计算字段和查询条件的添加方法　　　　图 5-59　本案例查询的运行结果

5.4.2　列计算型查询对象设计的案例分析

【例 5-14】在数据库"销售订单"中，用查询设计视图设计一个查询对象，查询所有商品的平均库存、最大库存和最小库存。

【分析】平均库存、最大库存和最小库存这三项信息在数据表 product 中是不存在的，显然需要以"商品库存"这一字段为操作对象构造表达式来取得这三项信息。另外计算平均库存、最大库存和最小库存，都是在列的方向上对所有记录的"商品库存"值进行统计计算，因此本案例是一个典型的列计算型检索查询。

使用查询设计视图创建本案例查询的操作步骤如下。

① 打开数据库"销售订单"。

② 单击"创建"选项卡的"查询"组"查询设计"命令，打开 "查询设计视图"。

③ 在"显示表"对话框中添加数据源对象 product。

④ 在查询设计视图中的"字段"行中，依次添加三个计算字段，如图 5-60 所示。

⑤ 单击快速访问工具栏保存按钮，将查询命名为"列计算型查询示例"。

⑥ 保存查询并运行，查询结果如图 5-61 所示。

图 5-60　本案例计算字段的设计　　　　图 5-61　本案例查询对象的执行结果

【例 5-15】在数据库"销售订单"中，用查询设计视图设计一个查询对象，根据用户输入的性别值，查询该性别所有销售员的人数和平均年龄。

【分析】本查询的结果包括的"人数"和"平均年龄"这两项信息，在数据表 sellers 中是不存在的，必须通过计算字段来获得；计算人数和平均年龄，都是在列的方向上进行的统计计算，因此本案例也是一个典型的列计算型检索查询；由于本案例是根据用户输入的性别查询相应性别的人数和平均年龄，因此本案例是一个动态条件查询。

【说明】为了培养读者的自主学习能力，本案例只是通过图 5-62 给出了设计提示，具体的设计步骤不再给出。

人数: Count([销售员编号])	平均年龄: Avg(Year(Date())-Year([出生日期]))	性别 sellers
☑	☑	☐
		[请输入性别:]

图 5-62　本案例查询对象的设计提示

5.5 分析型查询对象的设计和应用

5.5.1 数据分析概述

1. 数据分析的概念

在统计学领域，经常将数据分析划分为描述性数据分析、探索性数据分析以及验证性数据分析。其中探索性数据分析侧重于在数据之中发现新的特征；验证性数据分析侧重于验证已有假设的真伪性；而描述性数据分析则侧重于对数据进行详细研究和概括总结。

在日常学习和工作中，描述性数据分析是最常用的，本书所说的数据分析，指的就是描述性数据分析。描述性数据分析是对数据库中的数据进行详细研究和概括总结的过程，其目的是提取隐藏在数据背后的有用信息，并总结出研究对象的内在规律。

2. 数据分析的方法

描述性数据分析有两个方向：一个是概括总结，一个是详细研究。概括总结是对总体的数量特征和数量关系进行分析，而详细研究是深入到总体的内部对总体进行分组分析。概括总结常用的方法是汇总分析法，而详细研究常用的方法是对比分析法。

（1）对比分析法

对比分析首先要将总体数据按照属性进行分组，然后对每组数据进行计算，提取用户需要的指标信息，供用户对比分析。根据分组属性的个数，对比分析又分为一维对比分析、二维对比分析、三维对比分析等。

一维对比分析是按照数据总体的某一个属性对总体数据进行分组，然后对各组数据的分析指标进行计算和对比。例如，按照班级这一属性，将学生成绩分组，然后对各个班级的"平均成绩"这一指标进行计算和对比。

二维对比分析是按照数据总体的某两个属性对总体数据进行分组，然后对各组数据的分析指标进行计算和对比。例如，按照班级和课程这两个属性将学生成绩进行分组，然后对各个班级和各门课程的"平均成绩"这一指标进行计算和对比。二维对比分析方法的工具很多，经常用到的是交叉表。

读者搞清了一维对比分析和二维对比分析以后，三维以上的对比分析，就迎刃而解了。篇幅原因，这里就不赘述了。

（2）汇总分析法

汇总分析，就是对总体数据就某一个或多个汇总指标进行计算和分析的方法。对于数据库的汇总分析而言，汇总指标是通过数据表的某字段或者计算字段来反映的。

表 5-1 归纳了在汇总分析时设计计算字段经常要用到的一些元素。

表 5-1　　　　　　　　　　　　构造计算字段的常用元素

类别	名称	对应函数	功能
函数	总计	Sum	求某字段（或表达式）的累加项
	平均值	Avg	求某字段（或表达式）的平均值
	最小值	Min	求某字段（或表达式）的最小值
	最大值	Max	求某字段（或表达式）的最大值
	计数	Count	对记录计数
	标准差	StDev	求某字段（或表达式）值的标准偏差
	方差	Var	求某字段（或表达式）值的方差
其他	第一条记录	First	求在表或查询中第一条记录的字段值
	最后一条记录	Last	求在表或查询中最后一条记录的字段值
	表达式	Expression	创建表达式中包含统计函数的计算字段

3. Access 在数据分析中的作用

进行数据分析，总是需要一款数据分析工具，Access 就是这样的一款工具。Access 操作界面友好，集数据的组织、存储和分析于一体，是初级用户进行数据分析的最佳选择。

Access 用"表"来组织和存储数据，用"查询"来处理和分析数据，支持常用的汇总分析法、对比分析法以及交叉分析法。下面我们通过几个案例来分析这几种方法的应用。

5.5.2　分析型查询对象设计的案例分析

1. 汇总分析法

汇总分析是对某个主题范围的所有记录进行总计分析。下面通过一个案例来介绍这这类问题的解决方法。需要用户注意的是，不能在总计查询的结果中修改数据。

【例 5-16】在数据库"StudentGrade"中，用查询设计视图建立一个查询，分析所有参加"数据库技术"课程考试的学生人数、最高成绩、最低成绩和平均成绩。

【分析】本案例汇总分析的主题数据是"数据库技术"课程考试成绩，汇总指标是课程考试的学生人数、最高成绩、最低成绩和平均成绩。

使用查询设计视图创建本案例查询的操作步骤如下。

① 打开数据库"StudentGrade"。

② 单击"创建"选项卡的"查询"组"查询设计"命令，打开 "查询设计视图"。

③ 在"显示表"对话框中添加数据源对象 Course 和 Grade，并建立二者的关系。

④ 单击"设计"选项卡的"显示/隐藏"组"汇总"命令，打开图 5-63 所示的"查询设计视图"，我们姑且称之为"汇总型"查询设计视图。

与普通的查询设计视图相比而言，"汇总型"查询设计视图在"设计窗格"多了一个"总计"行。将插入点置于"总计"行，在右侧将出现一个下三角按钮，单击该按钮，图 5-63 所示的"查询设计视图"中打开了总计项列表，如图 5-64 所示。总计汇总列表提供了十二个选项，这十二个选项可以分为四类：分组（Group By）、总计函数、表达式（Expression）以及限制条件（Where）。在列表中单击选项即可选中总计方式。它们的用法和作用将在相关内容中介绍。

⑤ 在查询设计视图中字段行中，依次添加最高成绩、最低成绩和平均成绩三个汇总项和参加"数据库技术"课程考试的这样一个限制条件，如图 5-65 所示。

⑥ 单击快速访问工具栏保存按钮，将查询命名为"汇总分析型查询示例"。

⑦ 保存查询并运行，弹出图 5-66 所示的查询结果。

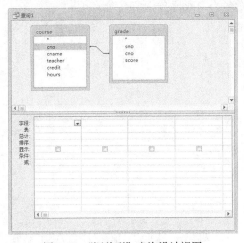

图 5-63　"汇总型"查询设计视图

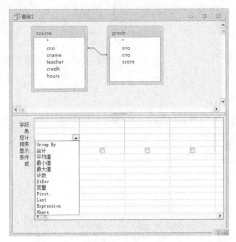

图 5-64　"查询设计视图"中的总计项列表

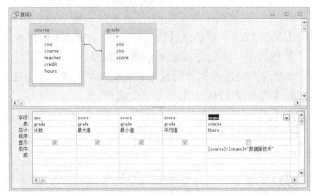

图 5-65　本案例查询对象的设计　　　　　　　图 5-66　本案例查询对象的运行结果

2. 对比分析法

对比分析法是在对分析源的所有数据按照某一类主题进行分组的基础上，再就某些指标进行计算和比较的数据分析方法。显然数据分组是对比分析法的基础。对比分析法的优点是将数据分析对象划分为不同部分或类别来进行研究，以揭示其内在的联系和规律性。下面通过一个案例来介绍这类问题的解决方法。

【例 5-17】在数据库"StudentGrade"中，用查询设计视图设计一个查询对象，比较分析各门课程的考生人数、最高成绩、最低成绩和平均成绩。

【分析】本案例是先按照"课程"这一主题，将数据库中的相关数据分组，然后再分组计算"各门课的考生人数、最高成绩、最低成绩和平均成绩"，以便用户比较分析。

使用查询设计视图创建本案例查询的操作步骤与【例 5-16】类似，下面只给出简要步骤。

① 打开数据库"StudentGrade"。

② 打开"查询设计视图"。

③ 添加数据源对象 Course 和 Grade，并建立二者的关系。

④ 打开"汇总型"查询设计视图。

⑤ 在查询设计窗格中，首先添加四个总计项："grade"表的"sno"字段的"计数"项，"grade"表的"score"字段的"最大值""grade"表的"score"字段的"最小值"项，"grade"表的"score"字段的"平均值"项；然后添加"Course"表中"cname"这一"Group By"项，如图 5-67 所示。

⑥ 单击快速访问工具栏保存按钮，将查询命名为"对比分析型查询示例"。

⑦ 保存查询并运行，弹出图 5-68 所示的查询结果。

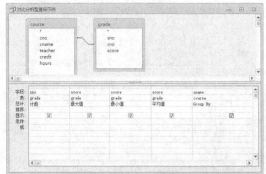

图 5-67　总计字段和分组字段的设计　　　　　图 5-68　未重命名前查询对象的执行结果

【说明】在设计窗格添加总计字段后，系统在结果中将自动创建默认的列标题，一般由总计项字段名和总计项名组成。若要对列标题进行定义，可在"字段"行中完成，即在总计字段名前插入要命名的新标题名，用英文冒号与字段名分割。例如，在图 5-69 中，将总计字段的列标题分别命名为"考生人数:sno""最高分:score""最低分:score""平均分:score""课程名:cname"。查询保存执行后，结果如图 5-70 所示。

图 5-69　总计字段的重命名　　　　　　图 5-70　重命名后查询对象的执行结果

【知识拓展】本案例汇总分析后的成绩带有很多小数位，既不需要，也不美观，请读者思考，应该进行怎样的设计，才能让所有的成绩都只保留两位小数。

3. 交叉分析法

交叉分析法基于数据源的两类主题字段对记录进行分组，然后对分组记录分别计算总计值，并显示在交叉表的交叉单元格中。在这两类主题字段中，一类放置在交叉表的左侧作为行标题，一类放置在交叉表的上方作为列标题，在交叉表行与列的交叉处显示各分组的总计值。用交叉表进行数据分析，使得数据项之间的关系可以更清晰、准确和直观地展示出来。

因此，在用 Access 设计交叉表查询对象，需要指定三种字段：行标题、列标题和总计字段。行标题、列标题和交叉位置上的值（总计字段），构成了交叉表查询的三个要素。下面通过案例来介绍交叉表查询对象的设计和应用。

【例 5-18】使用查询设计视图设计交叉表查询对象，比较分析"销售订单"数据库中每张订单所销售的每种商品的数量，并产生"订单商品销量汇总表"。

【分析】交叉表查询的设计，关键是指定其三要素。由题意可知，本案例查询对象的三要素分别为：行标题"订单编号"、列标题"商品编号"、行列交叉处的总计值"总销量"。

具体操作步骤如下。

① 打开"销售订单"数据库。

② 打开"查询设计视图"，选择"OrderDetails"表作为数据源对象，如图 5-71 所示。

③ 单击"设计"选项卡"查询类型"组的"交叉表"命令，查询设计视图的设计窗格转变为交叉表设计窗格，如图 5-72 所示。

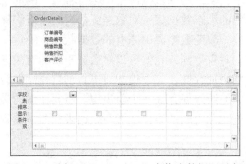

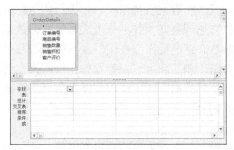

图 5-71　选择"OrderDetails"表作为数据源对象　　　图 5-72　交叉表设计视图

④ 在图 5-72 中，指定"订单编号"作为行标题；指定"商品编号"作为列标题；指定"销

售数量"作为总计值，计算方式为"合计"，如图 5-73 所示。

　　⑤ 单击快速访问工具栏保存按钮，将查询命名为"交叉表查询示例"。

　　⑥ 运行该查询对象，弹出图 5-74 所示的查询结果。

<table>
<tr><td>图 5-73　交叉表查询对象的设计</td><td>图 5-74　交叉表对象的执行结果</td></tr>
</table>

　　⑦ 关闭"销售订单"数据库，退出 Access。

　　【说明】交叉表设计窗格中增加了"总计"行和"交叉表"行。"总计"行用于指定本栏字段是用于分组、汇总、条件还是其他用途。如果"总计"行指定本栏目字段是"Group By"，那么"交叉表"行应该定义该字段是"行标题"还是"列标题"；如果"总计"行指定本栏目字段是特定类型的汇总字段，那么"交叉表"行应该定义该字段是"值"；如果"总计"行指定本栏目字段是"Where"字段，那么"交叉表"行应该定义该字段是"不显示"，此类字段通常可以用来设置查询的条件等，虽然该类字段设置为不显示，但它会影响查询的结果；"总计"行还可以指定本栏目字段是其他类型的，这里不再赘述。

　　【知识拓展】利用向导可以创建交叉表查询，利用设计视图也可以创建交叉表查询，请读者思考，二者除了对查询数据源数量的要求不同外，还有哪些区别？（提示：在交叉表查询向导中，系统允许最多有 3 个行标题，只能有一个列标题，设计视图是否也有这一限制？另外用向导和设计视图创建交叉表时，它们在交叉处的总计方式是否相同？）

5.6　操作型查询对象的设计和应用

　　前面介绍的几种查询对象都是按照用户的需求，从已有的数据源中产生符合条件的动态数据集，并呈现在数据表视图中。查询对象执行后得到的动态数据集是对数据源数据的再组织和再处理，没有物理存储，既不修改表中原有的数据，也不改变数据源中原有的数据状态。

　　本节介绍的操作型查询对象与前面的几类查询对象不同，它们可以对数据表中的记录进行追加、更新、删除和生成表等操作，这些操作都涉及物理存储，其中追加、更新和删除操作会改变数据表中的数据，而生成表查询对象会将查询得到的结果保存在一个新表中。需要注意的是，操作型查询对象执行后，必须打开被追加、删除、更新和生成的表，才能在数据表视图中看到操作结果。

　　操作型查询对象的类型包括四种：追加查询、更新查询、删除查询和生成表查询。追加查询可以为一个或多个表添加从一个或多个数据源中获得的一组记录；更新查询可以对一个或多个表中的多个记录的某些字段值进行修改；删除查询可以对一个或多个表中满足条件的一组记录进行删除；生成表查询可以利用从一个或多个数据源获得的数据创建一个新表。下面通过几个案例分别介绍这几类操作型查询对象的设计和应用。

5.6.1　生成表查询

生成表查询，可以使查询运行的结果以表的形式存储，生成一个新表。即生成表查询可以从一个或多个数据源对象中提取全部数据或部分数据创建新表。

如果用户需要经常需要从几个数据源对象中提取数据进行使用，就可以通过生成表查询将这些经常使用的数据保存到一个新表中，从而提高这些数据的使用效率。此外，生成表查询还可以对用户数据表中的数据进行备份。

【例 5-19】将"销售订单"数据库中"Product"表中所有畅销产品的"商品编号""商品名称""商品价格"和"商品库存"信息保存到一个名为"畅销产品"的新表中。

【操作步骤】

① 打开"销售订单"数据库。

② 打开查询设计视图，添加数据源对象"Product"表。

③ 将"Product"表的"商品编号""商品名称""商品价格"和"商品库存"添加到查询设计窗格的"字段"行中。

④ 在"设计"选项卡的"查询类型"组中，单击"生成表"命令，打开图 5-75 所示的"生成表"对话框。

⑤ 用户在图 5-75 所示的对话框中执行以下操作：在"表名称"文本框中输入"畅销商品"定义新表名字，选择"当前数据库"作为新表的保存位置，单击"确定"按钮。

⑥ 单击快速访问工具栏保存按钮，将查询命名为"生成表查询示例"。

⑦ 运行该查询对象，弹出图 5-76 所示的提示对话框。

⑧ 单击"是（Y）"按钮，"销售订单"数据库中就生成新表"畅销商品"，如图 5-77 所示。用户如果双击"畅销商品"这个表，就会在数据表视图中呈现这个表的记录。

图 5-75　指定生成表查询生成的新表的名字

图 5-76　生成新表提示

图 5-77　生成的"畅销商品"表

⑨ 关闭"销售订单"数据库，退出 Access。

【例 5-20】在数据库"StudentGrade"中，用查询设计视图建立一个生成表查询，将"数据库技术"这门课程成绩不及格的所有学生的"学号""姓名""专业""课程名称"和"分数"信息保存到"补考名单"表中。

【操作提示】本例与例 5-19 操作步骤类似，只是略微复杂些。本例的复杂性有两点：第一点，查询涉及的数据源对象有三个表，必须建立关系；第二点，本例是有条件查询。图 5-78 图解了本案例查询对象的设计提示，详细步骤不再赘述。

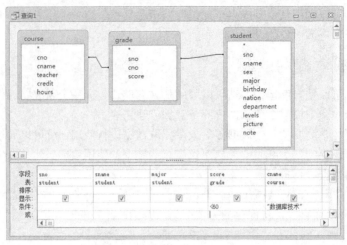

图 5-78 本案例查询对象的设计提示

5.6.2 追加查询

追加查询可以从一个或多个数据源中的一组记录追加到目标表的尾部。但是，当数据源与目标表的字段定义不相同时，追加查询只添加相互匹配的字段内容，不匹配的字段将被忽略。通常，追加查询以查询设计视图中添加的表为数据源。特别需要强调的是，被追加的数据表必须是存在的表，否则无法实现追加，系统将显示相应的错误信息。

【例 5-21】在数据库"StudentGrade"中，用查询设计视图建立一个追加查询，将"计算机网络"这门课程成绩不及格的所有学生的"学号""姓名""专业""课程名称"和"分数"信息追加到"补考名单"表中。注意"补考名单"表已经由例 5-20 生成。

【核心操作提示】

① 打开数据库"StudentGrade"，选择"创建"选项卡的"查询"组，单击"查询设计"命令，打开"查询设计视图"对话框，将数据源对象添加到数据源窗格中。

② 将"学号""姓名""专业""课程名称"和"分数"字段添加到查询设计窗格中，然后在"设计"选项卡的"查询类型"组中，单击"追加"命令，则打开图 5-79 所示的"追加"对话框。

③ 在弹出的"追加"对话框的追加到"表名称"文本框中输入"补考名单"，如图 5-79 所示，单击"确定"按钮。

④ 保存并运行查询，查询得到的结果就追加到表"补考名单"中，如图 5-80 所示。

图 5-79 指定追加的目标表

图 5-80 本案例执行后"补考名单"表中的记录

5.6.3　更新查询

在数据库操作中，如果只对表中少量数据进行修改，可以直接在表的"数据表视图"下，通过手工进行修改。如果需要成批修改数据，可以设计更新查询对象来实现。

更新查询可以对一个或多个表中符合查询条件的数据进行批量的修改，既可以一次修改一个字段，也可以一次修改多个字段。

【例 5-22】设计更新查询对象，对"销售订单"数据库中"Customers"表的女顾客的"消费积分"进行更新，更新规则是将"消费积分"上调 20%。

【核心操作提示】

① 打开"销售订单"数据库的查询设计视图，添加数据源对象"Customers"表。

② 在"设计"选项卡"查询类型"组中单击"更新"按钮，切换到更新设计视图，更新设计视图中增加了"更新到"行，该行供用户设置更新条件。

③ 将"顾客性别"和"消费积分"字段添加到查询设计窗格中。

④ 在字段"消费积分"栏的"更新到"行的相应文本框中输入更新后的值为"[消费积分]*1.2"，在"顾客性别"栏的"条件"行的文本框中输入条件"女"，如图 5-81 所示。

⑤ 执行查询，系统打开图 5-82 所示的提示，用户单击"是（Y）"按钮，即完成更新查询。

图 5-81　本案例更新查询对象的设计　　　图 5-82　更新查询对象的执行提示

5.6.4　删除查询

删除查询可以按照某种条件从表中删除一条或一组记录，又称为删除记录的查询。使用删除查询，将删除整条记录，而非只删除记录中的字段值。记录一经删除将不能恢复，因此在删除记录前要做好数据备份。

删除查询设计完成后，需要运行查询才能将需要删除的记录删除。删除查询可以删除一个表中的记录，也可以删除多个表中的相关记录。删除相互关联的表间记录时，必须满足以下几点：第一点，已经定义了相关表之间的关系；第二点，在相应的编辑关系对话框中选择了"实施参照完整性"复选框和"级联删除相关记录"复选框。

【例 5-23】设计一个删除查询对象，将"销售订单"数据库的"Customers"表中所有"消费积分"小于 600 的男顾客删除。

【核心操作提示】

① 打开"销售订单"数据库的查询设计视图，添加数据源对象"Customers"表。

② 在"设计"选项卡"查询类型"组中单击"删除"按钮，切换到删除设计视图，删除设计视图中增加了"删除"行，该行供用户设置删除条件或删除数据表。

③ 将"顾客性别"和"消费积分"字段添加到查询设计窗格中。

④ 在字段"消费积分"栏的"删除"行的相应文本框中选择"Where"值，在该栏的"条件"行的文本框中输入条件"<600"，如图 5-83 所示。

⑤ 在字段"顾客性别"栏的"删除"行的相应文本框中选择"Where"值，在该栏的"条件"行的文本框中输入条件"男"，如图 5-83 所示。

⑥ 如果用户想预览查询要删除的记录，那么可以将删除查询视图切换到数据表视图；如果用户要删除数据表中满足条件的记录，那么需要执行查询，此时，系统将打开图 5-84 所示的提示，用户单击"是（Y）"按钮，即完成删除操作。

【知识拓展】在"销售订单"数据库的删除设计视图中，"删除"行有两个选项，一个是"Where"，另一个是"From"，如图 5-85 所示。当用户选择"Where"选项时，用户需要在"条件"行中设置删除条件。请问：当用户选择"From"选项时，用户需要做哪些相应操作？"From"选项有什么作用？

图 5-83 本案例删除查询对象的设计　　图 5-84 删除查询对象的执行提示　　图 5-85 删除设计视图

习　题

一、单选题

【1】关于查询对象的说法，不正确的是_____。

　　A. 查询对象单独保存在外部存储器上

　　B. 查询对象单独保存在内部存储器上

　　C. 查询作为数据库的一个组成对象，保存在外部存储器上

　　D. 查询作为数据库的一个组成对象，保存在内部存储器上

【2】在 Access 中，查询的数据源可以是_____。

　　A. 表　　　　　　　B. 报表　　　　　　　C. 查询　　　　　　　D. 表或查询

【3】"参数查询"可以实现_____。

　　A. 静态条件查询　　B. 动态条件查询　　C. 无条件查询　　　D. 交叉表查询

【4】不可能是 Access 默认的查询对象的名字是_____。

　　A. 查询1　　　　　B. 查询2　　　　　　C. 查询9　　　　　　D. 查询一

【5】在查询设计视图中，条件查询必须构造查询条件，条件一般用_____表示。

　　A. 表达式　　　　　B. 字段　　　　　　　C. 记录　　　　　　　D. 对象名

【6】在 Access 中，关于向导的错误叙述是_____。

　　A. 查询向导不能创建交叉表查询　　　　B. 查询向导不能创建参数查询

　　C. 查询向导不能创建条件查询　　　　　D. 查询向导可以创建不匹配项查询

【7】查询设计视图的设计窗格中不可能出现的行是_____。

　　A. 字段　　　　　　B. 汇总　　　　　　　C. 删除　　　　　　　D. 插入

【8】从"顾客姓名"提取"姓"这个部分信息可以使用函数_____。

    A. left(顾客姓名,1)　B. right(顾客姓名,1)　C. left(顾客姓名,2)　　D. right(顾客姓名,2)

【9】下列哪种不是查询对象的视图_____。

    A. 数据表视图　　　　B. 设计视图　　　　C. 向导视图　　　　D. 数据透视表视图

二、填空题

【1】创建和修改查询的重要工具是_____。

【2】查找和筛选功能_____对数据库中的多个表进行关联查询，而查询可以承担这一任务。

【3】在统计分析中，经常用到的数据分析方法有_____、_____和_____。

【4】如果"sum(Customers 消费积分)"是计算字段，那么它在设计视图中显示为_____。

【5】操作型查询共有_____种，其中_____可以对数据库中的数据进行备份。

【6】在关系数据库中，当建立了一对多的关系后，通常在"一方"表中的每一条记录，与"多方"表中的____记录相匹配。但是也可能存在____表没有记录与之匹配的情况。因此，要执行查找_____至少需要两个表，并且这两个表要在同一个_____里。

【7】交叉表查询以行和列为标题来分组统计汇总数据，一组是_____标题，显示在左边；一组是_____标题，显示在顶部。在行列交叉点上，显示对_____值进行总计、平均、计数等计算后的结果值。

【8】在数据库中，经常会出现同一数据在不同的地方多次被输入和存储到_____中的情况，从而造成数据_____。当数据表中的数据很多时，用手工方法很难查找出重复输入的数据。Access 提供的_____可用于解决这类问题。

【9】操作型查询主要用来插入、更新或_____数据。操作型查询的特点在于一次操作可以更改_____记录。操作型查询包括：删除、_____、追加及生成表四种类型。

三、思考题

【1】什么是查询对象？查询对象与表对象有何区别？

【2】查询的类型有哪几种？各种类型的查询功能有何不同？

【3】如何设置查询条件？如何在条件中运用逻辑运算符？

【4】试简述查询与查找、筛选的功能异同。

【5】当交叉表查询设计视图中的"总计"行指定本栏目字段是"Expression"字段，那么"交叉表"行应该怎样定义？"Expression"字段有什么作用？

【6】汇总分析法是否可以解决重复项查询问题和不匹配项查询问题？

【7】使用查询设计视图设计分组汇总型查询的基本步骤是什么？

四、操作题

【1】在数据库"StudentGrade"中，设计一个查询对象，查询出成绩不及格的学生信息，包括学号、姓名、性别、院系和专业。

【2】在数据库"StudentGrade"中，设计一个查询对象，将各门课程不及格学生的学号、姓名、专业、课程名和成绩保存在"不及格学生信息"表中。

【3】在数据库"StudentGrade"中，用查询设计视图设计一个查询对象，分析报名参加计算机二级考试的报名专业总数和报名考生总人数。

【4】在数据库"StudentGrade"中，用查询设计视图设计一个查询对象，分析各个专业的考生人数、最高成绩、最低成绩和平均成绩。

【5】在数据库"销售订单"中，用查询设计视图设计一个查询对象，统计分析各个商品的每年的销售总量和销售金额。

【6】在数据库"销售订单"中，用向导设计一个查询对象，统计分析没有任何一个顾客购买的商品信息，信息包括商品编号和商品名。

第 6 章
数据库语言 SQL

关系数据库是迄今最为成功的数据库，其中一个重要的原因就是关系数据库推出了深受欢迎的数据库操纵语言 SQL。目前 SQL 语言已经成为业界的标准，几乎所有的关系数据库管理系统都支持关系数据库标准语言 SQL，Access 自然也不例外。本章将 Access 为平台，围绕数据定义、数据更新和数据查询三个方面介绍数据库语言 SQL。

6.1　SQL 概述

SQL 是 Structured Query Language 三个单词的缩略词，译为结构化查询语言。SQL1974 年由 Boyce 和 Chamberlin 提出的，在 IBM 公司研制的 System R 上首次实现了这种语言。由于它功能丰富、使用方式灵活、语言简洁易学等突出特点，因此得到了广泛的应用。

最早的 SQL 标准是 1986 年由美国国家标准局 ANSI 公布的。国际标准化组织 ISO 于 1989 年将 SQL 定为国际标准，推荐它为关系型数据库的标准语言。

SQL 标准自公布以来，随着数据库技术的发展，SQL 的版本也在不断更新，1992 年推出了 SQL92，1999 年更新为 SQL99。在每一次更新中，SQL 都添加了新特性，并在语言中集成了新的命令和功能。经过多年不断的完善，SQL 已经成为数据库领域的主流语言。

6.1.1　SQL 的功能

SQL 的功能主要包括定义、更新、查询和控制四个方面，是一个综合的、通用的、功能极强的关系数据库语言。SQL 语言具有以下 4 个方面的功能。

① 数据定义功能。SQL 语言最基本的功能就是数据定义功能，这主要包括：定义、删除与修改数据表的结构和约束；另外为了提高数据查询的效率，SQL 语言还可以基于数据表建立索引，当然索引也可以被修改和删除；SQL 语言还具有视图定义功能。

② 数据更新功能。数据定义功能只是建立的数据表的结构和约束，刚刚定义的数据表是一个空表，里面没有任何数据，需要使用插入命令在表中插入数据，插入的数据如果有问题，还可以使用修改命令对数据进行修改或删除。数据的插入、修改和删除统称为数据的更新功能。

③ 数据查询功能。数据查询是 SQL 语言最重要的功能，SQL 语言既可以进行简单的单表查询，也可以进行较为复杂的多表查询，另外 SQL 语言还支持汇总查询、集合查询等功能。

④ 数据控制功能。数据控制功能主要涉及是数据保护和事务管理两方面的内容。数据控制主要完成安全性和完整性控制任务，事务管理主要完成数据库的恢复以及并发控制等功能。

由上述 SQL 的功能分析可见，SQL 并不像 Visual Basic、C/C++、Java 等语言那样，具有程序流程控制的语句。不过，SQL 语言可以嵌入到 Visual Basic、C/C++、Java 等语言中使用，这为数据库的应用和开发提供了方便。

6.1.2　SQL 的特点

SQL 语言的主要特点如下。

① SQL 语言是一种一体化的语言，提供了完整的数据定义和操纵功能。使用 SQL 语言可以实现数据库生命周期中的全部活动，包括定义数据库和表的结构，实现表中数据的录入、修改、删除、查询与维护，以及实现数据库的重构、数据安全性控制等一系列操作的要求。

② SQL 语言具有完备的查询功能。只要数据是按关系方式存放在数据库中的，就能够构造适当的 SQL 命令将其检索出来。事实上，SQL 的查询命令不仅具有强大的检索功能，而且在检索的同时还提供了统计与计算功能。

③ SQL 语言非常简洁，易学易用。虽然它的功能强大，但只有为数不多的几条命令。此外它的语法也相当简单，接近自然语言，用户可以很快地掌握它。

④ SQL 语言是一种高度非过程化的语言。和其他数据库操作语言不同的是，SQL 语言只需要用户说明想要做什么操作，而不必说明怎样去做，用户不必了解数据的存储格式、存取路径以及 SQL 命令的内部执行过程，就可以方便地对关系型数据库进行各种操作。

⑤ SQL 语言的执行方式多样，既能以交互命令方式直接使用，也能嵌入到各种高级语言中使用。尽管使用方式可以不同，但其语法结构是一致的。目前，几乎所有的数据库管理系统或数据库应用开发工具都已将 SQL 语言融入自身的语言之中。

⑥ SQL 语言不仅能对数据表进行各种操作，还可对视图进行操作。视图是由数据库中满足一定约束条件的数据组成的，可以作为某个应用的专用数据集合。当对视图进行操作时，将由系统转换为对基本数据表的操作，这样既方便了用户的使用，同时也提高了数据的独立性，有利于数据的安全与保密。

6.1.3　SQL 语句

实现 SQL 的每一项功能都借助 SQL 语句。SQL 语句又称为 SQL 命令，每一条 SQL 语句都由一个动词打头，它蕴含着该语句的功能类型。SQL 语言设计巧妙，语言简单，完成数据定义、数据查询、数据操纵和数据控制的核心功能只用表 6-1 所示的 9 个动词。

表 6-1　　　　　　　　　　　　　SQL 语句中的命令动词

SQL 语句功能	SQL 命令动词
数据定义	CREATE，DROP，ALTER
数据操纵	INSERT，UPDATE，DELETE
数据查询	SELECT
数据控制	GRANT，REVOKE

6.1.4　Access 支持的 SQL

目前，还没有一个数据库管理系统能够支持 SQL 标准的所有功能，一般只能支持 SQL92 的大部分功能以及 SQL99 的部分新功能。同时，许多软件厂商对 SQL 基本命令集还进行了不同程度的扩充和修改，又可以支持标准以外的一些功能特性。

1. Access 支持的 SQL 功能

Access 是 PC 上使用的数据库管理系统，相比之下，其支持的 SQL 语言功能有一定的局限性，它也并不支持所有的 SQL 语句，只支持其中的子集。

由于 Access 自身在安全控制方面的缺陷，所以它不支持数据控制功能，因此 Access 支持的 SQL 功能只包括数据定义、数据查询和数据操纵。

另外，与标准 SQL 相比，Access 在 SQL 命令的语法和格式上也存在一些差异。这些差异体现在具体的 SQL 命令上，本书在相应的内容上都有明示。

尽管如此，Access 的小巧、便捷、易学、易用、灵活以及成本低廉等优势，也使得 Access 数据库管理系统成为初学者学习 SQL 的一个明智的选择。

2. Access 支持的数据类型

数据类型也称为"域类型"，它是数据表中字段的重要特征。Access 并不完全支持标准 SQL 的各种数据类型，表 6-2 列出了 Access 2010 所支持的最重要的数据类型。

表 6-2　　　　　　　　　　　　Access 2010 支持的数据类型说明表

数据类型	主要别名	存储	说明
Byte	Tinyint	1B	0 到 255 之间的数字
Short	Smallint	2B	−32,768 到 32,767 之间的数字
Long	Integer、Int	4B	−2,147,483,648 到 2,147,483,647 之间数字
Counter		4B	自动为每条记录分配数字，通常从 1 开始
Dec	Dec(p[,s])	4B	十进制数，p 指定精度，s 指定小数位数
Single	Real	4B	单精度浮点型，共 7 位小数
Double	Numeric、Float	8B	双精度浮点型，共 15 位小数
Currency	money	8B	支持 15 位的元，外加 4 位小数
Char(n)	Varchar、Text	nB	最大长度为 n 的变长字符串；最多 255 个字符
Bit	Logical、Yesno	1B	逻辑常量 True 和 False 等价于 1 和 0
DateTime	Date、Time	8B	用于日期和时间，占用 8B
Memo		64MB	存储大尺寸的文本；最多 65,536 个字符
OLEObject	Image	1GB	存储图片、音频、视频或其他 BLOBs

表 6-2 列出的数据类型较多，这里以十进制数为例，介绍一下数据类型的语法格式。十进制数的语法格式为：Dec[(p[,s])]。其中，Dec 指明数据类型是十进制数；p 指出十进制数最多可以存储的十进制数字的总位数，它必须是从 1 到最大精度 38 之间的值，包括小数点左边和右边的位数；s 指出小数点右边可以存储的十进制数字的总位数，它必须是 0 和 p 之间的值。如果缺省 p 和 s，十进制数默认精度 18 位，小数 0 位。

3. Access 的 SQL 视图

SQL 视图是用户编辑 SQL 命令的界面，打开 SQL 视图的操作步骤如下。

① 打开查询设计视图，关闭"显示表"对话框。

② 单击"结果"组的"SQL 视图"按钮，Access 即打开图 6-1 所示的"查询 1"的 SQL 视图，用户在视图中即可编写 SQL 语句。

对于图 6-2 所示的已建查询，也可以在 SQL 视图中查看、编写或修改该查询的 SQL 语句。具体方法是：打开一个已建查询的设计视图；然后单击"结果"组的"视图"按钮，在下拉列表中选择"SQL 视图"，即可在图 6-3

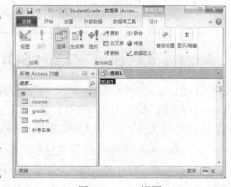

图 6-1　SQL 视图

所示的 SQL 视图中查看该查询对应的 SQL 语句。

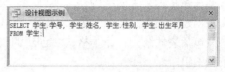

图 6-2　设计视图设计的已建查询　　　　图 6-3　查询的 SQL 语句

在 SQL 视图中编辑 SQL 语句需注意以下几点。

① 窗口中每次只能输入一条语句，但可分行输入，系统会把英文标点符号";"作为语句的结束标志；当需要分行输入时，不能把 SQL 语言的关键字或字段名分在两行。

② 语句中所有的标点符号和运算符号均为 ASCII 字符。

③ 每两个单词之间至少要有一个空格或有必要的逗号。

6.2　SQL 的定义功能

SQL 的定义功能包括数据库定义、数据表定义、索引定义以及视图定义等。这里要特别指出的是，本节介绍的内容，有些 Access 不支持。

6.2.1　数据库的创建

数据库的创建主要是定义保存数据库对象的物理空间，只有定义了数据库对象的物理空间，才能在数据库中定义表和视图等对象。

数据库的定义包括数据库的创建和数据库的删除。遗憾的是，Access 不支持通过 SQL 命令对数据库进行定义创建和删除。尽管如此，下面还是要对数据库的创建和删除分别进行简单的介绍。

1. 创建数据库

创建数据库的 SQL 命令的基本格式为：

Create Database 数据库名

例如，创建名为"学生成绩库"的数据库的命令为：

Create Database 学生成绩库

2. 删除数据库

删除数据库的 SQL 命令的基本格式为：

Drop Database 数据库名 [,…n]

例如，删除名为"学生成绩库"的数据库的命令为：

Drop Database 学生成绩库

需要说明的是，Drop Database 命令可以一次删除多个数据库。另外，如果删除数据库，数据库中包含的所有对象也将被全部删除，因此应谨慎对待数据库的删除操作。

6.2.2　数据表的定义

SQL 对表的定义功能包括表的创建、表的修改、表的删除等。其中表的创建和修改分别使用 CREATE TABLE 和 ALTER TABLE，这两条命令完全可以替代表设计器建立和修改表的功能；表的删除使用 DROP TABLE 命令。这里特别指出的是，表的创建和修改，实际上指的是定义表的模式和修改表的模式，并非对表中数据进行的操作。

1. 创建表

建立数据表除了定义表的结构外，还可以定义表的约束，因此命令语法非常复杂。为了便于学习，下文将创建表模式的命令分为命令格式 1 和命令格式 2 两类。命令格式 1 创建的表的模式较为简单，只包括表的结构；命令格式 2 创建的表的模式较为复杂，除了定义表的结构，还要定义表的约束和索引。

（1）命令格式 1——简单表的创建

【格式】CREATE TABLE <表名>
   （
    <字段名 1> <字段类型> [(字段宽度)]
    [, ……]
    [,<字段名 n>] <字段类型> [(字段宽度)]
   ）;

【功能】通过描述组成数据表的各个字段的类型、宽度等特征值来定义数据表的结构。命令格式 1 实际上是命令格式 2 的一个子集，与命令格式 2 相比，它缺省了表约束定义的相关语法元素。

下面举例说明本命令的应用。

【例 6-1】创建一个名为"学生表"的数据表，含有学号、姓名、性别、出生日期 4 个字段。定义此表的 SQL 命令为：

```
CREATE TABLE  学生表 (学号 Char(6),姓名 Char(8),性别 Char(2),出生日期 Datetime);
```

【说明】创建学生表的上述命令的书写格式没有层次感，不便于理解。如果与命令的语法格式对应，将各字段分行描述，那么命令就更加便于读者理解了。

```
CREATE TABLE  学生表
（
  学号 Char(6),
  姓名 Char(8),
  性别 Char(2),
  出生日期 Datetime
）;
```

本命令执行以后学生表就创建起来了，打开该表的设计视图，可以看到图 6-4 所示的表的模式，可见 SQL 的创建表语句完全可以替代表设计视图的功能。

（2）命令格式 2——复杂表的创建

【格式】CREATE TABLE <表名>
    (<字段名 1> <字段类型> [(字段宽度)]
[字段 1 完整性约束]
     [, ……]
     [,<字段名 n> <字段类型> [(字段宽度)] [字段 n 完整性约束]
     [,<表级完整性约束 1>]
     [, ……]
     [,<表级完整性约束 n>]
    ）;

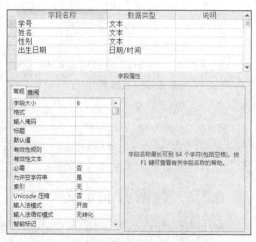

图 6-4　创建的"学生表"表模式

【说明】与格式 1 相比，命令格式 2 显得非常复杂，格式 2 是格式 1 的超集，多出的语法元素主要是定义数据库表的约束。下面逐一介绍其中的语法元素。

- 字段级完整性约束的定义==

  ```
  [NULL|NOT NULL]
  [DEFAULT <表达式>]
  [PRIMARY KEY|UNIQUE]
  ```

- 表级完整性约束的定义==

  ```
  [,<PRIMARY KEY|UNIQUE> (字段列表)]
  [,<FOREIGN KEY> (字段列表) <REFERENCES> <表名>]
  [,<CHECK> (条件)]
  ```

- 字段列表就是形如 "<字段名>[,……])" 的用逗号分割的字段名列表
- 空值约束用[NULL|NOT NULL]短语指定，默认为 NULL。
- DEFAULT <表达式> 短语用来指定字段的默认值。
- CHECK (条件) 短语用来为字段值指定约束条件。
- PRIMARY KEY 短语指定当前字段为主键，从而建立主键约束。
- UNIQUE 短语指定当前字段为唯一键，从而建立唯一性约束。
- FOREIGN KEY 短语和 REFERENCES 短语用来建立表之间的参照完整性约束。
- ✓ FOREIGN KEY (<字段名>……)指明子表中的外键字段
- ✓ REFERENCES <表名>指明建立参照完整性约束的父表。

如果主键约束涉及该表的多个字段，则必须定义在表级上，否则既可以定义在字段级，也可以定义在表级。另外，NOT NULL 和 DEFAULT 只能定义为字段级完整性约束；而 CHECK 约束只能作为表级完整性约束来定义。

上面抽象的说明了格式 2 的语法格式，下面举例说明其使用方法。

【例 6-2】创建一个名为 "成绩表" 的数据表，含有学号、姓名、法律、数学、外语、计算机 6 个字段，其中学号和姓名不允许为空值。定义此表的 SQL 命令为：

```
CREATE TABLE  成绩表
(
学号 Char(6) NOT NULL,
姓名 Char(8) NOT NULL,
法律 Dec(5,2),
外语 Dec(5,2),
计算机 Dec(5,2));
```

本命令执行以后成绩表就创建起来了，打开该表的设计视图，可以看到图 6-2 所示的表的模式。请读者仔细观察图 6-4 和图 6-5 二者字段 "学号" 在 "必需" 常规项上的不同，就会体验到 NOT NULL 这一短语的作用了。

【例 6-3】创建一个名为 "产品管理" 的数据库，再在此数据库中创建一个 "供应商" 表，含有供应商号、供应商名、地址、电话、传真 5 个字段。注意：在下面的命令序列中，如果某行行首是 "**" 串，那么本行是作者插入的注释。

**创建 "产品管理" 数据库的命令：

```
CREATE DATABASE 产品管理
```

**创建 "供应商" 表的 SQL 命令：

```
CREATE TABLE 供应商
```

```
(   供应商号 Char(8),
    供应商名 Char(16)，地址 Char(24)，电话 Char(14)，传真 Char(8),
    PRIMARY KEY (供应商号)
);
```

【说明】上述创建"供应商"表的命令中，除定义了指定的各个字段外，还以"供应商号"字段为表达式建立了主键。运行此 SQL 命令后，名为"供应商"的数据表即被建立起来打开该表的设计视图，可以看到图 6-6 所示的表的模式。

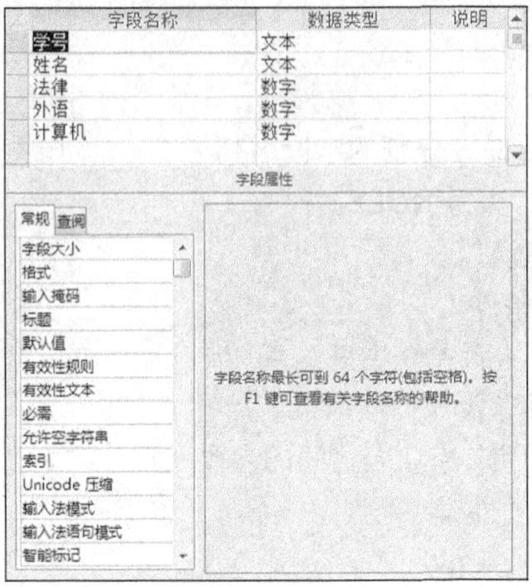

图 6-5　创建的"成绩表"表模式 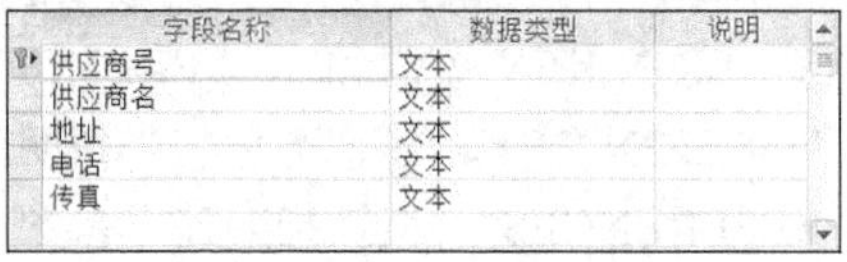　　　　　图 6-6　创建的"供应商"表模式

【例 6-4】打开"产品管理"的数据库，再在此数据库中创建一个"产品"表，含有产品号、产品名称、单价、数量、供应商号 5 个字段。

**创建"产品"表的 SQL 命令：

```
CREATE TABLE 产品
(
    产品号 Char(8) PRIMARY KEY,
    产品名称 Char(16) NOT NULL,
    单价 Single,
    数量 Short,
    供应商号 Char(8),
    FOREIGN KEY (供应商号)  REFERENCES 供应商
);
```

【说明】上面创建"产品"表的命令中，除了定义指定的字段外，还建立了一下约束：以"产品号"字段为表达式建立主键；设定"产品名称"字段的值不能为空值；本 SQL 命令的最后一行，以"供应商号"字段为外键，并以"供应商"表为父表，与父表建立一个永久关系。运行此 SQL 命令后，名为"产品"的数据表即被建立起来，打开该表的设计视图，可以看到图 6-7 所示的表的模式。

此时，若再执行"数据库工具"选项卡的"关系"组的"关系"命令，则可在弹出的"关系"对话框中见到"产品"表与"供应商"表之间已经建立的关系，如图 6-8 所示。

【知识拓展】请读者自己用 SQL 命令创建"课程"表，它包括"课程号""课程名"以及"最后得分"这三个字段，其中"课程号"是主键，"课程名"不允许重复，"最后得分"默认值为 60 分，并且不允许超过 100 分，也不允许低于 10 分。提示：请读者注意 Access 数据库中的 SQL Jet 引擎的默认语法为"ANSI-89 SQL"语法，其数据定义功能比较弱，它不支持设置字段的检查约束和默认值约束。如果要基于 SQL 设置字段的检查约束和默认值约束，就必须让 Access 启用"ANSI-92 SQL"语法。

图 6-7　创建的"产品"表结构

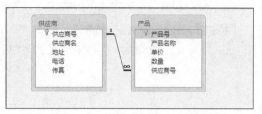

图 6-8　"产品"表与"供应商"表的关系

2. 修改表

这里所说的修改表，指的是修改表的模式，包括结构和约束两个方面的内容。使用 SQL 命令 ALTER TABLE 既可以修改表的结构，这包括增加字段、修改字段和删除字段；也可以修改表的约束，这包括增加约束、修改约束和删除约束。下面分别介绍实现这几种功能 ALTER TABLE 命令的语法格式。

（1）命令格式 1——增加字段

【格式】`ALTER TABLE <表名>`
　　　　`ADD [COLUMN] <字段名 1> <字段类型> [(字段宽度)]`
　　　　　　　　`[,……]`
　　　　　　　　`[,<字段名 n> <字段类型> [(字段宽度)]]`

【功能】为指定的表增加新字段，可以一次增加一个或多个字段。

【例 6-5】为例 6-1 创建的"学生表"中添加年龄、政治面貌和籍贯三个字段，类型和宽度分别为 Byte、Char(4)、Char(6)。其 SQL 命令为：

`ALTER TABLE 学生表`
　　`ADD COLUMN 年龄 Byte, 政治面貌 Char(4), 籍贯 Char(6)`

【说明】例 6-1 创建的"学生表"，只学号、姓名、性别、出生日期 4 个字段，执行本 SQL 语句后，增加为七个，修改后的学生表的结构如图 6-9 所示。

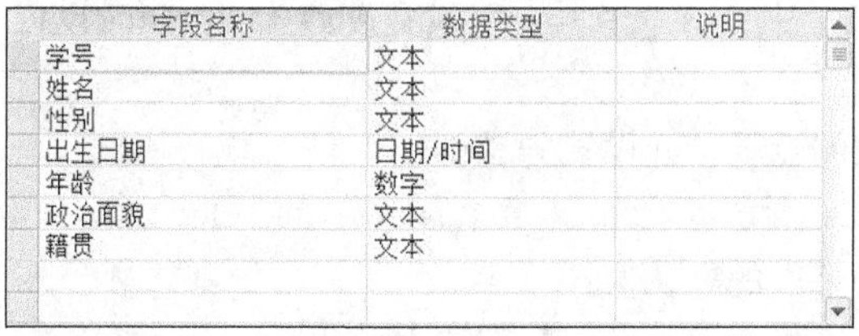

字段名称	数据类型	说明
学号	文本	
姓名	文本	
性别	文本	
出生日期	日期/时间	
年龄	数字	
政治面貌	文本	
籍贯	文本	

图 6-9　修改后的"学生表"的结构

（2）命令格式 2——修改字段

【格式】`ALTER TABLE <表名> ALTER [COLUMN] <字段名> <字段类型> [(字段宽度)]`

【功能】为指定的表修改指定字段的属性。

【例 6-6】将学生表的字段"籍贯"的宽度修改为 C(20)。其 SQL 命令为：

`ALTER TABLE 学生表 ALTER COLUMN 籍贯 Char(20)`

（3）命令格式 3——删除字段

【格式】`ALTER TABLE <表名> DROP [COLUMN] <字段名 1>[,……][, <字段名 n>]`

【功能】删除指定表的指定字段，可一次删除一个或多个字段。

【例6-7】删除例6-2创建的"成绩表"的"法律""外语"和"计算机"字段。

```
ALTER TABLE 成绩表 DROP COLUMN 法律,外语,计算机
```

（4）命令格式4——增加字段并定义该字段约束

【格式】
```
ALTER TABLE <表名>
    ADD [COLUMN] <字段名><字段类型> [(字段宽度)]
                    [NULL|NOT NULL]
                    [PRIMARY KEY|UNIQUE]
                    [DEFAULT <表达式>]
```

【功能】为指定的表增加新字段，并定义新字段的约束。

【说明】DEFAULT <表达式> 短语用来设置默认值

【例6-8】在"成绩"表中，增加"考号"字段，类型是文本，宽度为12，不允许为空值，其值不允许重复；增加"课程号"，字段类型是文本，宽度为3，不允许为空值；增加"最后得分"，字段字节整型，允许为空值，默认值为60分。

**增加"考号"字段的命令：
```
ALTER TABLE 成绩表 ADD COLUMN 考号 Char(12) NOT NULL UNIQUE
```
**增加"课程号"字段的命令：
```
ALTER TABLE 成绩表 ADD COLUMN 课程号 Char(3) NOT NULL
```
**增加"最后得分"字段的命令：
```
ALTER TABLE 成绩表 ADD COLUMN 最后得分 Byte NULL DEFAULT 60
```

（5）命令格式5——修改字段并修改字段约束

【格式】
```
ALTER TABLE <表名>
    ALTER [COLUMN] <字段名><字段类型> [(字段宽度)]
                    [NULL|NOT NULL]
                    [PRIMARY KEY|UNIQUE]
                    [DEFAULT <表达式>|DROP DEFAULT]
```

【功能】修改指定表中指定字段的属性和约束条件。

【说明】DROP DEFAULT 短语用来删除默认值。

【例6-9】在"成绩表"中，将"考号"字段宽度改为6，同时设置为主键；将字段"最后得分"的默认值删除。

**修改"考号"字段的宽度，并设置为主键：
```
ALTER TABLE 成绩表 ALTER COLUMN 考号 Char(6) PRIMARY KEY
```
**删除"最后得分"字段的默认值：
```
ALTER TABLE 成绩表 ALTER COLUMN 最后得分 DROP DEFAULT
```

（6）命令格式6——定义表级约束

【格式】
```
ALTER TABLE <表名>
    [ADD [CONSTRAINT <约束名>] PRIMARY KEY (<字段列表>)]
    [ADD [CONSTRAINT <约束名>] UNIQUE (<字段列表>)]
    [ADD [CONSTRAINT <约束名>] CHECK (条件)]
    [ADD [CONSTRAINT <约束名>] FOREIGN KEY(<字段列表>) REFERENCES <引用表>]
    [DROP[CONSTRAINT <约束名>]]
```

【功能】增加或删除主键约束、唯一键约束、检查约束和外键约束等。

【说明】一般来说，每一条 SQL 命令一次只能定义一项约束，如果需要同时定义多项约束，需要执行多条 SQL 命令。DROP[CONSTRAINT <约束名>可以删除指定名称的表级约束。

【例 6-10】在"成绩表"中：删除主键约束"PK_考号"；指定"学号"和"课程号"为主键，主键约束名为"PK_grade"；设定"最后得分"不能高于 100 分，不能低于 10 分。

**删除基于"考号"建立的主键约束"PK_考号"：

```
ALTER TABLE 成绩表 DROP CONSTRAINT PK_考号
```

**指定学号和课程号为主键：

```
ALTER TABLE 成绩表 ADD CONSTRAINT PK_grade PRIMARY KEY (学号,课程号)
```

**设定"最后得分"不能高于 100 分，不能低于 10 分：

```
ALTER TABLE 成绩表 ADD CHECK (最后得分>=10 AND 最后得分<=100)
```

【例 6-11】基于"成绩表"的"学号"字段与学生表建立外键约束。

**基于"成绩表"的"学号"字段与"学生表"建立外键约束：

```
ALTER TABLE 成绩表
    ADD CONSTRAINT PK_grade FOREIGN KEY(学号) REFERENCES 学生表(学号)
```

上述命令执行后弹出图 6-10 所示的错误对话框。

**基于"学号"建立"学生表"的主键约束：

```
ALTER TABLE 学生表 ADD PRIMARY KEY(学号)
```

**重新执行下述命令：

```
ALTER TABLE 成绩表
    ADD CONSTRAINT PK_grade FOREIGN KEY(学号) REFERENCES 学生表(学号)
```

打开数据库的关系对话框如图 6-11 所示。

图 6-10　建立外键约束时的错误信息

图 6-11　建立外键约束后的表间关系

3. 删除表

删除数据表的 SQL 命令的语法格式和使用方法都很简单，具体如下。

【格式】DROP TABLE <表名>

【说明】本命令从数据库中删除指定的表对象，既包括表的模式，也包括表的记录。

【示例】删除"产品管理"数据库中的"供应商"表，命令为：DROP TABLE 供应商

6.2.3　索引的定义

1. 索引概述

（1）索引的概念

索引如同书的目录，是基于字段值对表中记录进行排序的一种物理结构，它由表中的某记录的字段值以及该记录在数据表中存储位置的物理地址所组成。

（2）索引字段

Access 可以基于单个字段或多个字段创建记录的索引，单字段索引和多字段索引。

（3）索引的类型

Access 索引可以分为三种，普通索引（有重复值），唯一索引（无重复值），主索引（无重复值）。唯一索引和主索引的区别在于表中唯一索引可以有多个，而主索引却只能有一个，主键就是一个主索引。注意：Access 会自动为主键创建唯一索引。

（4）索引的优点和缺点

一旦基于数据表的某个字段建立了索引，那么当以建立了索引的字段作为查询条件时，数据的检索速度能大大提高。但创建索引也要花费时间和占用物理空间。虽然索引加快了检索速度，但减慢了数据更新的速度（因为每执行一次数据更新，就需要对索引进行维护）。

（5）索引的应用

对字段而言，当查询的性能需求远大于修改的性能需求时，建议创建索引。索引一般建立在经常用作查询条件的字段上、经常要排序的字段、主键字段和外键字段上。对于很少或从来不作为查询条件的字段、小表中的任何字段以及长度较大的字段，一般不要建立索引。

2. 索引的建立

建立索引主要是在 SQL 命令中定义索引的名称、类型、索引字段以及排序次序等。建立索引的 SQL 命令的一般格式是：

```
CREATE [UNIQUE] INDEX 索引名 on <表名>(字段名[ASC|DESC][ ,...n ])
```

例如，基于学生表的"姓名"字段建立普通索引的 SQL 命令为：

```
CREATE INDEX index_name on 学生表(姓名)
```

又如，基于"考号"创建唯一索引的 SQL 命令为：

```
CREATE UNIQUE INDEX index_examSingle on 成绩表(考号)
```

再如，在成绩表中基于"考号"和"课程号"建立唯一索引的 SQL 命令为：

```
CREATE UNIQUE INDEX index_sex on 成绩表(考号, 课程号)
```

【例 6-12】在"StudentGrade"数据库的"Grade"表中建立一个单字段索引和一个多字段索引。单字段索引的名字是 Index_score，类型是普通索引，以"score"索引字段；多字段索引的名字是 Index_SnoCno 是唯一索引，以"sno"和"cno"为索引字段。

**基于"score"字段建立"Grade"表的普通索引的 SQL 命令如下：

```
CREATE INDEX Index_score on grade(score)
```

命令执行后，打开"grade"表设计视图的"索引"对话框，索引如图 6-12 所示。

**基于"sno"和"cno"两个字段建立"Grade"表唯一索引的 SQL 命令如下：

```
CREATE UNIQUE INDEX Index_SnoCno on grade(sno, cno)
```

命令执行后，打开"grade"表设计视图的"索引"对话框，索引如图 6-13 所示。

【思考】CREATE UNIQUE INDEX 命令可以创建主索引吗？该命令创建的唯一索引在什么情况下可以成为主索引？

图 6-12　单字段索引 Index_score

图 6-13　多字段索引 Index_SnoCno

3. 索引的删除

删除索引时，系统会从数据库中删除有关索引的定义及其物理结构。删除索引的 SQL 命令的一般格式是：DROP INDEX <索引名> ON <数据表>。

例如，删除学生表的索引"index_sex"的 SQL 命令为：

```
DROP INDEX  index_sex on 学生表
```

【知识拓展】索引的定义也可以修改，相应的 SQL 命令是 ALTER INDEX。请查阅资料并用实验验证 Access 是否支持这一标准的 SQL 命令。

6.2.4　视图的定义

数据库表是数据库中的核心对象，它是数据的容器。视图是数据库中另外一个重要的对象，它是从一个或几个基本表导出的虚拟表。

视图之所以是虚拟的，是因为数据库中只存放视图的定义而不存放视图对应的数据。视图中的数据仍然存放在导出视图的数据表中。

某个视图一旦被定义，就成为数据库中的一个组成部分，具有与普通数据库表类似的功能，可以像数据库表一样地接受用户的访问。视图是不能单独存在的，它依赖于数据库以及数据表的存在而存在，只有打开与视图相关的数据库才能使用视图。

1. 创建视图

创建视图的 SQL 命令格式如下：

【格式】CREATE VIEW <视图名> [(字段名1[,字段名2]…)]
　　　　　　　AS <select 语句>

【说明】① AS 短语中的 select 语句可以是任意的 SELECT 查询语句。当未指定所创建视图的字段名时，则视图的字段名与 SELECT 查询语句中指定的字段同名。

② 创建的视图定义将被保存在数据库中，因而需事先打开数据库。

【例 6-13】以一个数据表为数据源创建视图。例如在"产品管理"数据库中，创建一个名为"贵重产品"的视图，由"产品"表中单价大于 1000 元的产品记录构成。

```
CREATE VIEW 贵重产品 AS;
        SELECT * FROM 产品 WHERE 单价>1000
```

【说明】从这个例子可以看出，视图可以简化用户对数据的理解，只将用户需要的数据，"单价大于 1000 元的贵重产品"，呈现在用户眼前，从而也可以简化用户的操作。

【例 6-14】从多个数据表创建视图。例如在"产品管理"数据库中，创建一个名为"产品属性"的视图，由"产品"表中的"产品名称"和"单价"以及"供应商"表中的"供应商名"三个字段构成。

```
CREATE VIEW 产品属性 AS;
        SELECT 产品.产品名称,产品.单价,供应商.供应商名;
        FROM 产品,供应商;
        WHERE 产品.供应商号=供应商.供应商号
```

【说明】通过视图用户只能查询和修改他们所能见到的数据。数据库中的其他数据则既看不见也取不到。也就是说，通过视图，用户可以被限制在数据表数据的一个子集上，从而提高了数据的安全性。上例中，用户通刚刚定义的视图只能够看到"产品名称""单价"和"供应商名"三个字段，诸如供应商的"地址"和"电话"等信息用户无法看到。

2. 删除视图

若要删除所创建的视图，可使用下述 SQL 命令：

【格式】DROP VIEW <视图名>

例如，要删除名为"产品属性"的视图，可执行命令：

DROP VIEW 产品属性

最后，很遗憾地告诉读者：Access 目前不支持视图这一概念。尽管在概念上 Access 不支持视图这一对象，但 Access 用查询对象实现了视图对象的部分功能。

6.3 SQL 的操纵功能

SQL 语言的数据操纵功能，主要包括对表中记录的增加、删除和更新，对应的 SQL 命令分别为 INSERT、DELETE 和 UPDATE 命令。

6.3.1 插入数据

Access 支持两种格式的用于插入数据的 SQL 命令。

1. 命令格式 1

【格式】INSERT INTO <表名> [(<字段名 1>[,<字段名 2>,…])]

VALUES(<表达式 1>[,<表达式 2>,…])

【功能】在指定表的尾部添加一条新记录，并将 VALUES 短语中指定的表达式的值赋给数据表对应的字段。

【说明】

- VALUES 短语后各表达式的值即为插入记录的具体值。各表达式的类型、宽度和先后顺序须与指定的各字段对应。

- 当插入一条记录的所有字段时，表名后的各字段名可以省略，但插入的数据必须与表的结构完全吻合，即数据类型、宽度和先后顺序必须一致。若只插入某些字段的数据，则必须列出插入数据对应的字段名。

【例 6-15】利用 SQL 命令在"学生表"中插入新记录。

**插入所有字段的数据：

INSERT INTO 学生表

VALUES("201201","姜开来","女",#1992-09-10#,21,"党员","山东")

INSERT INTO 学生表(学号,姓名,性别,出生日期,年龄,政治面貌,籍贯)

VALUES("201203","刘丽","女",#1990-09-20#,23,"团员","山东")

**插入部分字段的数据：

INSERT INTO 学生表(学号,姓名,籍贯)

VALUES("赵大伟","201202","河北")

打开"学生表"的数据表视图，插入的记录如图 6-14 所示。

【思考】请问，图 6-14 中，为什么"赵大伟"出现在学号字段中，而"201202"出现在姓名字段中？假设 INSERT INTO 学生表(学号,出生日期)考的时候执行，问表中会插入一条什么样的记录？

图 6-14 【例 6-15】插入的记录

VALUES("201299",date()) 这一命令在您思

2. 命令格式 2

【格式】INSERT INTO <表名> [(<字段名 1>[,<字段名 2>,…])] <SELECT 语句>

【功能】将 SELECT 语句得到的查询结果插入到指定表的尾部。

【说明】

- SELECT 语句查询得到的动态记录集作为插入到表中的记录数据。
- 如果指定了(<字段名 1>[,<字段名 2>,…])这一字段列表短语,那么 SELECT 语句查询得到的动态记录集的结构必须与该字段列表一致。

【例 6-16】假设在"学生成绩库"数据库中创建了一张表"新生",结构与"学生表"相同,请用 SQL 命令将"新生"表中每一条记录的"学号""姓名""性别""出生日期"作为新记录插入到"学生表"中。

本案例的 SQL 命令如下:

```
INSERT INTO 学生表 SELECT 学号,姓名,性别,出生日期 FROM 新生
```

6.3.2　更新数据

更新表中数据也就是修改表中的记录数据。实现该功能的 SQL 命令格式如下。

【格式】UPDATE <表名>　SET <字段名 1>=<表达式 1> [,<字段名 2>=<表达式 2>…]
　　　　[WHERE <条件>]

【功能】对于所指定的表中符合条件的记录,用指定的表达式值来更新指定的字段值。

【说明】WHERE <条件>短语用来限定表中需更新的记录,缺省此短语时则对所有记录的指定字段进行数据更新。

【例 6-17】使用 SQL 命令,对学生表中数据进行修改。

**将每个学生的年龄增加 1 岁:

```
UPDATE 学生表 SET 年龄=年龄+1
```

**将图 6-11 所示的学生的学号和姓名值对换,性别改为男。

```
UPDATE 学生表 SET 学号="201202", 姓名="赵大伟", 性别="男"
    WHERE 姓名="201202"
```

6.3.3　删除数据

删除表中记录数据的 SQL 命令格式如下。

【格式】DELETE FROM <表名> [WHERE <条件>]

【功能】对指定表中符合条件的记录进行删除。

【说明】WHERE 短语指定被删除记录所要满足的条件,缺省此短语则删除所有记录。

【例 6-18】使用 SQL 命令,将成绩表中外语成绩在 60 分以下的学生删除。

```
DELETE FROM 成绩表 WHERE 外语<60
```

注意

　　　本命令只删除表中的记录,不影响表的模式。若要删除表的模式和数据,应该使用 DROP TABLE 命令。

6.4　SQL 的查询功能

SQL 的查询功能是由 SELECT 命令来实现的,它是数据库操纵中最常用的命令,该命令在结

构上由若干子句组成，其中最基本的子句有 SELECT 子句、FROM 子句、WHERE 子句、ORDER BY 子句以及 GROUP BY 子句等。下面简要说明该命令的语法格式。

【格式】SELECT <目标字段序列>
　　　　[INTO <新表名>]
　　　　FROM <数据源>
　　　　[WHERE <条件>]
　　　　[ORDER BY <排序字段序列>]
　　　　[GROUP BY <分组字段序列>] [HAVING <组筛选条件>]

【说明】

- SELECT 命令最重要的子句是 SELECT、FROM 和 WHERE。
- SELECT 子句指明要在查询结果中输出的内容。
- INTO 子句指明将查询结果保存到目标表。缺省时，默认输出到浏览窗口。
- FROM 子句指明要查询数据的来源。
- WHERE 子句用来指定查询的筛选条件或者连接条件。
- ORDER BY 子句指明对查询结果进行排序后输出。
- GROUP BY 子句指明对查询结果进行分组输出。
- HAVING 子句与 GROUP BY 子句配合使用，用来指定分组应满足的条件。

【功能】根据指定的条件从一个或多个数据源中查询数据并输出查询结果。事实上，SELECT 命令可以实现对表的选择、投影和连接三种关系操作，SELECT 子句对应投影操作，WHERE 子句对应选择操作，而 FROM 子句和 WHERE 子句都可以对应于连接操作。

【拓展】关系数据库的数据操作除了包括选择、投影和连接这三种专门的关系操作外，还包括并、交和差等传统的集合操作。对于大多数的数据库管理系统而言，基本上都在 SELECT 命令中实现了对传统集合操作的支持。下面给出基本的语法格式。

SELECT 语句1
<UNION|INTERSECT|EXCEPT>
SELECT 语句2
[……]
[<UNION|INTERSECT|EXCEPT>]
[SELECT 语句N]

上述语法格式中，UNION 实现的是传统的并运算；INTERSECT 实现的是传统的交运算；EXCEPT 实现的是传统的差运算。很遗憾的是，Access 2010 只实现了 UNION 操作。

由于 SELECT 命令较为复杂，所以本节内容采取了由浅入深的组织形式，分为简单查询、嵌套查询、连接查询、统计查询和集合查询等。

为便于说明问题，在讨论各种查询操作时，下文举例都以学生成绩库为例。学生成绩库包含"学生表"和"成绩表"两个数据表对象，它们的关系模式分别为：

学生表

（　　学号 Char(7)，姓名 Char(6)，性别 Char(2)，
　　　出生日期 Date，年龄 Byte，政治面貌 Char(6)，籍贯 Char(6)
）

成绩表

（　　学号 Char(7)，法律 Dec(5,2)，
　　　数学 Dec(5,2)，外语 Dec(5,2)，计算机 Dec(5,2)
）

为便于读者在学习过程中对命令执行的结果进行对照和验证，表 6-3 和表 6-4 分别列出了这学生表和成绩表的具体记录内容。

表 6-3　　　　　　　　　　　　"学生表"的各条记录

学号	姓名	性别	出生日期	年龄	政治面貌	籍贯
2016001	姜开来	女	1996-9-10	21	党员	山东
2016003	刘丽	女	1991-9-20	26	团员	山东
2016002	赵大伟	男	1996-8-16	21	团员	河北
2016004	李志	男	1996-10-14	21	群众	河北
2016005	陈翔	男	1995-9-15	22	党员	山东
2016006	王倍	男	1995-8-9	22	团员	北京
2016007	黄岩	男	1989-6-12	27	团员	河北
2016008	徐梅	女	1997-8-11	20	团员	内蒙古
2016009	陈小燕	女	1996-12-18	21	群众	黑龙江
2016010	王进	男	1991-11-23	26	团员	内蒙古
2016011	李歌	女	1995-2-1	22	团员	北京
2016012	马欣欣	女	1997-9-12	20	团员	浙江

表 6-4　　　　　　　　　　　　"成绩表"的各条记录

学号	法律	数学	外语	计算机
2016001	56	78	78	82
2016003	67	66	85	76
2016002	63	75	67	92
2016004	52	92	88	84
2016005	68	79	91	77
2016006	71	77	52	53
2016007	50	65	66	60
2016008	76	78	79	90
2016009	66	58	70	82
2016010	62	79	87	89
2016011	65	85	80	75
2016012	68	88	74	79

6.4.1　简单查询

为了便于入门者学习，本书先介绍简单的 SELECT 语句。这里所说的简单查询，主要指的是对单表进行操作，一般包括 SELECT、FROM、WHERE、ORDER BY 和 INTO 几个子句。

【格式】SELECT [谓词]<目标字段 1[[,……][,目标字段 N]]
　　　　INTO <新表名>
　　　　FROM <表名>
　　　　WHERE <筛选条件>
　　　　ORDER BY <排序字段 1>[, [……][,排序字段 N]]

【说明】

- 谓词主要用来限制查询结果的记录数目，常用的有 ALL、DISTINCT 和 TOP n。
- 谓词 ALL 指明查询结果中允许出现重复记录，是 SELECT 的默认值
- 如果要删除结果中的重复记录，可以使用谓词 DISTINCT
- TOP n 必须与 ORDER BY 配合使用，TOP n 选取排序结果中的前 n 条记录。
- 目标字段既可以是表中的普通字段，也可以是计算字段。
- 目标字段可以重新命名，重命名的语法格式为 "<目标字段>AS 别名"。

- 如果 SELECT 之后的目标字段包括数据源的所有字段，可以用*表示。

根据 WHERE <筛选条件>子句中筛选条件中所使用的运算符，简单查询的内容又分为使用常规运算符的简单查询和使用特殊运算符的简单查询两个部分。

1. 基于常规运算符的简单查询

【例 6-19】用 SELECT 命令，检索学生表中所有女生记录，并将结果存入"学生成绩库"的新建的"女生表"对象中。

```
SELECT *
INTO 女生表
FROM 学生表
WHERE 性别="女"
```

【说明】上述 SQL 命令中，SELECT 后的"*"表示所有字段。需要特别指出的是，Access 要求"INTO"子句放在 SELECT 子句之后，否则语法检查通不过。执行上述 SQL 命令之后，即创建一个名为"女生表"的数据表对象，并显示"学生成绩库"导航窗格中，如图 6-15 所示。在导航窗格中双击"女生表"，就打开了"女生表"数据表视图，如图 6-16 所示。

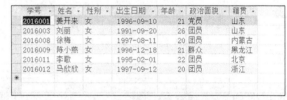

图 6-15 "学生成绩库"导航窗格　　　　图 6-16 【例 6-20】的检索结果

【例 6-20】用 SELECT 命令检索学生表中所有男团员的姓名、年龄与籍贯。命令如下：

```
SELECT 姓名,年龄,籍贯
FROM 学生表
WHERE 性别="男" AND 政治面貌="团员"
```

【例 6-21】用 SELECT 命令检索所有学生的籍贯（不显示重复值）。命令如下，命令的执行结果如图 6-17 所示。

```
SELECT DISTINCT 籍贯
FROM 学生表
```

【思考】如果要检索所有学生的出生年（不显示重复值），SQL 命令应该怎样写呢？提示如下：SELECT DISTINCT year(出生日期) AS 出生年 FROM 学生表。

【例 6-22】使用 SQL 命令，检索成绩表中计算机成绩位于前三名并且外语成绩不低于 60 的学生成绩记录。查询结果如图 6-18 所示。

```
SELECT TOP 3 *
FROM 成绩表
WHERE 外语>=60
ORDER BY 计算机 DESC
```

【例 6-23】使用 SQL 命令，对学生表中的学生记录按照性别和出生日期进行排序，排序结果存放在表"一览表"中。命令如下。

```
SELECT *
INTO 一览表
```

FROM 学生表

ORDER BY 性别,出生日期

学号	法律	数学	外语	计算机
2016002	63	75	67	92
2016008	76	78	79	90
2016010	62	79	87	89
*				

图 6-17 【例 6-21】的检索结果　　　　　图 6-18 【例 6-22】的检索结果

【说明】本例实现的实际上是数据表的物理排序功能。需要注意的是，按照出生日期的升序排列和按照年龄的升序排列，其排序结构是相反的，原因请读者思考。

2. 基于特殊运算符的简单查询

在 SELECT 命令中，允许使用几个特殊的运算符，从而使得查询更为方便灵活。这些运算符包括：BETWEEN、IN 和 LIKE 等。

BETWEEN 是一个连续范围查询的运算符，这个连续范围用 "BETWEEN 取值下界 AND 取值上界" 来指定；IN 是一个列表查询运算符，列表 "(值 1，值 2，…，值 n)" 中的值是离散的；而 LIKE 是一种模糊查询，模糊条件用 "匹配字符串" 来描述。

- WHERE 　字段名 　[NOT] 　 BETWEEN 　取值下界 　AND 　取值上界
- WHERE 　字段名 　[NOT] 　 IN 　　　(值 1，值 2，…，值 n)
- WHERE 　字段名 　[NOT] 　 LIKE 　　 "匹配字符串"

下面举例说明这三个特殊运算符的使用方法。

【例 6-24】使用 SQL 命令，检索成绩表中法律成绩在 60 到 70 之间的学生记录，并按法律成绩由高到低列出来。

SELECT *

FROM 成绩表

WHERE 法律 BETWEEN 60 AND 70

ORDER BY 法律 DESC

【说明】BETWEEN 是一个连续范围查询的运算符，"WHERE 法律 BETWEEN 60 AND 70" 等价于 "WHERE 法律>=60 AND 法律<=70"。检索结果如图 6-19 所示。

学号	法律	数学	外语	计算机
2016012	68	88	74	79
2016005	68	79	91	77
2016003	67	66	85	76
2016009	66	58	70	82
2016011	65	85	80	75
2016002	63	75	67	92
2016010	62	79	87	89
*				

图 6-19 【例 6-24】的检索结果

【例 6-25】在学生表中查询所有籍贯为 "内蒙古" 或 "山东" 的学生记录。

SELECT *

FROM 学生表

WHERE 籍贯 IN ("内蒙古","山东")

【说明】IN 是一个离散范围查询的运算符，WHERE 籍贯 IN ("内蒙古","山东") 等价于 WHERE 籍贯="内蒙古" OR 籍贯="山东"。

【例 6-26】在学生表中查询并输出所有姓李的学生记录。

```
SELECT *
FROM 学生表
WHERE 姓名  LIKE  "李%"
```

【说明】LIKE 是一个模糊查询的运算符，WHERE 姓名 LIKE "李%"是一个模糊条件，该条件只要求姓名的第一个字是"李"，后面的字任意。在匹配字符串中除了可以指出确定的字符，还可以指定通配符描述不确定的字符。允许使用的通配符及其意义如表 6-5 所示。

表 6-5   匹配字符串中的通配符

通配符	描述
%	代表任意长度的字符串
_（下划线）	代表任意的一个字符
[ ]	指定某个字符的取值范围
[^]	指定某个字符要排出的取值范围

【例 6-27】在学生表中查询并输出所有姓李并且名为单字的学生记录。

```
SELECT *  FROM 学生表  WHERE 姓名 LIKE  "李_"
```

【例 6-28】在学生表中查询并输出所有学号尾数是 1-5 的学生记录。

```
SELECT * FROM 学生表  WHERE 学号 LIKE "%[1-5]"
```

6.4.2 嵌套查询

SQL 允许一条 SELECT 语句（内层）成为另一条 SELECT 语句（外层）的一个组成部分，这样就形成了嵌套查询。外层的 SELECT 语句被称为外部查询，内层的 SELECT 语句被称为内部查询（或子查询）。

多数情况下，子查询出现在外部查询的 WHERE 子句中，并与比较运算符、列表运算符 IN、范围运算符 BETWEEN 等一起构成查询条件，完成有关操作。因此，外查询一般用于显示查询结果集，而内查询的结果一般用来作为外查询的查询条件。

【例 6-29】列出成绩表中法律成绩在 69 分以上的学生的姓名、籍贯与政治面貌。

```
SELECT  姓名,籍贯,政治面貌
FROM 学生表
WHERE 学号 IN (SELECT 学号 FROM 成绩表 WHERE 法律>69)
```

【说明】上述命令是在内层查询语句从成绩表中查询到的学号的基础上，再在学生表中检索与这些学号对应的记录。其中用到了 IN 运算符，是"包含在……之中"的意思。本例的检索结果如图 6-20 所示。

图 6-20 【例 6-29】的检索结果

【例 6-30】列出外语、数学、计算机三门课程总分在 180 分以上的女生的记录。

```
SELECT *
FROM 学生表
```

WHERE 性别="女" AND 学号 NOT IN

(SELECT 学号 FROM 成绩表 WHERE 外语+数学+计算机<180)

【说明】上述命令同样是嵌套查询，其中用到了 NOT IN 运算符，是"不包含在……之中"的意思。检索结果如图 6-21 所示。

学号	姓名	性别	出生日期	年龄	政治面貌	籍贯
2016001	姜开来	女	1996-09-10	21	党员	山东
2016003	刘丽	女	1991-09-20	26	团员	山东
2016008	徐梅	女	1997-08-11	20	团员	内蒙古
2016009	陈小燕	女	1996-12-18	21	群众	黑龙江
2016011	李歌	女	1995-02-01	22	团员	北京
2016012	马欣欣	女	1997-09-12	20	团员	浙江
*						

图 6-21　【例 6-30】的检索结果

6.4.3　连接查询

连接查询从多个相关的表中查询数据。连接查询首先以连接运算为基础，把多个表中的行按给定的条件进行拼接从而形成新表，然后再对新表进行常规查询。

常用的连接查询有内连接和外连接两种类型，其中外连接又分为左外连接、右外连接和全外连接三种类型，它们的区别在于数据表之间如何按公共字段的关系来拼接新表的数据行，下面分别举例说明这四种类型的连接查询。

1. 内连接

内连接查询只是将满足连接条件的记录包含在查询结果中，最常用的内连接查询就是等值连接，它将多个表中的公共字段值进行比较，把表中公共字段值相等的行组合起来，作为查询结果。在 SQL 中，实现两个表的内连接查询的格式有以下两种：

【格式 1】SELECT … FROM 表 1，表 2 WHERE 连接条件 AND 查询条件

【格式 2】SELECT … FROM 表 1［INNER］JOIN 表 2 ON 连接条件 WHERE 查询条件

【说明】格式 2 的关键字 JOIN 前必须加 INNER，即 FROM 表 1 INNER JOIN 表 2。常用的连接条件是等值连接：表 1.公共字段=表 2.公共字段。

在连接条件，当两个表中的字段名相同时，需加上表名修饰；否则，可省去表名。

DBMS 执行连接查询的过程是：首先取表 1 的第一个记录，然后从头开始扫描表 2，逐一查找满足连接条件的记录，找到后，将该记录和表 1 中的第一个记录进行拼接，形成查询结果中的一个记录。表 2 中的记录全部查找完毕以后，再取表 1 中的第 2 个记录，然后再从头开始扫描表 2，逐一查找满足连接条件的记录，找到后，将该记录和表 1 中的第 2 个记录进行拼接，形成查询结果中的又一个记录。重复上述操作，直到表 1 中的记录全部处理完毕。可见，连接查询是相当耗费计算资源的，应该慎重选择连接操作。

图 6-19 描述了学生表和成绩表根据公共字段学号相等进行内连接形成的结果，读者可根据这个图来思考和验证内连接的连接过程。并思考：学生表和成绩表为什么可以进行连接？连接的条件应该是什么？查询语句应该怎样写？

为了更加清晰地说明问题，图 6-22 关于学生表、成绩

图 6-22　内连接的查询结果

表以及查询结果表的记录值都是摘要选取的，是不完整的，如果读者要上机验证的话，请把数据补齐。

【例 6-31】检索计算机成绩在 77 分以上的学生，并按外语成绩从高到低的顺序列出其姓名、性别、数学、计算机和外语成绩。

```
SELECT  学生表.姓名,性别, 成绩表.数学,计算机,外语
FROM  学生表,成绩表
WHERE 学生表.学号=成绩表.学号  AND 计算机>=77
ORDER BY 外语 DESC
```

【说明】本例要检索的数据分别来自学生表和成绩表，因而必须采用多表查询形式。对于多个表中共有的字段名必须在其前加上表名作为前缀，以示区别。当在 FROM 短语中有多个表时，这些表之间通常有一定的连接关系，本命令中的"学生表.学号=成绩表.学号"即是两个表的连接条件。检索结果如图 6-23 所示。

姓名	性别	数学	计算机	外语
陈翔	男	79	77	91
李志	男	92	84	88
王进	男	79	89	87
徐梅	女	78	90	79
姜开来	女	78	82	78
马欣欣	女	88	79	74
陈小燕	女	58	82	70
赵大伟	男	75	92	67

图 6-23 【例 6-31】的检索结果

【例 6-32】检索年龄在 25 岁以下并且籍贯以山打头的学生，列出其姓名、性别、籍贯、年龄、计算机和外语成绩。查询结果如图 6-24 所示。

姓名	性别	籍贯	年龄	计算机	外语
姜开来	女	山东	21	82	78
陈翔	男	山东	22	77	91

图 6-24 【例 6-32】的检索结果

```
SELECT  学生表.姓名,性别,籍贯,年龄, 计算机,外语
FROM  学生表 INNER JOIN 成绩表 ON 学生表.学号=成绩表.学号
WHERE 年龄<25 AND  籍贯 LIKE '山%'
```

2. 左外连接

在 SELECT 语句中，内连接的结果只包含满足连接条件的两个表的记录拼接以后生成的记录。外连接与内连接不同，它的结果除了包括满足连接条件的记录外，还可以包括两个表中不满足连接条件的记录。

左外连接时，结果中除了包括左表和右表通过内连接拼接而成的记录外，还包括左表中不满足连接条件的记录与右表空值记录拼接而成的记录。所谓的空值记录指的是该记录的各个字段都是空值的一种特殊记录，这是一种特定的称谓。这里需要特别指出的是：对于此处定义的空值记录，不同的数据库管理系统有不同的显示方式：有的在字段中显示 NULL 字样；有的在字段中显示空白。Access 采用的是后面的显示方式。

左外连接的语法格式为：

```
SELECT …
FROM 表 1 LEFT [OUTER] JOIN 表 2 ON 连接条件
```

WHERE 查询条件

图 6-25 给出了学生表和成绩表根据公共列学号相等进行左外连接的查询结果，读者可根据连接过程来思考和验证左外连接的查询结果。同样的，如果要上机验证的话，请把学生表和成绩表的记录值补齐。

3. 右外连接

右外连接时，结果中除了包括右表和左表通过内连接拼接而成的记录外，另外还包括右表中不满足连接条件的记录与左表空值记录拼接而成的记录。右外连接的语法格式为：

SELECT … FROM 表1 RIGHT [OUTER] JOIN 表2 ON 连接条件 WHERE 查询条件

图 6-26 给出了学生表和成绩表根据公共列学号相等进行右外连接的结果，读者可根据连接过程来思考和验证右连接的查询结果。并思考：右外连接有什么实际应用意义？查询语句应该怎样写？

4. 全外连接

全外连接时，结果包括三部分：一是左表和右表通过内连接拼接而成的记录，二是左表中不满足连接条件的记录与右表空值记录拼接而成的记录，三是右表中不满足连接条件的记录与左表空值记录拼接而成的记录。全外连接的语法格式为：

SELECT … FROM 表1 FULL [OUTER] JOIN 表2 ON 连接条件 WHERE 查询条件

图 6-27 给出了学生表和成绩表根据公共列学号相等进行全外连接的结果，读者可根据连接过程来验证全外连接的查询结果。并思考：这两张表为什么可以进行全外连接？全外连接有什么实际应用意义？

　　请读者注意，因为全外连接在实际应用中很少用到，所以 Access 2010 中并不支持全外连接。如果用户需要实现全外连接的功能，可以用 LEFT JOIN 和 RIGHT JOIN 的 UNION 操作来实现。UNION 操作将在 6.4.5 小节中介绍。

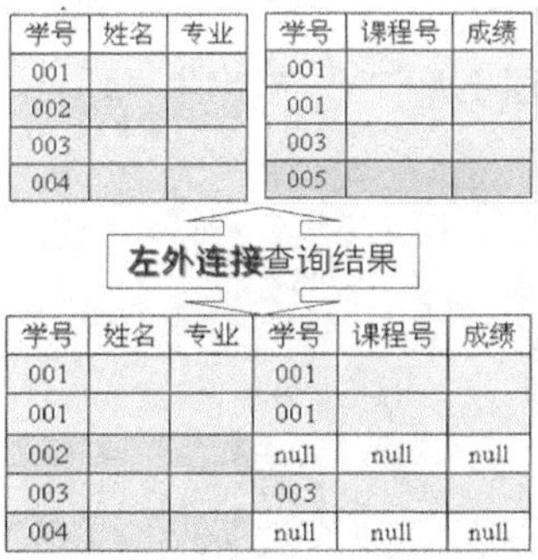

图 6-25　左外连接的查询结果 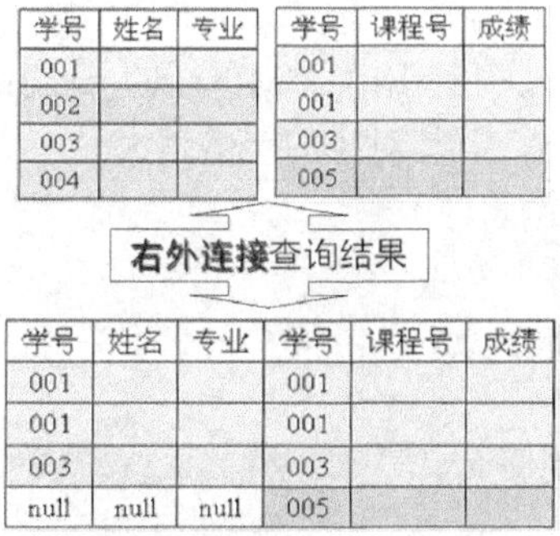　　图 6-26　右外连接的查询结果 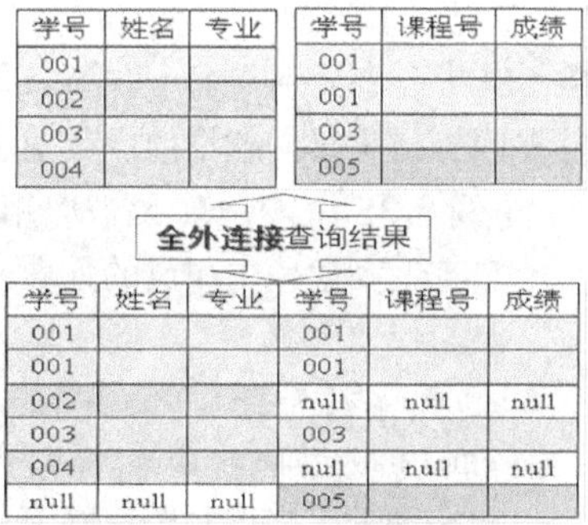　　图 6-27　全外连接的查询结果

6.4.4　统计查询

SQL 中的 SELECT 命令支持对查询结果的汇总统计，这主要是通过几个统计函数来实现的。表 6-6 列出了这些统计函数的名称及其功能。

根据统计时是否进行分组，将统计查询分为简单统计查询和分组统计查询。简单统计查询对查询结果中所有记录的指定字段进行统计，而分组统计查询首先将查询结果中的记录按照分组条件进行分组，然后对每一分组中的指定字段分别进行汇总统计。

表 6-6 统计函数的名称与功能

函数名	功能
SUM(字段名)	统计指定数值型字段的总和
AVG(字段名)	统计指定数值型字段的平均值
MAX(字段名)	统计指定（数值、文本、日期）字段的最大值
MIN(字段名)	统计指定（数值、文本、日期）字段的最小值
COUNT(字段名)	统计指定字段值的个数
COUNT(*)	统计查询结果中记录的个数

1. 简单统计查询

简单统计查询主要是使用表 6-6 中的统计函数对检索结果中的相关字段进行汇总计算，命令中不包括分组条件，因此语法较为简单，下面举例说明。

【例 6-33】统计成绩表中外语的最高成绩和数学的最低成绩。其命令如下：

```
SELECT  MAX(外语),MIN(数学)  FROM 成绩表
```

上述命令也可以写成如下形式来对统计结果清楚地加以说明，其输出结果如图 6-28 所示。

```
SELECT  MAX(外语) AS 外语最高分, MIN(数学) AS 数学最低分
FROM 成绩表
```

图 6-28 【例 6-33】的检索结果

【例 6-34】统计学生表中年龄最大的男学生的生日，以及女生的平均年龄。

```
SELECT  MIN(出生日期)  FROM 学生表 WHERE 性别="男"
SELECT  AVG(年龄)  FROM 学生表 WHERE 性别="女"
```

【说明】年龄最大学生的生日是对男学生而言，而平均年龄仅对女生而言，所以必须用两条 SELECT 命令分别查询。在第一条命令中，用了"MIN(出生日期)"而不是"MAX(出生日期)"，这是因为出生日期越早的，其值越小，但其对应的年龄越大。

【例 6-35】COUNT 函数应用举例。

**查询女学生中团员的人数：

```
SELECT  COUNT(*) AS 女学生团员人数
FROM  学生表
WHERE 政治面貌="团员" AND 性别="女"
```

**查询学生来自几个不同籍贯：

```
SELECT  COUNT(籍贯)  AS 籍贯个数
FROM  学生表
```

【说明】第一个 SELECT 命令中的 COUNT(*)是 COUNT()函数的特殊形式，是指统计满足条件的所有行数，该命令的输出结果如图 6-29 所示。

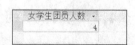

图 6-29 女学生团员人数的检索结果

【思考】本案例第二条 SELECT 命令执行后，籍贯个数的结果是 12。显然，这是不对的，这是因为学生表的记录中存在籍贯值相同者。请问，应该怎样解决这个问题？

2. 分组统计查询

分组查询是将检索得到的数据依据某个字段的值划分为多个组后输出，这是通过 SELECT 的

GROUP BY 子句实现的。在实际应用中分组查询经常与统计函数一起使用。

【例 6-36】依据学生表中的数据，分别统计各种政治面貌的人数。命令如下，统计结果如图 6-30 所示。

```
SELECT 政治面貌, COUNT(*) AS 人数
FROM  学生表
GROUP BY 政治面貌
```

【例 6-37】依据学生表中的数据，分别统计各种籍贯的人数，但仅列出该籍贯只有 2 人的姓名及其籍贯。命令如下，统计结果如图 6-31 所示。

```
SELECT 籍贯,COUNT(*)  AS 人数
FROM  学生表
GROUP BY 籍贯 HAVING COUNT(*)=2
```

【说明】本例中用到了 HAVING 短语，用来限定输出的分组。HAVING 短语只能用在 GROUP BY 短语的后面，不能单独使用。这里尤其需要注意 HAVING 短语与 WHERE 短语的区别：WHERE 短语用来限定各记录应满足的条件，而 HAVING 短语则用来限定各分组应满足的条件，只有满足 HAVING 短语条件的分组才能被输出。

【例 6-38】在学生表与成绩表连接查询的基础上，分别统计女生中数学、外语、计算机的最高分与男生中数学、外语、计算机的最高分。统计结果如图 6-32 所示。

```
SELECT 性别,MAX(数学),MAX(外语),MAX(计算机)
FROM 学生表,成绩表
WHERE 学生表.学号=成绩表.学号
GROUP BY 性别
```

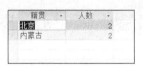

性别	Expr1001	Expr1002	Expr1003
男	92	91	92
女	88	85	90

图 6-30 【例 6-36】的检索结果 图 6-31 【例 6-37】的检索结果　　图 6-32 【例 6-38】的检索结果

6.4.5 集合查询

SELECT 语句的查询结果是记录的集合，因此，对于多个 SELECT 语句的查询结果可以进行集合操作。前面说过，传统的集合运算包括并运算 UNION、交运算 INTERSECT 以及差运算 EXCEPT。由于 Access 2010 只实现了 UNION 运算，因此交运算 INTERSECT 以及差运算 EXCEPT，这里就不展开介绍了。

下面以最简单的 UNION 并运算，介绍集合查询。

【格式】

```
SELECT 语句1
<UNION>[ALL]
SELECT 语句2
```

【说明】上述操作中不带关键字 ALL 时，返回结果消除了重复记录；而带 ALL 时，返回结果中包含重复记录。

【例 6-39】查询有一门成绩 90 分以上的学生成绩信息。

```
SELECT * FROM 成绩表 where 数学>=90
UNION
SELECT * FROM 成绩表 where 外语>=90
```

```
UNION
SELECT * FROM 成绩表 where 计算机>=90
```

【说明】使用 UNION 进行多个子查询结果的并运算时，会自动消除重复的记录。本例题的检索结果如图 6-33 所示。

学号	法律	数学	外语	计算机
2016002	63	75	67	92
2016004	52	92	88	84
2016005	68	79	91	77
2016008	76	78	79	90

图 6-33 【例 6-39】的检索结果

这里再次强调：当两个子查询结果的结构完全一致时，才可以让这两个子查询执行并、交、差操作。以操作 UNION 为例，如果两个子查询可以进行并运算，那么参加 UNION 操作的各个子查询的结果的字段数目必须相同，对应的数据类型也必须相同。

6.5 SQL 的综合应用

本节通过一个案例介绍 SQL 的综合应用，其目的主要有三：一是总结本章所学的内容，复习和巩固数据表模式的定义、数据表记录的更新以及数据表的查询等 SQL 命令；二是培养学生 SQL 的综合应用能力；三是促进学生建立数据库的整体框架。

1. 创建数据库

在 D 盘的根目录下创建一个文件夹"SalesSystem"，打开 Access，使用"Access 选项对话框"指定默认数据库文件夹为"SalesSystem"。

在文件夹 SalesSystem 中创建空数据库"订单"后，打开文件夹 SalesSystem，观察"订单"数据库的文件名以及文件尺寸。

2. 定义数据表的模式

在"订单"数据库中使用 SQL 命令 CREATE TABLE 创建 Customer、product、orders、orderdetail 四个数据表。这四个表的模式以及创建它们的 SQL 命令如下。

（1）Customer 表

【关系模式】

Customer(顾客编号 Char(8),顾客姓名 Char(10), 顾客性别 Char(1), 最近购买时间 Date, 消费积分 Integer, 顾客地址 Char(20), 联系电话 Char(13))

【SQL 命令】

```
CREATE TABLE Customer
 (
      顾客编号 Char(8), 顾客姓名 Char(10),
      顾客性别 Char(1),最近购买时间 Date,
      消费积分 Integer,顾客地址 Char(20), 联系电话 Char(13)
 )
```

（2）product 表

【关系模式】

product(商品编号 Char(6), 商品名称 Char(16), 商品价格 Dec(8,2), 商品库存 Integer,

畅销否 Logical)

【SQL 命令】

```
CREATE TABLE product
   (
       商品编号 Char(6), 商品名称 Char(16),
       商品价格 Dec(8,2), 商品库存 Integer, 畅销否 Logical
   )
```

（3）orders 表

【关系模式】

```
orders(订单编号 Char(5),顾客编号 Char(8), 订单日期 Date, 订单状态 Char(6))
```

【SQL 命令】

```
CREATE TABLE orders
   (
       订单编号 Char(5), 顾客编号 Char(8), 订单日期 Date, 订单状态 Char(6)
   )
```

（4）orderdetail 表

【关系模式】

```
orderdetail(订单编号 Char(5), 商品编号 Char(6), 销售数量 Integer)
```

【SQL 命令】

```
CREATE TABLE orderdetail
   (
       订单编号 Char(5), 商品编号 Char(6), 销售数量 Integer
   )
```

【思考】执行上述命令后，打开文件夹 SalesSystem，观察数据库文件的尺寸是否发生了变化？如果有所变化，请说明原因。

3. 建立数据库的表间关系

只有建立主键约束和外键约束，"订单"数据库的四个数据表才能建立表间关系，"订单"数据库的数据逻辑上才能一体化。下面对数据表的模式进行修改，建立约束及关系。

① 基于字段"顾客编号"，为 Customer 表建立主键。相应的 SQL 命令如下：

```
ALTER TABLE Customer
ADD PRIMARY KEY (顾客编号)
```

② 基于字段"商品编号"，为 product 表建立主键；然后修改字段"商品名称"，使它不能为空。相应的 SQL 命令如下：

```
**为 product 表建立主键
ALTER TABLE product
ADD PRIMARY KEY (商品编号)
**修改字段商品名称，使它不能为空
ALTER TABLE product
ALTER COLUMN 商品名称 Char(5) NOT NULL
```

③ 基于字段"订单编号"为 orders 表建立主键，相应的 SQL 命令如下：

```
ALTER TABLE orders
ADD PRIMARY KEY (订单编号)
```

④ 请读者思考 orderdetail 表的主键应该怎样建立。

⑤ 建立外键约束，使得 orderdetail 表与 product 表建立多对一关系。

```
ALTER TABLE orderdetail
ADD FOREIGN KEY (商品编号) REFERENCES  product(商品编号)
```

⑥ 建立外键约束，使得 orders 与 Customer 表建立多对一关系。

```
ALTER TABLE orders
ADD FOREIGN KEY (顾客编号) REFERENCES Customer(顾客编号)
```

⑦ 建立外键约束，使得 orders 与 orderdetail 表建立一对多关系。

```
ALTER TABLE orderdetail
ADD FOREIGN KEY (订单编号) REFERENCES orders(订单编号)
```

打开数据库的关系对话框，数据表之间的关系就呈现在面前，如图 6-34 所示。

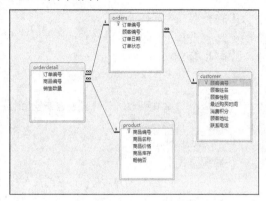

4. 修改数据表的模式

① 为了便于顾客购买商品，经常的需要提供商品的照片。下面给出 SQL 命令，在 "product" 表增加一个字段商品照片。

```
ALTER TABLE product
ADD  COLUMN  商品照片 Image
```

执行上述命令后，打开表 "product" 的设计视图，观察表中是否增加了商品照片这样一个字段，请问 Image 这个保留字还可以用哪个保留字代替？

图 6-34　订单数据库的数据表及其关系

② 定义商品的库存必须在 10 和 900 之间。其 SQL 命令如下：

```
ALTER TABLE product
ADD CHECK (商品库存>=10 AND 商品库存<=900 )
```

③ 将顾客姓名的默认值设置为女士，顾客性别设置为女。其 SQL 命令如下：

```
**将顾客姓名的默认值设置为女士
ALTER TABLE Customer
ALTER COLUMN 顾客姓名 Char(8) DEFAULT "女士"
**将顾客性别的默认值设置为女
ALTER TABLE Customer
ALTER COLUMN 顾客性别 Char(1)  DEFAULT "女"
```

④ 基于 "订单编号" 和 "商品编号" 两个字段，为 orderdetail 表建立唯一索引。相应的 SQL 命令如下所示：

```
CREATE UNIQUE INDEX Index_OP  ON orderdetail(订单编号,商品编号)
```

⑤ 修改顾客姓名的宽度为 6，修改顾客地址的宽度为 21。相应的 SQL 命令如下：

```
**修改顾客姓名的宽度为 6
ALTER TABLE Customer
ALTER COLUMN 顾客姓名 Char(6)
**修改顾客地址的宽度为 21
ALTER TABLE Customer
ALTER COLUMN 顾客地址 Char(21)
```

5. 在数据表中追加记录

用 INSERT 语句在订单数据库的 Customer 表中插入表 6-7 列出的记录行；用 Access 的导入功能从 Excel 文件 product.xlsx 中导入 product 的记录行，内容如表 6-8 所示；用数据表视图在 orders 表中插入表 6-9 列出的记录行；用 Access 的导入功能从 Visual FoxPro 数据表文件 sales.dbf 中导入 orderdetail 的记录行，内容如表 6-10 所示。

表 6-7   Customer 表的记录

顾客编号	姓名	性别	联系电话	最近购买时间	顾客地址	消费积分
c3701001	王女士	女	null	2016-12-23	济南市	720
c3701002	王先生	男	null	2015-11-30	济南市	100
c3702001	孙皓	男	null	2016-5-1	青岛市	900
c3702002	方先生	男	null	2015-8-10	青岛市	1000
c1101001	黄小姐	女	null	2016-9-29	北京市	1200
c1101002	王先生	男	null	2016-10-16	北京市	500
c5305001	陈玲	女	null	2016-6-22	昆明市	1200

表 6-8   product 表的记录

商品编号	商品名称	商品价格	商品库存	畅销否
p01001	漫步者音响	355.00	200	TRUE
p01002	苹果移动电源	188.00	100	TRUE
p01003	联想路由器	99.00	170	FALSE
p01004	苹果鼠标	55.00	170	FALSE
p01005	苹果键盘	180.00	200	TRUE
p01006	华为耳机	65.00	160	TRUE
p01007	金士顿 U 盘	45.00	200	TRUE
p02001	玫瑰眼胶	55.00	170	TRUE
p02002	妙巴黎腮红	49.00	100	TRUE
p02004	熊猫护手霜	22.00	120	TRUE
p02005	法兰西面膜	9.90	111	TRUE
p02006	水之澳面膜	208.00	110	TRUE
p02007	欧珀爽肤水	144.00	100	TRUE
p03001	休闲凉鞋	46.00	120	TRUE
p03002	韩版女式短裤	95.00	100	FALSE
p03003	印花连衣裙	110.00	170	TRUE
p03004	加厚羽绒服	450.00	116	TRUE
p03005	打底裤	58.00	121	FALSE
p03006	羊绒衫	319.00	129	TRUE
p03007	FILA 运动鞋	399.00	90	TRUE

表 6-9   orders 表的记录

订单编号	顾客编号	订单日期	订单状态
01001	c3701001	2016-11-20	NULL
04001	c3702001	2016-12-10	NULL
05001	c3701002	2016-12-12	NULL
06001	c3702002	2016-12-25	NULL
02001	c3702001	2016-11-25	NULL
03001	c1101001	2016-11-30	NULL
06002	c1101002	2016-12-25	NULL
06003	c5305001	2016-12-25	NULL

表 6-10   orderdetail 表的记录

订单编号	商品编号	销售数量
01001	p01003	50
01001	p01005	100
01001	p02002	120
04001	p01005	90
04001	p03001	100
05001	p01001	80
05001	p01002	70
05001	p02004	45
06001	p02005	75
06001	p03001	86
06001	p03002	40
02001	p01005	25
02001	p01006	50
02001	p03002	45
03001	p01001	42
03001	p02002	40
03001	p02004	20
06002	p01007	87
06002	p03001	47
06002	p03004	21
06003	p01006	30
06003	p02001	20
06003	p02006	55
06003	p03001	87

6. 修改数据表记录

① 将 orders 表的订单状态全部改为"成功"。SQL 命令如下。

```
UPDATE orders
SET 订单状态="成功"
```

② 将 orderdetail 表中的订单"06001"中商品号为"p03001"的商品的销售数量增加 12。SQL 命令如下。

```
UPDATE orderdetail
SET 销售数量=销售数量+12
WHERE 订单编号="06001"  AND 商品编号="p03001"
```

③ 将 product 表中的商品库存在 150 以上的商品设置为不畅销。SQL 命令如下。

```
UPDATE product
SET 畅销否=False
WHERE 商品库存>=150
```

7. 删除数据表记录

① 将编号为 04001 的顾客的订单信息从 orderdetail 表中删除。命令如下。

```
DELETE FROM orderdetail
WHERE 订单编号="04001"
```

② 将顾客陈玲在 orders 表中的所有订单信息删除。命令如下。

```
DELETE FROM orders
WHERE 顾客编号=(SELECT 顾客编号 FROM Customer WHERE 顾客姓名="陈玲")
```

8. 数据表的物理排序

按照消费积分对数据表 Customer 中的记录进行降序排列，如果消费积分相同，按照最近消费时间排列，排序结果保存在表 Customer_order 中。SQL 命令如下。

```
SELECT *
INTO Customer_order
FROM Customer
ORDER BY 消费积分 DESC, 最近购买时间
```

9. 数据库的统计查询

按照下列要求对数据库中的数据进行查询。

① 检索每种商品的库存价值。

```
SELECT 商品名称,商品价格*商品库存 AS 商品库存价值
FROM product
```

② 检索男顾客的人数和平均消费积分。

```
SELECT COUNT(*) AS 男顾客人数,AVG(消费积分) AS 平均消费积分
FROM Customer
WHERE 顾客性别="男"
```

③ 检索至少订购了一种商品的顾客姓名。

```
SELECT 顾客姓名
FROM Customer
WHERE 顾客编号 IN (SELECT DISTINCT 顾客编号 FROM orders)
```

④ 检索消费积分在 900～1000 之间的顾客所产生订单的日期。

```
SELECT 订单日期
FROM orders
WHERE 顾客编号 IN (SELECT DISTINCT 顾客编号 FROM Customer WHERE 消费积分 BETWEEN 900 AND 1000)
```

⑤ 检索定购过商品"华为耳机"的订单编号和销售数量。

```
SELECT product.商品名称, orderdetail.订单编号, orderdetail.销售数量
FROM product INNER JOIN orderdetail ON product.商品编号=orderdetail.商品编号
WHERE  product.商品名称="华为耳机"
```

⑥ 检索所有的商品名称和商品编号以及订购它们的订单编号（包括没被订购过的商品的名称和编号）。

```
SELECT product.商品名称, product.商品编号, orderdetail.订单编号
FROM product LEFT JOIN orderdetail ON product.商品编号=orderdetail.商品编号
```

习 题

一、单选题

【1】CREATE TABLE 不可以_____。

    A. 创建数据表的结构   B. 创建数据表的索引

    C. 创建数据表的约束   D. 创建表的记录

【2】下列 SQL 语句不是数据更新的是_____。

    A. INSERT   B. SELECT   C. DELETE   D. UPDATE

【3】SQL 查询语句中 ORDER BY 子句的功能是_____。

    A. 对查询结果进行排序   B. 分组统计查询结果

    C. 限定分组检索结果   D. 限定查询条件

【4】SQL 查询的 HAVING 子句的作用是_____。

    A. 指出分组查询的范围   B. 指出分组查询的值

    C. 指出分组查询的条件   D. 指出分组查询的字段

【5】SQL 语句中修改表结构的命令是_____。

    A. UPDATE　TABLE　　　　　　　　B. DELETE FROM

    C. ALTER　TABLE　　　　　　　　　D. ALTER STRUCTURE

【6】SELECT 语句中的条件短语的关键字是_____。

    A. WHERE　　　　B. WHILE　　　　C. FOR　　　　　　D. CONDITION

【7】INSERT 命令可以_____。

    A. 在表头插入一条记录　　　　　　B. 在表尾插入一条记录

    C. 在表中指定位置插入一条记录　　D. 在表中指定位置插入若干条记录

【8】UPDATE 命令不可以_____。

    A. 在表中修改一条记录　　　　　　B. 在表中修改两条记录

    C. 修改表中的一个字段　　　　　　D. 修改表中某些列的内容

【9】标准 SELECT 的基本语法形式是_____。

    A. SELECT—FROM—ORDER BY　　　B. SELECT—WHERE—GROUP BY

    C. SELECT—WHERE—HAVING　　　D. SELECT—FROM—WHERE

【10】SQL 语言的统计函数不包括_____。

    A. SUM　　　　B. COUNT　　　　C. AVG　　　　D. FOUND

二、填空题

【1】SQL 语言的核心是_____，SQL 语言的数据操纵功能包括_____、_____与_____。

【2】在 SQL 中，删除表中记录的命令是_____；从数据库删除表的命令是_____。

【3】在 SQL 语句中，修改表结构的命令是_____；修改表中数据的命令是_____。

【4】视图是虚拟的，这是因为数据库中只存放视图的_____而不存放视图对应的_____。视图中的数据仍然存放在导出视图的_____中。

【5】在 SELECT 语句中，将查询结果按指定字段值排序输出的短语是_____；将查询结果按要求分组输出的短语是_____；将查询结果存入指定数据表的短语是_____。

【6】在 ORDER BY 子句中，DESC 表示按_____输出；省略 DESC 代表按_____输出。

【7】在 SELECT 语句中，定义一个区间范围的专用单词是_____，检查一个属性值是否属于一组值中的单词是_____。

【8】在 SELECT 语句中可以包含统计函数，这些函数包括_____、_____、_____、MAX 和 MIN。

【9】在 SQL 语句中，空值用_____表示。

三、思考题

【1】什么是 SQL 语言？它有什么主要特点？

【2】SQL 语言的功能有哪些？

【3】数据库中既然有了表，为什么还要有视图？二者有什么区别？

【4】SELECT 语句可以给数据表物理排序吗？为什么？

【5】什么是分组查询，举例说明分组查询的实际意义。

【6】什么是嵌套查询？嵌套查询可以完全替代连接查询吗？为什么？

【7】通过查阅资料和实验验证，回答 Access 2010 不支持哪些标准 SQL 数据类型。

四、操作题

【1】建立商品销售数据库，它包含 3 个表的关系模式如下：

    Article(商品号 Char(5)，商品名 Char(16)，单价 Dec(8,2)，库存量 Byte)

    Customer(顾客号 Char 5)，顾客名 Char (8)，性别 Char(1)，年龄 Byte)

OrderItem(顾客号 Char(5)，商品号 Char(5)，数量 Byte，日期 Date)

【2】对性别和年龄定义的约束条件，其中性别∈{男,女}，年龄∈(10,100)。

【3】在上述的三个表中用插入语句各插入 6～10 行数据，注意插入数据要满足后面需要。

【4】检索定购商品号为"P0001"的顾客号和顾客名。

【5】检索定购商品号为"P0001"或"P0002"的顾客号。

【6】检索至少定购商品号为"P0001"和"P0002"的顾客号。

【7】检索顾客张三订购商品的总数量及每次购买最多数量和最少数量之差。

【8】检索至少订购了 3 单商品的顾客号和顾客名及他们定购的商品次数和商品总数量，并按商品总数量降序排序。

【9】检索所有的顾客号和顾客名以及它们所购买的商品号（包括没买商品的顾客）。

五、看图回答问题

【1】图 6-35 所设计的查询是一个嵌套查询，请问图中的哪个点对此具有启示？

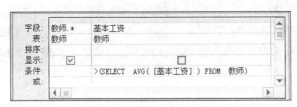

图 6-35　某查询的设计视图

【2】请写出该查询的 SQL 命令。

六、综合分析题

【1】查阅资料，分析 Access 2010 和 SQL Server 2010 这两个数据库管理系统在实现表 6-11 所示的各项 SQL 功能时，相应命令在语法和格式上的差异。

【2】以数据表为操纵对象，设计一个实验，验证你的分析结果。

表 6-11　　　　　　　　　　　　　　标准 SQL 的功能

功能分类		命令动词	作用
数据定义		Create	创建对象
		Drop	删除对象
		Alter	修改对象
数据操纵	数据更新	Insert	插入数据
		Update	更新数据
		Delete	删除数据
	数据查询	Select	数据查询
数据控制		Grant	定义访问权限
		Revoke	回收访问权限

第7章
宏对象的设计及应用

前面各章对数据库对象的操作都是交互式的，这种方式基于界面命令或 SQL 命令，一般一次只能完成一项操作，所以效率较低。那么怎样解决这一问题呢？Access 数据库中的宏对象是解决方案之一。宏可以将一条或多条命令组合起来，宏的一次运行，就可以批量完成宏中组合的多项操作，因此宏的效率远高于交互式操作的效率。本章在介绍宏对象的概念和设计界面的基础上，重点介绍了宏对象的创建、编辑、调试和运行。另外，本章在最后通过几个示例介绍了宏对象的应用。

7.1　宏对象概述

7.1.1　宏对象的概念

一个宏对象是 Access 中的一个容器对象，其中可以包含若干个子宏，而每一个子宏是由若干个操作组成的批操作单元，可以将若干个子宏定义在一个宏对象中对其进行统一管理。

如果一个宏对象只包括一个子宏，那么这个宏对象就简称为宏；如果一个宏对象包括多个子宏，那么这个宏对象也称宏组。

如果本书不特别声明，所提到的宏都是指不包含子宏的宏对象。在这一前提下，宏是由宏操作命令组成的批操作单元。批操作单元包括若干条宏操作命令，每一条宏操作命令能够完成一个操作动作。每个宏操作命令是由动作名和操作参数组成的。宏操作不是由用户自己创建的，而是预先定义好的，用户只需进行简单的参数设置就可以直接使用。

前面各章对数据库对象的操作都是交互式的，这种方式一般都是基于窗口界面的图形命令或设计视图的 SQL 文本命令，一般一次只能完成一项操作，所以效率较低。为此，Access 推出了宏对象，它可以将一条或多条命令组合在起来，宏的一次运行，就可以批量完成宏中组合的多项操作，因此宏的效率远高于交互式操作的效率。另外，使用宏也非常方便，不需要记住语法，也不需要编程，只需利用几个简单的宏操作就可以对数据库完成一系列的操作。

Access 虽然提供了编程功能，但对一般用户来说，使用宏是一种更简单的方法，既不需要编程，也不需要记住各种复杂的语法，只要将所执行的操作、参数和运行的条件输入到宏窗口中即可。

7.1.2　宏对象的功能

宏对象不但能完成 Access 数据库的很多后台管理和维护任务，而且还能够与窗体等对象协作，共同完成复杂的 Access 数据库前台应用任务。具体来说，使用宏对象可以实现如下功能。

① 使系统自动执行一组指定的操作，当宏被重复运行时，可完成重复性的操作。

② 使系统打开一个消息框，显示某些消息或提示信息。

③ 按用户需求为窗体或报表上的控件定义功能。

④ 将数据库中各个对象联系起来，形成一个完整的数据库管理系统，例如：使用宏为窗体界面上的命令按钮添加功能，实现对各种对象的操作，包括在数据表中添加、编辑和删除数据，对数据表进行各种查询，打开窗体以及打印报表等。

需要指出的是，尽管宏对象具有很强的能力，但对于非常复杂的任务，宏对象也是无能为力的，这种情况下，必须借助于 Access VBA。与宏相比，VBA 实现的功能更加全面，自主性更强，它可以设计模块对象解决更复杂的任务，遗憾的是 VBA 需要用户自己编写程序。

7.1.3　宏对象的分类

1．根据宏所依附的位置来分类

根据宏所依附的位置，宏可以分为独立宏和嵌入宏。

（1）独立宏

独立宏是一个独立的对象，以独立形式保存在数据库中。与数据表、查询、窗体和报表等对象一样，独立宏拥有自己独立的对象名，显示在导航窗格"宏"对象栏下。在"宏"对象栏双击宏名可以运行宏；在"宏"对象栏右击宏名，使用快捷菜单可以打开宏的设计视图。

（2）嵌入宏

嵌入宏不作为独立的数据库对象存在，没有独立的宏名，它一般作为一个对象嵌入在数据表、窗体以及报表等对象中。嵌入宏与独立宏的区别在于嵌入的宏在导航窗格中不可见，它成为创建它的数据表、窗体以及报表等对象的一部分。

【例 7-1】请问什么是数据宏？数据宏是独立宏还是嵌入宏？

答： 数据宏指的是当数据表发生更改、插入或删除数据等事件时，要运行的宏。"数据宏"既可以是独立宏，也可以是嵌入宏。独立数据宏是"已命名的"数据宏，是按名称调用而运行的数据宏。嵌入式数据宏是由数据表的更改、插入或删除数据等事件引发的数据宏。

2．根据宏中宏操作命令的组织方式来分类

根据宏中宏操作命令的组织方式，宏可以分为操作序列宏和条件操作宏。

（1）操作序列宏

操作序列宏又称为简单宏，它是由一个或多个操作命令组成的集合，其中每个操作都实现特定的功能。操作序列宏执行时按照操作的先后顺序逐条执行，直到操作执行完毕为止。

（2）条件操作宏

在某些情况下，可能希望仅当特定条件成立时才在宏中执行一个或多个操作。在这种情况下，就用到条件操作宏。条件操作宏包括条件和相关操作，条件用来控制宏的流程。

7.1.4　宏的组成

宏对象可以由若干个子宏组成，这样的宏对象通常称为宏组。对子宏的标识和访问都是通过子宏的宏名。没有特别说明，本书中提到的宏，指的都是没有子宏的宏对象。每一个宏都包括宏名、操作、参数、条件和注释等语法元素，其中，宏操作是宏中最基本的单元，一个宏操作由一个宏命令完成。

1．宏名

宏名主要用于子宏中，用于区分宏对象中不同的子宏，如果宏对象仅仅包含一个宏，则不需要专门为该宏命名，宏对象的名称就是该宏的宏名。但对于子宏，必须为每个子宏指定一个唯一

的名称，调用某个子宏的方法是：宏对象名称.子宏名称。

2. 操作

操作是宏的基本构建单元，例如，打开数据表、查找记录、显示消息框等。Access 提供了大量的宏操作，用户在宏设计界面可以直接选择并添加所需要的操作。

3. 参数

参数是一个值，它向操作命令提供相关操作信息，例如，要在消息框中显示的字符串、要操作的对象等。注意：有些参数是必须的，有些参数是可选的。

4. 条件

条件用来指定在执行特定操作之前必须满足的某些标准，可以使用任何条件表达式作为条件。如果表达式计算结果为 False、否或 0，将不会执行此操作。如果表达式计算结果为其他任何值，将执行该操作。

可以让一个条件控制多个操作，方法是在后续操作的"条件"列中输入省略号"…"，后续操作条件将重复前面的操作条件。如果希望某条操作不运行，可以在操作的条件列中直接输入"False"。

5. 注释

注释用于记录相关操作的信息，添加注释有助于对程序的理解、阅读以及调试。

7.1.5 宏的操作命令

Access 为用户提供很多种宏操作命令，可以在宏中定义各种操作，如打开并执行查询、打开表、插入记录、删除记录、关闭数据库等。常用的宏命令的基本情况如表 7-1 所示。

表 7-1　　　　　　　　　　　常用宏操作命令分类列表

功能分类	宏命令	说明
打开	OpenForm	在窗体视图、窗体设计视图、打印预览或数据表视图中打开窗体。
	OpenModule	在指定过程的设计视图中打开指定的模块。
	OpenQuery	打开选择查询或交叉表查询。
	OpenReport	在设计视图或打印预览视图中打开报表或立即打印该报表。
	OpenTable	在数据表视图、设计视图或打印预览中打开表。
查找、筛选记录	ApplyFilter	对表、窗体或报表应用筛选、查询或 SQL 的 WHERE 子句，以便限制或排序表的记录，以及窗体或报表的基础表，或基础查询中的记录。
	FindNext	查找符合最近 FindRecord 操作或"查找"对话框中指定条件的下一条记录。
	FindRecord	在活动的数据表、查询数据表、窗体数据表或窗体中，查找符合条件的记录。
	GoToRecord	在打开的表、窗体或查询结果集中指定当前记录。
	ShowAllRecords	删除活动表、查询结果集或窗体中已应用过的筛选。
焦点	GoToControl	将焦点移动到打开的窗体、窗体数据表、表数据表或查询数据表中的字段或控件上。
	GoToPage	在活动窗体中，将焦点移到指定页的第一个控件上。
	SelectObject	选定数据库对象。
设置值	SendKeys	将键发送到键盘缓冲区。
	SetValue	为窗体、窗体数据表或报表上的控件、字段设置属性值。
更新	RepaintObjet	完成指定的数据库对象所挂起的屏幕更新，或对活动数据库对象进行屏幕更新。这种更新包括控件的重新设计和重新绘制。
	Requery	通过重新查询控件的数据源，来更新活动对象控件中的数据。如果不指定控件，将对对象本身的数据源重新查询。该操作确保活动对象及其包含的控件显示最新数据。
打印	PrintOut	打印活动的数据表、窗体、报表、模块数据访问页和模块，效果与文件菜单中的打印命令相似，但是不显示打印对话框。

功能分类	宏命令	说明
控制	CancelEvent	取消引起该宏执行的事件。
	RunApp	启动另一个 Windows 或 MS-DOS 应用程序。
	RunCode	调用 Visual Basic Function 过程。
	RunCommand	执行 Access 菜单栏、工具栏或快捷菜单中的内置命令。
	RunMacro	执行一个宏。
	RunSQL	执行指定的 SQL 语句以完成操作查询，也可以完成数据定义查询。
	StopAllMacros	终止当前所有宏的运行。
	StopMacro	终止当前正在运行的宏。
窗口	Maximize	放大活动窗口，使其充满 Access 主窗口。
	Minimize	将活动窗口缩小为 Access 主窗口底部的小标题栏。
	MoveSize	能移动活动窗口或调整其大小。
	Restore	将已最大化或最小化的窗口恢复为原来大小。
显示信息框与响铃警告	Beep	通过计算机的扬声器发出嘟嘟声。
	Echo	指定是否打开回响，例如宏执行时显示其运行结果，或宏执行完才显示运行结果。此处还可设置状态栏显示文本。
	Hourglass	使鼠标指针在宏执行时变成沙漏形式。
	MsgBox	显示包含警告信息或其他信息的消息框。
	SetWarnings	打开或关闭系统消息。
复制	CopyObject	将指定的对象复制到不同的 Access 数据库，或复制到具有新名称的相同数据库。使用此操作可以快速创建相同的对象，或将对象复制到其他数据库中。
删除	DeleteObject	删除指定对象；未指定对象时，删除数据库窗口中指定对象。
重命名	Rename	重命名当前数据库中指定的对象。
保存	Save	保存一个指定的 Access 对象，或保存当前活动对象。
关闭	Close	关闭指定的表、查询、窗体、报表、宏等窗口或活动窗口，还可以决定关闭时是否要保存更改。
	Quit	退出 Access，效果与文件菜单中的退出命令相同。
导入导出	OutputTo	将指定的数据库对象中的数据以某种格式输出。
	TransferDatabase	在当前数据库（.mdb 或.accdb）或 Access 项目（.adp）与其他数据库之间导入或导出数据。
	TransferSpreadsheet	在当前数据库（.mdb 或.accdb）或 Access 项目（.adp）与电子表格文件之间导入或导出数据。
	TransferText	在当前数据库（.mdb 或.accdb）或 Access 项目（.adp）与文本文件之间导入或导出文本。

7.2　宏对象的设计界面

　　宏对象的设计界面即宏的设计视图，也叫宏生成器。一般情况下，宏对象的建立和编辑都在"宏"设计视图中进行。在"创建"选项卡的"宏与代码"命令组中，单击"宏"命令按钮，将进入宏对象的设计界面。

　　宏对象的设计界面包括"宏设计工具"选项卡、"操作目录"窗格和"宏设计"窗格 3 个部分，如图 7-1 所示。宏的操作就是通过这些操作界面来实现的。

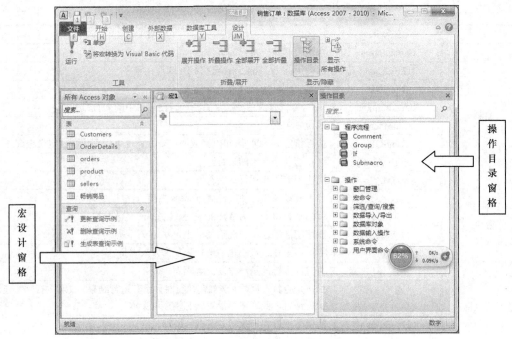

图 7-1 宏对象的设计界面

7.2.1 "宏设计工具"选项卡

"宏设计工具"选项卡有 3 个命令组，分别是"工具""折叠/展开"和"显示/隐藏"，如图 7-2 所示。

图 7-2 宏设计工具示意图

宏设计工具选项卡中主要按钮及其功能如表 7-2 所示。由于宏设计以程序流程设计为基础，因此工具中的很多按钮与宏流程语句块的折叠与展开操作有关。

表 7-2   "宏设计工具"中主要按钮的功能

按钮名称	功能
运行	执行当前宏
单步	单步运行，依次执行一条宏命令
宏转换	将当前宏转换为 Visual Basic 代码
展开操作	展开宏设计器所选的宏操作
折叠操作	折叠宏设计器所选的宏操作
全部展开	展开宏设计器全部的宏操作
全部折叠	折叠宏设计器全部的宏操作
操作目录	显示或隐藏宏设计器的操作目录
显示所有操作	显示或隐藏操作列中下拉列表中所有操作或者尚未受信任的数据中允许的操作

7.2.2 "宏设计"窗格

宏设计窗格如图 7-3 所示，这里是添加操作命令和设置操作参数的工作区，又称为宏编辑区。当创建一个宏后，在宏设计窗格中，出现一个组合框，在其中可以添加宏操作并设置操作参数。添加新的宏操作有以下 3 种方式。

① 直接在"添加新操作"组合框中输入宏操作名称。

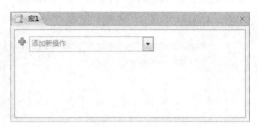

图 7-3 宏的设计窗格

② 单击"添加新操作"组合框的向下箭头，在打开的列表中选择相应的宏操作。

③ 打开"操作目录"窗格的"操作"节点的列表项，把某个宏操作拖曳到组合框中。当然，也可以在"操作"节点的列表项中双击某个宏操作命令。

7.2.3 "操作目录"窗格

宏"操作目录"窗格位于宏设计界面的右下方，该窗格主要由"程序流程"节点、"操作"节点以及"在此数据库中"三个节点组成，如图 7-4 右图所示。如果数据库中一个宏对象也没有创建，那么操作目录中将不会出现"在此数据库中"这一节点，如图 7-4 左图所示。"在此数据库中"这一节点包括当前数据库中创建的所有宏以及宏的存附对象。

图 7-4 "操作目录"窗格

由于操作目录中"在此数据库中"这一节点的功能和用法都比较简单，下面主要介绍程序流程节点和操作节点的功能和应用方法。

1."程序流程"节点

展开程序流程节点，就看到与程序控制流程有关项目，它们分别是 Comment、Group、If 以及 Submacro。下面分别介绍这四项流程的特点和功能。

① Comment：comment 流程主要用来说明相关操作执行的功能，让用户更容易理解宏，以便于以后对宏的修改和维护。添加 Comment 流程的方法很简单，只需要从"操作目录"拖动一个

comment 项到宏设计窗格，然后在 Comment 文本框中填写注释信息即可。图 7-5 中，就添加了"下面将定义一个数据库更新操作组"这样的一个 Comment。添加完成后，单击 Comment 文本框以外的空白处，添加的 Comment 就呈现图 7-6 的样子。

图 7-5 "Comment 流程"添加时　　　　　　　图 7-6 "Comment 流程"添加完成后

② Group：Group 流程可以按照类别或功能将宏中的相关操作分为一组，并为该组指定一个有意义的名称，用于描述这组操作的主要功能。经过分组后，每个分组都可以折叠和展开，这样宏的结构就会显示得十分清晰，阅读起来更方便。Group 流程定义的分组不能单独调用或运行，它不会影响操作的执行方式。添加 Group 后，设计窗格如图 7-7 所示。

③ If：通过 If 流程可以在宏中加入条件选择操作，这样，就可以按照用户设定的条件选择执行相应的操作。在 If 流程中，条件一般通过条件表达式来描述。添加 If 流程后，设计窗格如图7-8 所示。

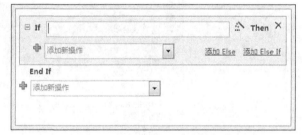

图 7-7 "Group 流程"功能说明　　　　　　　图 7-8 "If 流程"功能说明

④ Submacro：Submacro 流程可以添加子宏，并在子宏中添加操作。添加子宏后，设计窗格如图 7-9 所示。一个宏对象是 Access 中的一个容器对象，其中可以包含若干个子宏，而每一个子宏是由若干个操作组成的，可以将若干个子宏定义在一个宏对象中，并对其进行分类管理。宏中的每个子宏单独运行，互相没有关联。

创建含有子宏的宏组的方法与创建宏的方法基本相同，不同的是在创建过程中需要对子宏命名，以便分别调用。子宏调用的格式为：宏对象名.子宏名。

2. "操作"节点

展开"操作目录"的"操作"节点后，就看到窗口管理、宏命令、筛选/查询/搜索、数据导入/导出、数据库对象、数据输入操作、系统命令和用户界面等操作命令子节点，每一个子节点中又包含对应的宏操作命令。

例如，展开子节点"数据库对象"，就可以看到各个与数据库对象相关的操作命令，如图 7-10所示。如果用户选择了一项操作命令，那么，在操作目录的下方，还给出该命令的相关信息。图7-10 下方显示了我们选择的 OpenTable 命令的相关信息。

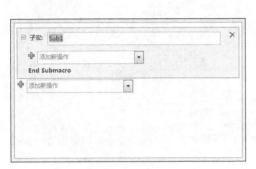

图 7-9 "Submacro 流程"功能说明　　图 7-10 "数据库对象"节点包含的操作命令

7.3 宏对象的创建与编辑

宏对象的创建与编辑都是在宏对象的设计界面中进行的。不管是创建宏对象还是编辑宏对象，其工作基点都是宏操作命令，其设计工具都是设计窗格、目录窗格和命令选项卡。

7.3.1 宏对象的创建

1. 独立宏的创建

独立宏对象的创建就是在宏设计窗格中添加这个宏对象的每一条操作命令，并根据实际情况设置操作命令的相应参数。必要的话，还可以对该操作命令进行必要的注释。独立宏创建的一般步骤如图 7-11 所示。

下面通过两个例题，简要说明独立宏创建的过程。其中【例 7-2】比较完整地给出了设计步骤，【例 7-3】只给出了设计摘要，请读者独立完成。

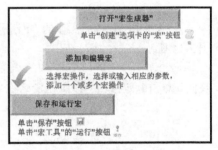

图 7-11 创建独立宏的一般步骤

【例 7-2】在"销售订单"数据库中创建宏对象 ShowDate，该对象运行时，打开一个消息框并在消息框中显示当前的机器日期和时间 。

【分析】根据题意，用宏对象显示日期和时间，是一个独立宏。其步骤如下。

① 打开"销售订单"数据库，在销售订单数据库窗口的创建选项卡中，单击图 7-12 所示"宏"命令按钮，进入宏设计界面。

② 双击操作目录窗格操作节点中的用户界面命令"MessageBox"，就在设计窗格中增加了 MessageBox 操作，如图 7-13 所示。

图 7-12 "宏"命令按钮

图 7-13 添加宏命令"MessageBox"

③ 在 MessageBox 操作的"消息"参数框中输入参数：="现在是" & Date() & "" & Time()，如图 7-14 所示。

④ 单击快速访问工具栏中的"保存"按钮，打开"另存为"对话框，如图 7-15 所示。这里，我们就单击确定按钮，以默认宏名称"宏 1"来保存宏对象。

图 7-14 设置宏命令参数

图 7-15 保存宏

⑤ 单击工具选项卡中的"运行"按钮，来运行宏，宏的执行结果如图 7-16 所示。

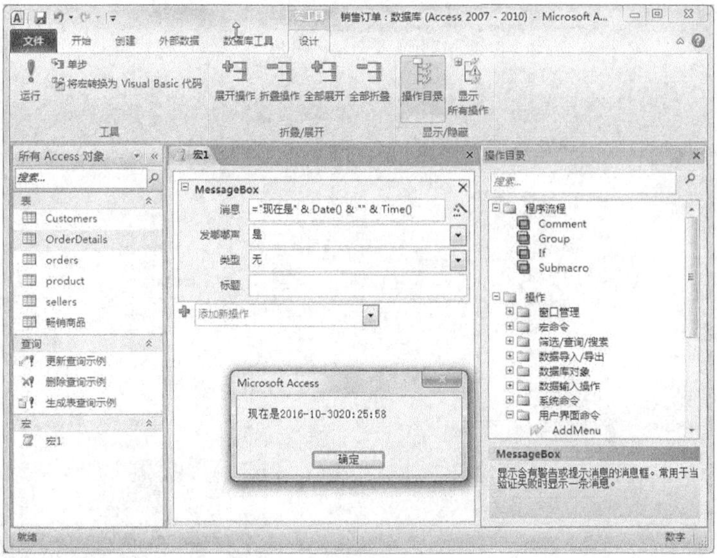

图 7-16 运行结果

⑥ 关闭宏设计视图和销售订单数据库。

【说明】填写操作命令的参数应该遵循以下规范。

① 注意参数的填写顺序。因为前面参数的选择会影响或决定后面参数的选择，所以用户必须按参数排列顺序从前到后依次设置操作参数。

② 注意填写参数值的方法。当参数后面有下拉按钮时，应该在列表框中选择；当后面是表达式生成器时，既可以直接输入表达式也可以打开表达式生成器来生成表达式；当仅仅是个文本框时，就只能键盘输入了。

③ 可以通过鼠标拖放的方法设置操作参数。例如，如果操作命令中调用了数据库的对象，那么可以将对象从数据库窗口拖放到参数框，从而设置参数。

④ 如果操作参数由表达式计算而来，则必须在表达式前面加等号（=）。但是也有两个例外：SetValue 的"表达式"参数和 RunMacro 的"重复"表达式不能使用等号开头。

注意　在宏设计窗格中添加宏操作之前，应先单击 "设计"选项卡中的"显示/隐藏"功能组内的"显示所有操作"按钮，否则将只能显示常用宏操作命令。

【例 7-3】创建宏对象"打开 Customer 表"，其功能是将"Customer"表打开，并将"6"号记录设置为当前记录。

【分析】本例设计的宏对象"打开 Customer 表"共包括两条操作，一条是"OpenTable"，另一条是"GoToRecord"。图 7-17 中给出了宏对象的设计，其运行结果如图 7-18 所示。

2. 嵌入宏的创建

嵌入宏对象的创建与独立宏对象的创建类似，不同之处在于，嵌入宏需要指定这个宏对象所嵌入的母对象，以及指定触发该宏运行的事件。

将嵌入宏附加到母对象有两种方法：一是先基于母对象指定触发宏对象的事件，然后再打开宏对象设计界面创建宏；二是先创建一个独立宏，然后再将该宏附加到母对象的触发事件上。第二种方法将在窗体对象的设计与应用一章介绍，本章只介绍第一种方法。第一种方法创建宏的过程如图 7-19 所示。下面用第一种方法，基于数据表对象，介绍一下嵌入式数据宏的创建过程。

图 7-17 宏对象"打开 Customer 表"的设计图

顾客编号	顾客姓名	顾客性别	联系电话	最近购买时	顾客地址	消费积分
c3701001	王女士	女	15588826856	2011-12-23	济南市大明路19号	720
c3701002	王先生	男	18656325987	2011-11-30	济南市文化西路100号	100
c3702001	孙皓	男	05328896651	2012-5-1	青岛市莱阳路810号	900
c3702002	方先生	男	05328856661	2011-8-10	青岛市云南路6号	1000
c1101001	黄小姐	女	01051688889	2012-9-29	北京市东园西甲128号	1200
c1101002	王先生	男	01051685555	2011-10-16	北京市黄厅南路128号	500
c5305001	陈玲	女	08716678965	2012-6-22	昆明市广发北路78号	1200

图 7-18 宏对象"打开 Customer 表"的运行结果

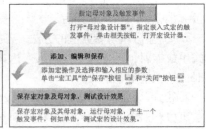

图 7-19 嵌入宏的创建过程

【例 7-4】创建一个嵌入宏对象,对"Customer"表的消费积分进行越界警示,当消费积分的值被修改,且超过 10000 分时,将打开对话框警示用户,并不允许保存记录。

【分析】"消费积分越界警示"宏是一个典型的嵌入宏对象,它嵌入的母对象是表"Customer",宏的触发事件是"消费积分修改前"。此宏对象的设计步骤如下。

① 打开"销售订单"数据库,用设计视图打开表"Customer"。

② 单击"设计"选项卡"字段、记录和表格事件"功能组的"创建数据宏"按钮,如图 7-20 所示,在"创建数据宏"下拉列表中,选择"更改前"选项,就打开了图 7-21 所示的嵌入式数据宏的设计界面。请读者仔细观察图 7-20 中宏对象的母对象和触发事件。

③ 在宏设计界面中,对宏对象进行图 7-22 所示的相关设计。

④ 保存宏,并关闭宏设计界面。

⑤ 保存表 Customer,然后将表由设计视图切换到数据表视图。

⑥ 在 Customer 表最后一条记录的消费积分字段中输入数据 10000,然后点击数据表视图的其他位置,系统就自动弹出图 7-23 所示的警示信息。如果用户保存数据表,系统将打开图 7-24 所示的对话框,并拒绝保存操作。

图 7-20　嵌入式数据宏的母对象及触发条件

图 7-21　嵌入式数据宏设计界面的打开

图 7-22　嵌入式数据宏的设计

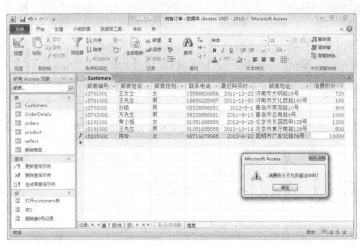

图 7-23　嵌入式数据宏的测试

图 7-24　拒绝保存警示

提示

由于嵌入宏经常应用在窗体等对象中，因此嵌入宏对象的应用将在第 10 章"窗体对象的设计及应用中"继续介绍。

7.3.2　宏对象的编辑

1．编辑操作

宏对象创建完后，可以打开宏对象的设计视图进行编辑，在编辑宏时，经常要进行选定宏操作、复制宏操作、移动宏操作、删除宏操作以及插入宏操作等。

（1）选定宏操作块

在"宏"编辑窗口中，要选定一个宏操作，单击该宏操作块的区域就可；要选定多个宏操作块，则需要按下<Ctrl>键或<Shift>键来配合鼠标的选定。

（2）复制宏操作

首先选择好要复制的操作块，右键单击该选择块，在弹出菜单中选择"复制"命令，然后将光标置于目标块位置，右键单击选择"粘贴"命令，宏操作连同操作参数同时被复制到了目标位置，目标块后面行的内容顺序下移。需要说明的是，复制宏操作也可以通过鼠标拖放的方式来完成，在此不再赘述。

（3）移动宏操作

如果需要改变宏操作的顺序，可以移动宏操作。除了可以用"剪切"和"粘贴"命令进行宏操作的移动外，还可以用鼠标拖动的方式来移动宏操作，当然也可以使用宏操作块右侧的上移或下移按钮来移动宏操作。

（4）删除宏操作

如果某个宏操作已经不需要了，可以将其删除。方法是：首先选定要删除的宏操作，然后按<Delete>键或宏操作右侧的删除按钮，则选定宏操作被删除，后面的宏操作顺序上移。

（5）插入宏操作

若需要在一个宏中插入一个新的宏操作，首先打开宏的设计视图，然后在宏操作最后的"添加新操作"行，添加新的操作命令并设置相应的参数即可。

另外，如果新建的宏对象与某个已经存在的宏对象类似，可以通过复制宏对象的方法来建立一个类似的宏，然后只要对新宏进行必要的修改即可，这样会节省很多时间。

2．智能感知功能

宏设计器具有一定的智能感知功能（IntelliSense），这一功能可以给用户提供各种类型的智能帮助，这包括：

① 自动完成帮助。当您键入标识符时，自动完成帮助将显示与对象名、函数名或参数匹配的单词下拉列表。您可以按<Enter>键或<Tab>键接受建议，或者继续键入标识符。

② 快速信息帮助。当您将鼠标指针放在某个标识符上方，快速信息帮助将显示与该标识符对象相关的帮助信息。

③ 快速提示帮助。当使用自动完成帮助选择某个值时，快速提示帮助将提供与用户相关的其他信息。

7.4　宏对象的执行与调试

7.4.1　宏对象的执行

宏对象创建好之后，可以在需要时执行宏。在执行宏时，Access 将从宏的起点启动，并执行宏中符合条件的所有操作，直至出现另一个宏或者该宏结束为止。也可以从其他宏或者其他事件过程中直接调用宏。

1．直接运行宏

直接运行宏有以下 3 种方法。

① 在宏设计界面中，单击宏设计工具栏上的"运行"按钮。

② 在数据库窗口中，单击"宏"对象，选中要执行的宏，单击鼠标右键，在弹出的快捷菜单中选中"运行"命令；或者双击所要执行的宏来运行它。

③ 在 Access 主窗口选择"工具"→"宏"→"运行宏"命令，再在"执行宏"对话框中输入要执行的宏名，单击"确定"按钮即可。

2．从其他宏中执行宏

如果要从其他的宏中运行另一个宏，必须在宏设计视图中使用 RunMacro 宏操作命令，要运行的另一个宏的宏名作为操作参数。宏组中的宏的引用格式是：宏组名.宏名。

3．通过事件触发运行宏

在实际的应用系统中，更多的是通过数据表、窗体、报表等对象中发生的"事件"触发相应的宏对象，使之投入运行。

事件是对象所能识别的特殊操作。例如单击鼠标、打开数据表或者修改数据表的数据等操作。可以创建一个宏对象来处理某一特定事件的发生。如果事先已经给这个事件定义了一个响应宏，此时就会执行这个宏对象。

4．自动执行宏

打开数据库时可以自动运行某个宏，这个宏的名字必须是"AutoExec"。自动运行宏主要用来设置数据库初始化的相关操作。

7.4.2　宏对象的调试

设计完成一个宏对象后，必须通过特殊的手段，宏对象中的各项操作命令进行调试，借以发现宏对象在设计过程中存在的错误。

1．单步执行

最常用的宏调试手段是"单步"执行。采用单步运行，可以观察宏的流程和每一个操作的结果，并可以发现导致错误或产生非预期结果的操作，以排除错误，帮助用户正确设计宏。

下面以"打开 Customer 表"这个宏对象为例，说明单步执行调试步骤。

① 在数据库窗口中"所有 Access 对象导航窗格"内选择"宏"对象。右键单击"打开 Customer 表"这个宏对象，在快捷菜单中单击"设计视图"命令，进入宏的设计视图。

② 单击"设计"选项卡中的"工具"选项组内"单步"选项后，再单击"运行"按钮命令，弹出图 7-25 所示的"单步执行宏"对话框。

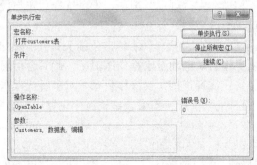

图 7-25　"单步执行"宏对话框

③ 在"单步执行宏"对话框中，显示了将要执行的下一个宏操作的相关信息。另外对话框中还包括"单步执行""停止所有宏""继续"三个按钮。单击"单步执行"按钮，将执行对话框中显示的下一个宏操作；单击"停止所有宏"按钮，将停止当前宏的继续执行；单击"继续"按钮，将结束单步执行的模式，并继续运行当前宏的其余操作。根据需要，单击其中的一个按钮，直到完成整个宏的调试。

④ 如果宏中存在错误，在按照上述过程单步执行宏时，在对话框中会显示操作失败的相应对话框。例如，假设将"打开 Customers 表"这个宏对象的第一条操作命令的"表名称"参数改为"Customer"，那么单步执行时，将弹出图 7-26 所示的错误提示。这个对话框将显示出错操作的相应信息。利用该对话框可以初步判断宏运行时的出错操作，用户可以关闭该对话框，然后进入宏设计界面，对出错宏操作命令进行相应的修改。

图 7-26　错误提示对话框

⑤ 调试完成，停止"单步"执行模式。注意，在没有取消"单步"执行模式或在单步执行中没有选择"继续"前，只要不关闭 Access，"单步"操作模式始终起作用。

【说明】Access 还提供了 SingleStep 宏操作，该操作命令允许在宏执行过程中自动切换到单步执行模式。

2．Error 操作

Access 提供了 OnError 和 ClearMacroError 两项 Error 宏操作命令，这两条命令可以在宏运行出错时执行用户指定的相应操作，以帮助用户进行错误观察和分析。

7.5　宏对象的应用示例

本节通过几个应用示例，深入介绍宏对象的设计及应用。本节主要基于序列宏、条件宏以及自动运行宏来进行案例的设计和分析。

7.5.1　序列宏

序列宏又称为操作序例宏，是最简单的宏，也是最常用的宏。操作序列宏按照一定的顺序依次定义宏所包含的宏操作，其创建过程如下。

① 进入 Access 数据库窗口，在"创建"选项卡中，选择"宏与代码"功能组，单击"宏"命令按钮，打开"宏"设计界面。

② 在宏操作编辑区，单击"添加新操作"右侧向下箭头打开宏操作列表，从中选择要使用的操作；或者将宏操作命令从操作目录拖动至宏操作编辑区，此时会出现一个插入栏，指示释放鼠标按钮时该操作将插入的位置；或者直接在宏操作目录中双击所选操作。

③ 如有必要，可以在打开的当前宏操作参数编辑区中设置当前宏操作的操作参数。

④ 如果要添加宏操作注释，可以在宏操作编辑区添加"Comment"，"Comment"既可以为宏操作添加解释性文字，也可以为整个宏添加说明文字，此项为可选项。

⑤ 如需增添更多的宏操作，可以把光标移到下一操作行，并重复步骤②到④完成新操作的添

加，直至添加完所有的宏操作为止。

⑥ 单击快速访问工具栏上的"保存"按钮 ，命名并保存设计好的宏对象。

【说明】

① 在宏的设计过程中，也可以通过将某些对象（数据表、窗体、报表等）拖动至宏操作编辑区，快速创建一个在指定数据库对象上执行操作的宏。

② 通常，在已经设置好的宏操作名称的左侧有个折叠/展开按钮，点击该按钮可以展开或折叠该宏操作的详细参数。

③ 如果保存的序例宏被命名为 AutoExec，则在打开该数据库时会自动运行该宏。要想取消自动运行，打开数据库时按住〈Shift〉键即可。

【例 7-5】设计一个宏对象，功能是打开和关闭"Customers"表。要求，打开表前要发出"嘟嘟"声；关闭表前要用"消息框"提示关闭表的操作。本案例的设计步骤如下。

① 打开"销售订单"数据库，在"创建"选项卡，选择"代码与宏"组，单击"宏"命令按钮，打开宏对象设计界面。

② 在宏操作编辑区第 1 行的"添加新操作"组合框中，选择"Beep"操作。

③ 在第 2 行的"添加新操作"组合框中，选择"OpenTable"操作，"操作参数"区中的"表名称"选择"Customers"表。

④ 在第 3 行的"添加新操作"组合框中，选择"MessageBox"操作，"操作参数"区中的"消息"框中输入"关闭表吗？"。

⑤ 在第 4 行的"添加新操作"组合框中，选择"RunMenuCommand"操作，"操作参数"区中的"命令"框输入"Close"。

⑥ 单击"保存"按钮，"宏名称"文本框中输入"操作序列宏"。

⑦ 单击"运行"按钮，运行宏。

完成上述步骤以后，操作序列宏设计完成，其设计内容如图 7-27 所示。

图 7-27　操作序列宏的设计

7.5.2　条件宏

条件宏的应用也很广泛，它可以按照条件选择执行某一组宏操作。可以使用"If"块进行简单流程控制，根据条件决定是否执行某一组宏操作；也可以使用"Else If"和"Else"块来扩展"If"块，根据条件从两组或多组宏操作中选择一组执行。

设计条件宏的主要操作如下。

① 进入"宏"设计界面。

② 从宏操作编辑区的"添加新操作"下拉列表中选择"If"项，或从"操作目录"窗格中拖动"If"项到宏编辑区中，产生一个"If"块。

③ 在宏操作编辑区"If"块顶部的"条件表达式"框中，键入条件项，该条件项为逻辑表达式，宏将会根据逻辑表达式的"真"值和"假"值来选择执行宏操作。

④ 在宏操作编辑区的"If"块中添加新操作。

⑤ 根据实际需要，在宏操作编辑区中添加"Else If"或"Else"块。

⑥ 在宏操作编辑区 "Else If" 或 "Else" 块中添加一个或多个新操作。

【例7-6】 在 "订单销售" 数据库中，创建一个宏对象，运行该宏时，展示 2016 年度畅销产品价格，当用户确认已经看完畅销产品价格，系统打开对话框与用户再见，并关闭数据库；如果当前时间不属于 2016 年度，那么系统直接弹出消息框，提醒用户价格公示期已过，无法获得畅销产品价格，并关闭 "订单销售" 数据库。本宏对象的设计步骤如下。

① 打开 "销售订单" 数据库，在 "创建" 选项卡，选择 "代码与宏" 组，单击 "宏" 命令按钮，打开宏对象设计界面。

② 在编辑区第 1 行的 "添加新操作" 组合框中，输入 "IF"，然后在随之激活的条件表达式文本框中直接输入表达式 "Year(Now())=2016"，单击 "确定" 按钮，返回到 "宏设计器" 中。注意，用户也可以单击表达式文本框右侧的 "生成器调用按钮"，在打开 "表达式生成器" 对话框中，直接输入表达式；或者用各种 "表达式元素" 生成表达式。

③ 将查询对象 "查询畅销产品的当前价格" 拖拽到编辑区第 2 行的 "添加新操作" 组合框中，在随之激活的 "数据模式" 参数框中，将 "数据模式" 修改为 "只读"，其他参数默认。

④ 在编辑区第 3 行单击 "添加新操作" 组合框的下拉箭头，在打开的列表中选择 "MessageBox"，在随之激活的 "操作参数" 窗格的 "消息" 行中输入 "请问，畅销产品的公示价格您看完了吗？"，在类型组合框中，选择 "警告？"，其他参数默认。

⑤ 单击编辑区第 4 行 "添加新操作" 组合框的右侧的 "添加 Else" 按钮，在随之激活的 "添加新操作" 组合框中选择 "MessageBox"，在随之激活的 "操作参数" 窗格的 "消息" 行中输入 "对不起，公示日期已过，无法获得畅销产品价格！"，在类型组合框中，选择 "警告！"，其他参数默认。

⑥ 单击编辑区第 5 行 "添加新操作" 组合框的下拉箭头，在打开的列表中选择 "MessageBox"，在随之激活的 "操作参数" 窗格的 "消息" 行中输入 "下次再见！"，在类型组合框中，选择 "警告？"，在发嘟嘟声组合框中，选择 "否"，在标题文本框中，输入 "I am sorry."。

⑦ 在编辑区第 6 行 "添加新操作" 组合框中，选择 "RunMenuCommand" 操作，"操作参数" 区中的 "命令" 框输入 "CloseDatabase"。

⑧ 单击快速访问工具栏的 "保存" 按钮，在打开的 "宏名称" 文本框中输入 "2016 年度畅销产品价格公示宏"，单击 "确定" 按钮。

完成上述步骤以后，条件宏 "2016 年度畅销产品价格公示宏" 就设计完成，其设计内容如图 7-28 所示。单击 "运行" 按钮，运行结果如图 7-29 所示。

图 7-28 "2016 年度畅销产品价格公示宏" 的设计

图 7-29 "2016 年度畅销产品价格公示宏"的运行结果

7.5.3 自动运行宏

自动运行宏既可以是一个序列宏，也可以是一个条件宏。自动运行宏与序列宏和条件宏的区别在宏名，自动运行宏是一个名字为 AutoExec 的宏对象，当数据库打开时系统会自动查找名为 AutoExec 的宏，如果存在该宏，就自动执行它。自动运行宏经常用来初始化数据库参数、用户身份认证、设置用户工作环境、打开用户工作界面等。

【例 7-7】设计一个自动运行宏对象，当用户打开数据库后，系统自动弹出欢迎界面。本宏对象的设计步骤如下。

① 打开"销售订单"数据库。

② 在"创建"选项卡的"宏与代码"组中，单击"宏"按钮，打开"宏设计器"。

③ 在"添加新操作"组合框中单击下拉箭头，在打开的列表中选择"MessageBox"，在"操作参数"窗格的"消息"行中输入"欢迎使用销售订单管理信息系统！"，在"类型"组合框中，选择"信息"，其他参数默认。

④ 保存宏，宏名为"AutoExec"。

⑤ 关闭"销售订单"数据库。

⑥ 重新打开"销售订单"数据库，宏自动执行，弹出图 7-30 所示的消息框。

图 7-30 "AutoExec"宏对象的设计

习　　题

一、单选题

【1】宏是指一个或多个_____。

　　A. 命令集合　　　　B. 宏操作集合　　　　C. 对象集合　　　　D. 条件表达式集合

【2】使用_____可以在运行宏时，选择执行某个操作。

　　A. 函数　　　　　　B. 表达式　　　　　　C. 条件表达式　　　D. If…Then 语句

【3】条件宏的条件项的返回值是_____。

    A. "真"   B. "假"   C. "真"或"假"   D. 不能确定

【4】在设计条件宏对象时，对于连续重复的条件，可以替代重复条件的符号是_____。

    A. "…"   B. "="   C. ","   D. ";"

【5】Access 的自动运行宏，应当命名为_____。

    A. AutoExec   B. AutoExe   C. Auto   D. AutoExec.bat

【6】若想取消自动宏的自动运行，打开数据库时应按住_____。

    A. 〈Alt〉键   B. 〈Shift〉键   C. 〈Ctrl〉键   D. 〈Enter〉键

【7】在 Access 数据库系统中，不是数据库对象的是_____。

    A. 数据库   B. 数据表   C. 宏   D. 字段

【8】创建宏时不用定义_____。

    A. 宏名   B. 宏操作参数   C. 宏操作目标   D. 宏操作命令

【9】在 Access 系统中，独立宏对象不是按_____。

    A. 名称调用的   B. 标识符调用的   C. 编号调用的   D. 事件属性调用的

【10】关于宏对象，错误的是_____。

    A. 宏是 Access 的一个对象   B. 宏对象的主要功能是使操作批量运行

    C. 使用宏对象可以自动完成许多复杂操作 D. 宏可以替代 VBA 程序

【11】宏组中宏的调用格式是_____。

    A. 宏组名.宏名   B. 宏组名!宏名   C. 宏组名[宏名]   D. 宏组名(宏名)

【12】一个非条件宏对象，运行时系统会_____。

    A. 执行部分宏操作   B. 执行全部宏操作

    C. 执行设置了次数的宏操作   D. 等待用户选择执行每个宏操作

二、填空题

【1】宏对象是一个或多个_____的集合。

【2】如果要引用宏组中的宏，采用的语法是_____。

【3】如果希望执行宏后，首先打开一个表，那么在该宏中应该添加_____操作命令。

【4】有多个操作构成的序列宏，执行时按_____依次执行。

【5】定义_____有利于数据库中宏对象的管理。

【6】使用单步模式执行宏，可以观察宏的_____和每一个操作的结果。

【7】嵌入宏的使用一般是通过_____实现的。

三、思考题

【1】宏的设计界面有什么特点？

【2】以数据宏为例，说明嵌入宏的设计步骤。

【3】运行宏对象有几种方法？各有什么不同？

【4】嵌入宏对象的设计与独立宏对象的设计过程有什么不同？

【5】举例说明操作目录程序流程节点中的"Group"有什么作用。

【6】与数据表对象有关的宏操作命令有哪些？

四、操作题

【1】在"销售系统"数据库中创建宏对象，完成打开数据表并删除最后一条记录的任务。

【2】设计三个嵌入式数据宏，实现对数据表记录的修改、删除和插入操作的信息提示。

五、拓展题

【1】预习第 8 章内容，设计一个 VBA 对象，删除数据表的最后一条记录。

【2】预习第 8 章内容，设计一个 VBA 对象，实现对数据表记录删除操作的信息提示。

第8章
VBA 程序设计语言

通过前面的学习，我们知道用交互方式可以完成一些简单的操作，利用宏方式可以将简单的操作封装在宏对象中，宏的一次执行，可以批量完成很多项操作，效率较高。但宏只能完成逻辑较为简单的批操作，逻辑复杂的批量操作必须设计程序来完成。Access VBA 是用 Basic 语言作为语法基础的可视化高级语言，它既支持面向过程的程序设计，也支持面向对象的程序设计。本章主要内容包括 Access VBA 程序设计语言的基本语法、基本语句、流程控制语句、面向过程的程序设计方法以及面向对象的程序设计方法。

8.1 程序设计语言概述

8.1.1 程序

计算机程序的一般定义是为实现特定目标或解决特定问题而用计算机语言编写的命令序列的集合。

从形式上看，程序是一系列命令的有序集合，程序中的命令是符合某种计算机语言规范的语句，这些语句能够被计算机所识别和执行，每个语句都规定了某种计算机操作。

从主体上看，程序是计算机解决问题的过程或对象，它以自己的规范描述了计算机解决问题的算法和数据。计算机通过执行程序来解决特定的问题并实现特定的目标。

8.1.2 程序设计方法

我们将针对某一问题的解决而进行的编程工作称之为程序设计。程序设计的过程就是编写程序的过程。程序的设计方法有面向过程程序设计和面向对象程序设计两种。

在面向过程程序设计中，人们需要考虑程序的组成过程和流程。考虑解决问题的过程组合、过程内部程序结构、过程之间的协作关系等，是一种程序流驱动的以过程为中心的程序设计方式。

在面向对象程序设计中，人们需要考虑的则是程序需要什么样的对象和怎样创建这些对象，考虑解决问题需要创建哪些对象、对象包括哪些属性和方法、对象之间如何协作等。程序的设计思想发生了根本性改变，程序的结构也由众多过程的组合演变成了各种对象的有机组合，程序的驱动机制由程序流驱动演化为事件驱动。

Access 既支持面向过程的程序设计方法，也支持面向对象的程序设计方法。

8.1.3 程序设计语言

简单讲，程序设计语言就是编写计算机程序的语言。程序设计语言是一系列标准和规范的集合，通常它有基本的单词集，由相应的句法规则将这些单词组合成语句，并将完成一定功能的若干条语句组成程序。

按照程序设计方法的不同可以将程序设计语言分为面向过程程序设计语言和面向对象程序设计语言。面向过程程序设计语言以操作和过程为中心，以"数据结构+算法"为设计范式，用语句描述算法，通过顺序执行程序完成任务。面向对象程序设计语言以对象和数据结构为程序设计中心，以"对象+消息"为设计范式，用事件触发和消息传递为机制使各相关对象协同工作。

8.1.4　VBA 简介

1. VBA 窗口的打开

在 Access 中使用 VBA（visual basic for application）来编写程序，VBA 是 Microsoft Office 系列软件的内置程序设计语言，它是 VB（visual basic）的一个子集，其语法结构与 VB 互相兼容，它是一种编程简单、功能强大的面向对象的编程语言。通过 VBA，能在 Office 套件中进行应用程序开发。用 VBA 编写的程序保存在 Office 文件中，VBA 程序的运行只能由 Office 解释执行，而不能编译成可执行文件，故 VBA 程序无法脱离 Office 应用程序环境而独立运行。

Access 的编程界面称为 VBE（visual basic editor），是 Office 所有组件公用的程序编辑系统。在 VBE 中用户可以方便地编写 VBA 过程和函数。

Access 中 VBE 窗口的常用打开方式有以下 5 种。

① 单击"创建"选项卡中"宏与代码"组中的"模块""类模块"或"Visual Basic"按钮。

② 双击在数据库窗口的"导航窗格"中的某个模块对象，打开 VBE 窗口并显示该模块内容。

③ 使用快捷键<Alt+F11>可以在数据库窗口和 VBE 窗口之间来回切换。

④ 在某个窗体或报表的设计视图下，在"设计"选项卡中，单击"工具"组中的"查看代码"按钮。

⑤ 在窗体设计窗口，单击"属性表"中的"事件"选项卡上的某一事件，然后单击该事件名后的"选择生成器"按钮，选择"代码生成器"，单击"确定"按钮。

2. VBE 窗口的组成

除标题栏、菜单栏、工具栏外，VBE 窗口还有自己独有的窗口，包括工程窗口、属性窗口、代码窗口、立即窗口、对象窗口、对象浏览器窗口、本地窗口和监视窗口等等，如图 8-1 所示。通过"视图"菜单可以打开上述窗口。其中，最常用的是上述前四个窗口，用户通过这些窗口可以方便地开发应用程序。

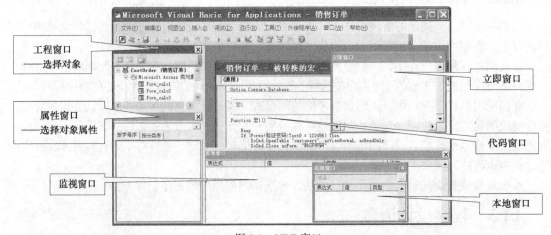

图 8-1　VBE 窗口

要显示上述窗口，可以在"视图"菜单中选择相应命令或直接单击工具栏中的相应快捷按钮；要关闭上述窗口，可以直接单击窗口右上角的关闭按钮，或再次在"视图"菜单中选择命令或单击工具栏中的快捷按钮。

下面简单介绍 4 种常用窗口。

（1）工程资源管理器窗口

项目是在一定时间内使用有限资源要完成的满足既定目标的多项工作的总称，项目中的每一项工作可以用一个工程来完成。每一个项目通常对应着一个应用系统，项目中的每一个工程通常对应应用系统中的一个子系统。如果项目较为简单，项目往往用一个工程就可以实现。这种情况下，工程往往对应一个应用系统。因此 Access 工程是基于 Access DBMS 开发的一个完成有限任务的相对独立的数据库系统（子系统）。

在 VBA 中，为了完成一个工程的相关任务，数据库系统往往要创建很多模块。由于模块数量众多，所以 Access VBA 在开发环境中嵌入工程资源管理器这一工具，它可以以树形层次结构的形式管理当前工程中所包含的所有模块。所谓当前工程是指以当前打开的数据库为基础数据的数据库应用系统，在默认情况下，该工程的名称和当前数据库的名称相同。

工程资源管理器窗口的左上角有 3 个按钮："查看代码"按钮、"查看对象"按钮和"切换文件夹"按钮。

单击"查看代码"按钮可以打开"代码"窗口编辑代码；单击"查看对象"按钮可打开所选模块对应的对象窗口或所选模块对应的文档；单击"切换文件夹"按钮可以显示或隐藏工程窗口中的对象分类文件夹。

（2）属性窗口

属性窗口的功能是列出了所选对象在设计时的属性及当前设置，用户可以编辑这些属性。如果想要在该窗口中显示某个窗体的某个控件对象的属性，需要在 Access 数据库窗口中打开该窗体设计视图并选中该控件。

（3）代码窗口

代码窗口是用来进行 VBA 编程的编辑代码的窗口。该窗口有两个视图："过程视图"和"全模块视图"，可以用代码窗口左下角的两个按钮切换。默认视图是"全模块视图"，此时将显示模块中所有过程的代码。

代码窗口可以水平拆分成上下两个面板，同时查看模块的两个代码段。拆分方法是直接拖动"代码窗口"垂直滚动条上部的拆分条或双击拆分条，再次双击拆分条即可取消拆分。

代码窗口的上部分有两个组合框："对象"组合框和"过程"组合框。在对象框下拉列表中选择某个对象或在过程框中选择事件名称，即可显示所选对象事件的过程代码或生成该对象事件过程的首行代码和末行代码。当我们将编程插入点移动到不同对象或不同事件过程代码段时，对象框和事件框的取值随之发生变化。

当编程插入点处在某个标准模块的无参数过程内部时，选择 VBA 中"运行"菜单下的"运行子过程/用户窗体"命令，或单击工具栏上的"运行"按钮，可以运行该过程；若编程插入点在其他位置，选择"运行"命令后系统将弹出"宏"对话框，用户在其中选择过程，并单击"运行"按钮可运行选定过程。

在代码窗口中按<F1>键可以得到编程插入点位置 VBA 语句的帮助信息。

（4）立即窗口

通常可以使用立即窗口来调试、检测程序代码，或测试表达式的运算结果。

在立即窗口中输入一行 VBA 代码，然后按回车键，即可执行刚输入的代码。要在立即窗口中测试某个表达式的运算结果有以下 3 种方法。

? 表达式

print 表达式

debug.print 表达式

在立即窗口按<F1>键可以得到插入点所在 VBA 语句的相应帮助。

8.2 VBA 语法知识

8.2.1 关键字和标识符

关键字是计算机语言中事先定义的有特别意义的标识符号，有时又叫保留字。

标识符是用户所定义的用作常量、变量、过程、函数以及对象等元素名称的符号。定义标识符的目的是为了在程序中按名称来访问它们，VBA 中标识符命名必须遵循如下规则。

- 由英文字母、汉字、数字和下划线组成的 1～255 个字符。
- 必须以字母或汉字开头。
- 标识符要具有唯一性且不能与关键字相同。
- 标识符不区分字母大小写。

8.2.2 常量和变量

1. 常量

常量指在程序执行过程中保持不变的数据量，VBA 中有值常量、符号常量、固有常量和系统定义常量四种。

（1）值常量

指在程序中直接使用的数据值，即所谓常数。不同数据类型的常量书写格式不同，表 8-1 描述了 VBA 中不同数据类型值常量的书写格式。

表 8-1 　　　　　　　　　　　　　　常量类型及书写格式

常量类型	书写格式
字符型值常量	以双引号括起来的一串字符串，如："abf", "123", ""
整型值常量	十进制表示的整数，如：123，−34，10%，12&
实型值常量	包括单精度和双精度浮点数，如：12.345，234.567E+5，12.345D+3
布尔型值常量	又称逻辑型，有真和假两种取值，如：True（真），False（假）
货币型值常量	通常用小数表示，如：12.3@，23.4567@，它只能精确到小数点后 4 位
日期型值常量	以 "#" 括起来的任何在字面上可认作是日期和时间的字符，如：#1998-9-12#

（2）符号常量

符号常量是指用标识符标识的在程序执行过程中保持不变的数据量。符号常量必须先用 Const 语句定义然后再使用，并且不允许对其修改或重新赋值。

声明符号常量的语句格式：

【格式】Const <符号常量名> [AS <类型>]=常量表达式

例如：

```
Const  PI=3.14       '或  Const  PI  As  Double =3.1415926
Const  FILENAME="学生"
Const  S=PI*2*2
```

固有常量和系统定义常量是由系统预先定义的，固有常量以两个前缀字母指明定义该常量的对象库，如来自 Access 库的常量以 ac 开头，来自 ADO 库的常量以 ad 开头，而来自 Visual Basic 库的常量则以 vb 开头，例如 acForm、adAddNew、vbCurrency。系统定义常量有 3 个：True、False 和 Null。

2. 变量

在程序运行过程中有些数据量会发生变化，对此计算机的处理方法是将它们存放在内存的一块临时存储空间中，并给这块存储空间命名以便于引用该数据量，这块存储空间就是变量。变量有三要素：变量名、变量类型、变量的值。变量名遵循 VBA 标识符命名规则，变量类型由声明语句声明或变量的值决定。

VBA 中使用变量前通常要先进行声明，当然也可以不先声明而直接使用，我们把这种不声明直接使用的方式叫变量的隐式声明，隐式声明的变量只在本过程有效，变量的类型为变体数据类型（Variant）。例如：x=123 语句，定义了一个变量 x，其值为 123，数据类型为 Variant。需要注意的是，在 VBA 编程中建议尽量减少使用变量的隐式声明，大量使用变量的隐式声明会对程序调试和变量的识别带来困难。

在使用一个新变量前先对该变量进行声明，这种使用方式叫变量的显式声明。对变量进行声明可以使用 Dim 语句、类型说明符号或 DefType 语句进行。需要说明的是系统不允许对同一变量进行两次不同类型的定义。

变量的显式声明方法有以下 3 种。

（1）使用 Dim 语句声明变量

【格式】Dim 变量名 As [数据类型]

【说明】在一个 Dim 语句中可以声明多个变量，省略数据类型时，变量为 Variant 类型。

```
Dim x  As Integer                    '定义 x 为整型变量
Dim y                                '定义 y 为变体型变量
Dim a As String, b As Double         '定义 a 为字符串型变量，b 为双精度型变量，
```
但请注意如下格式的声明语句含义。
```
Dim i,j,k  As Integer
```
此语句只有 k 声明为整型变量，i 和 j 都是变体型变量。要想将 i、j、k 都声明为整型变量需使用下列语句。
```
Dim i As Integer, j As Integer, k  As Integer
```
（2）使用类型说明符声明变量

首次使用变量时，将类型说明符作为变量名的一部分放在变量名后即可声明该变量数据类型，例如：
```
intx%=1234     '定义 intx 为一个整型变量
str1$="abc"    '定义 str1 为一个字符串型变量
```
（3）使用 DefType 语句说明变量

DefType 语句只能用于模块的通用声明部分，用来为变量和传递给过程的参数设置默认数据类型。例如：
```
DefInt i,a-d
```
此语句说明在模块中以 i 及 a 到 d 开头的变量的默认数据类型为整型。

表 8-2 列出了 VBA 中常用 DefType 语句和对应的数据类型。

表 8-2　　　　　　　　　　　　　常用 DefType 语句和对应的数据类型

语句	数据类型	语句	数据类型
DefInt	整型	DefBool	布尔型
DefLng	长整型	DefDate	日期型
DefSng	单精度型	DefCur	货币型
DefDbl	双精度型	DefStr	字符型

3. 数组

数组是一组相同数据类型的变量的集合。数组由数组名和数组下标组成。数组的声明格式如下。

【格式】Dim 数组名 ([下界 to]上界[,……])As 数据类型

【说明】

（1）省略下界时，默认下界为 0，若设置非 0 下界则必须使用[下界 to]。

（2）在模块的通用声明部分可以用 Option Base 0/1 来指定默认下界。

例如：

```
Dim inty(7) As Integer          '定义一个有 8 个整型数组元素的数组，下界为 0
Dim intx(-3 to 3) As Integer    '定义一个有 7 个整型数组元素的数组，下界为-3
' 定义一个 4×3 二维数组，其中第一维下界是 0，第二维下界是 1
Dim intz(3,1 to 3) As Integer
```

【知识拓展】当数组元素个数不确定时，可以用动态数组。不指定元素个数即为动态数组。对动态数组可以使用 ReDim 重定义，并可以在 ReDim 后用关键字 Preserve 来保留之前数组元素的值，否则重定义后元素的值会被初始化为默认值。

以下程序段先定义一个动态数组，用户输入一整数 n 后，再重定义数组大小为[1,n]。

```
Dim inta() As Integer           '定义一个动态数组 inta
n = InputBox("请输入一整数")
ReDim inta(1 To n)              '重定义数组 inta，下界为 1，上界为 n
```

注意

ReDim 语句只能出现在过程中，它可以改变数组的大小、上下界及维数。

8.2.3 数据类型

VBA 支持多种数据类型，为方便用户编程，Access 数据表中的字段数据（OLE 对象和备注字段数据类型除外）在 VBA 中都有对应的数据类型。表 8-3 给出了 VBA 的基本数据类型及其关键字、类型符号、取值范围、占用字节数及对应 Access 字段类型。

表 8-3 VBA 基本数据类型

数据类型	关键字	符号	取值范围	字节数	字段类型
字节型	Byte		0~255 之间的整数	1B	字节
整型	Integer	%	-32768~32767 之间的整数	2B	整型
长整型	Long	&	-2147483648~2147483647 之间的整数	4B	长整型
单精度	Single	!	负数：-3.402823E38~-1.401298E-45 正数：1.401298E-45~3.402823E38	4B	单精度
双精度	Double	#	负数：-1.79769313486232E308~-4.94065645841247E-324 正数：4.94065645841247E-324~1.79769313486232E308	8B	双精度
货币型	Currency	@	-922337203685477.5808~922337203685477.5807	8B	货币
字符串型	String	$	定长字符串：0~65535 个字符 变长字符串：21 亿个字符		文本
布尔型	Boolean		True（-1）或 False（0）	2B	是/否
日期型	Date		100 年 1 月 1 日—9999 年 12 月 31 日	8B	日期/时间
变体型	Variant			不定	无
对象型	Object		任意对象引用	4B	

① 布尔型可以和数字型互换，布尔值转换为数值时 True 对应-1，False 对应 0，数值转换为布尔值时非 0 数值对应 True，0 数值对应 False。如（3>2）+2 的值为 1。

② 变体型可以接收除定长字符串和用户自定义类型以外的任意类型的数据。

③ 变体型是默认类型。如 Dim x，变量 x 即为变体型。

除以上系统提供的基本数据类型外，VBA 还允许用户使用 Type 语句自定义数据类型，它实际上是由基本数据类型元素构造而成的一种数据类型，用户根据需要可以定义多个自定义数据类型。Type 语句的语法格式如下。

```
Type 类型名
  元素 1 As 数据类型
  元素 2 As 数据类型
  ……
End Type
```

例如，定义一个名为 student 的数据类型，其中包含 3 个元素 *sno*、*sname*、*sage*。

```
Type student
    sno As String
    sname As String
    sage As Integer
End Type
```

自定义数据类型变量的定义同基本数据类型的定义格式相同，例如：

```
Dim stu1 As student          '定义一个名为 stu1 的变量其数据类型为 student 类型
```

自定义数据类型变量中元素的引用方式为：变量名.元素名。

例如，可以使用以下语句为变量 *stu1* 的各元素赋值。

```
  stu1.sno="201601001"
  stu1.sname="张晓彤"
  stu1.sage=20
```

当引用自定义数据类型变量中多个元素时，可以用 With 语句来简化元素的引用格式。

例如，用 With 语句进行上述赋值。

```
With stu1
  .sno="201601001"
  .sname="张晓彤"
  .sage=20
End With
```

8.2.4　表达式

表达式是由常量、变量、函数、运算符和括号等按一定规则组成的运算式子，表达式运算结果的类型由操作数和运算符共同决定。

1. 运算符

VBA 中包含有丰富的运算符：算术运算符、字符串运算符、关系运算符、逻辑运算符和对象运算符。

（1）算术运算符

算术运算符是主要用于进行数值计算，VBA 中常用算术运算符如表 8-4 所示。

表 8-4　　　　　　　　　　　　　　常用算术运算符

运算符	含义	举例
+	加运算	3+2 结果为 5
−	减运算	10−7 结果为 3

续表

运算符	含义	举例
*	乘运算	2*5 结果为 10
/	除运算	5/4 结果为 1.25
-	取负运算	假定有符号常量 PI 其值为 3.14，-PI 结果为-3.14
\	整除运算	5\2 结果为 2
^	乘方、方根运算	3^2 结果为 9，27^(1/3)结果为 3
Mod	求余运算	9 Mod 2 结果为 1

【说明】参加算术运算符的操作数一般为数值型，VBA 中逻辑值和数字型字符串也可以参加算术运算，逻辑值进行算术运算时系统自动将其转换成数值再做运算，逻辑真转换为-1，逻辑假转换为 0。例如：12+True*3 结果为 9。数字型字符串参加算术运算时系统自动将其转换成对应数值再做运算。例如：12+"23.5"结果为 35.5。

（2）字符串运算符

字符串运算符就是将两个字符串连接生成一个字符串。

VBA 中有+、&两个字符串连接运算符。

&运算符用来强制将两个表达式作为字符串连接起来，&运算符两边的操作数可以是字符串，也可以是数值。

例如：

```
"abc" & "123"        '结果为"abc123"
"abc" & 456          '结果为"abc456"
123 & 456            '结果为"123456"
Strc="abc"
Strc & "是字符串"     '结果为" abc 是字符串"
```

注意

当运算符"&"的旁边是变量名或数值时，&要用一个空格与之隔开。

+运算符用来连接两个字符串表达式，+作为连接运算符时要求两边的操作数必须是字符串。若+运算符两边的操作数一个是数值，一个是数字型字符串，则将数字型字符串转化为数值，然后进行加法运算。

例如：

```
"abc"+"dfg"          '结果为"abcdfg"
"123"+"345"          '结果为"123345"
"123"+345            '结果为 468
"abc"+123            '出错，类型不匹配
```

（3）关系运算符

关系运算符用来对两个表达式进行关系比较，比较的结果为逻辑值。VBA 常用关系运算符有>、>=、<、<=、<>和=6 个，另外还有 Is 、Like、Between…And3 个。

使用关系运算符进行比较时应注意以下规则。

① 参加比较的操作数均是数值型时，按数值大小进行比较。

② 参加比较的操作数均是字符串型时，按字符的 ASCII 码从左到右一一对应比较，即先比较两字符串的第一个字符，若相同则比较第二个字符，以此类推，直到出现不同字符为止，ASCII 码大的字符串大。Access 中不区分字母大小写，如表达式"a"="A"的值为 True。

③ 汉字大于西文字符，汉字按区位码顺序进行比较，通常可按汉字的拼音次序比较。

④ 参加比较的操作数均是日期型时，按日期的年月日顺序比较大小，如表达式#2015-12-25# <#2016-01-10#的值为 True。

（4）逻辑运算符

逻辑运算符用于连接逻辑值、关系表达式或逻辑表达式，运算结果为逻辑值。常用逻辑运算符有：非（NOT）、与（AND）、或（OR）。逻辑运算真值表如表 8-5 所示。

表 8-5　　　　　　　　　　　　　　逻辑运算真值表

X	Y	NOT X	X AND Y	X OR Y
True	True	False	True	True
True	False	False	False	True
False	True	True	False	True
False	False	True	False	False

（5）对象运算符

对象运算符用来指示随后出现的项目类型，VBA 中对象运算符有"!"和"."两个。

"!"运算符的作用是指示随后的内容为用户定义的内容。使用"!"可以引用一个窗体、报表或控件。例如：

```
Forms!学生信息窗体
Forms!学生信息窗体!Lable1
Reports!学生名单
```

"."运算符的作用是指示随后的内容为 Access 定义的内容，使用"."可以引用对象的属性。例如：

```
Forms!学生信息窗体!Command1.Enabled=False
```

若"学生信息窗体"为当前窗体，则可以用 Me 来代替，例如：

```
Me.Command1. Enabled=False
```

2. 运算符优先级别

当一个表达式含有多种运算符时，运算的顺序是由运算符的优先级决定，不同类型运算符的优先级别是

算术运算>连接运算>比较运算>逻辑运算

3. 表达式的书写规则

表达式自左向右书写在同一水平线上，无高低、大小写区别；圆括号必须成对使用；算术运算符乘号不能省略，如 2*a*b 不能写成 2ab。

4. 关于算术表达式数据类型的说明

在算术表达式中，参与运算的数据可能具有不同的数据精度，VBA 规定计算结果采用精度最高的数据类型。

8.2.5　函数

函数是系统事先定义好的内部程序，用来完成特定的功能。

函数的主要特点是具有参数（个别函数无参数）并有返回值。函数的调用格式如下。

【格式】函数名(参数表)

【说明】参数可以是常量、变量或表达式，可以有一个或多个。根据函数的不同，参数及返回值都有特定的数据类型与之对应。

VBA 提供了大量的内置函数，供用户在编程时直接引用。VBA 内置函数也称为标准函数，按其功能可分为数学函数、转换函数、字符串函数、日期时间函数和格式输出函数。下面将分类介绍一些常用内置函数。

1. 数学函数

完成数学计算功能的函数，其功能与数学中的定义相同。常用数学函数如表 8-6 所示。

表 8-6 　　　　　　　　　　　　　　常用数学函数

函数	函数功能	举例	函数值	说明
Abs(x)	返回 x 的绝对值	Abs(-3.7)	3.7	x 为实数
Int(x)	返回 x 的整数部分	Int(3.7) Int(-3.7)	3 -4	x<0 时，返回值小于等于 x
Round(x,n)	对 x 的小数四舍五入	Round(3.2378,2)	3.24	返回有 n 位小数的 x 值
Sqr(x)	返回 x 的平方根	Sqr(9)	3	要求 x 大于等于 0
Rnd(x)	返回 0～1 间的随机数	Rnd(1)	0.533424	x 为随机种子

【说明】对于随机函数 Rnd(x)：当 x<0 时，每次产生相同随机数；当 x=0 时，产生最近生成随机数；当 x>0 时，每次产生新的随机数。对于随机函数可以省略随机种子 x 及括号，直接写为 Rnd，此时系统默认 x>0。

例如：

```
Int(100*Rnd)            '产生 0～99 之间随机数
Int(100*Rnd+1)          '产生 1～100 之间随机数
```

2. 转换函数

转换函数用于实现不同类型数据的转换。常用转换函数如表 8-7 所示。

表 8-7 　　　　　　　　　　　　　　常用转换函数

函数	函数功能	举例	函数值	说明
Asc(x)	返回首字符的 ASCII 码	Asc("abc")	97	x 是字符串或字符型变量
Chr(n)	将数字 n 转换成相应字符	Chr(65)	"A"	n 的取值范围 0～127
Str(n)	将数字转换为字符串	Str(12.3)	"12.3"	n 是数字或数字表达式
Val(x)	将数字字符串转换为数字	Val("12.3b")	12.3	x 是数字型字符串
Lcase(x)	大写字母转换为小写字母	Lcase("AbA")	"aba"	x 是字符串或字符型变量
Ucase(x)	小写字母转换为大写字母	Ucase("AbA")	"ABA"	x 是字符串或字符型变量

【说明】

① 将数字转换为字符串时，总会在字符串前头留一个符号位，如果数字为正数，符号位就是空格。如 Str(12.3)结果为" 12.3"。

② 将数字型字符串转换数字时自动将空格、制表符、换行符去掉，当遇到第一个不能识别为数字的字符时即停止读入。

例如：

```
Chr(Asc("a")+2)         '结果为"c"
Val("abc")              '结果为 0
Val("1.23e2")           '结果为 123，将 e 当成指数符号处理
Lcase("1223")           '结果为"1223"
```

3. 字符串函数

字符串函数是用来处理字符型变量或字符串表达式的函数。VBA 采用 Unicode 编码方式存储和操作字符串，字符串长度以字为单位，也就是说每个西文字符和每个汉字都作为一个字，占用 2 字节。常用字符串函数如表 8-8 所示。

表 8-8　　　　　　　　　　　　　　　　常用字符串函数

函数	函数功能	举例	函数值	说明
Len(x)	返回 x 的长度，即字数	Len("VB 系统")	4	x 是字符串或字符型变量
LenB(x)	返回 x 所占字节数	LenB("VB 系统")	8	x 是字符串或字符型变量
Right(x,n)	取字符串右边 n 个字	Right("abcd",2)	"cd"	n 为数字
Left(x,n)	取字符串左边 n 个字	Left("abcd",2)	"ab"	n 为数字
Mid(x,n1,n2)	取子串，从 n1 开始向右取 n2 个字	Mid("abcd",1,2)	"bc"	n1，n2 是数字
Trim(x)	去掉 x 两边的空格	Trim(" abc ")	"abc"	函数 ltrim(x) 和 rtrim(x) 分别去掉 x 左边或右边空格
Space(n)	返回由 n 个空格组成的字符串	Space(3)	"　　"	n 为数字
Instr(n1,c1, c2,n2)	取 c2 在 c1 中从 n1 开始首次出现位置	Instr("abcB1B1b1b1","b1")	4	n2 为比较方式，n2=0 时区分字母大小写，n2<>0 时不区分字母大小写

例如：

```
Len(str(12.3))                    '结果为 5
LenB(str(12.3))                   '结果为 10
Instr(5,"abcB1B1b1b1","b1",1)     '结果为 6，n2 为 1 故不区分字母大小写
Instr(5,"abcB1B1b1b1","b1",0)     '结果为 8，n2 为 0 故区分字母大小写
Mid("fox 系统",3,2)               '结果为"x 系"
```

4. 日期时间函数

日期时间函数是对日期和时间进行处理的函数。常用日期时间函数如表 8-9 所示。

表 8-9　　　　　　　　　　　　　　　常用日期时间函数

函数	函数功能	举例	函数值
Date() 或 date	返回系统当前日期	Date	2016-5-3
Time() 或 time	返回系统当前时间	Time	20:35:12
Now	返回系统当前日期与时间	Now	2016-5-3 20:35:12
Year(x)	返回日期的年份	Year(#2015-1-1#)	2015
Month(x)	返回日期的月份	Month(#2015-1-1#)	1
Day(x)	返回日期的日	Day(#2015-1-10#)	10
Weekday(x,n)	返回 1-7 整数，表示星期几	Weekday(date)	3

【说明】函数 Weekday(x,n)，n 为可选项，默认值为 1。当 n 取值为 1 时，星期天返回 1，星期一返回 2，…，依次类推。若 n 取值为 2，则星期一返回 1，星期二返回 2，…，星期天返回 7。

5. 格式输出函数

格式输出函数用于指定数值、日期或字符串的输出格式。我们主要介绍 Format() 函数，该函数使用格式如下。

【格式】Format(表达式 [,格式符])

【说明】格式符是指定格式的符号代码，要用引号括起来。格式符分 3 类：数值格式符、日期格式符和字符串格式符。常用格式符如表 8-10 所示。

表 8-10　　　　　　　　　　　　　　　常用格式符

类型	格式符	作用	举例
数值格式符	0	数字，在输出前后补 0	Format(12.34,"0000.000")，结果为 0012.340
	#	数字，不在输出前后补 0	Format(12.34,"####.###")，结果为 12.34
	.	小数点	Format(124,"####.000")，结果为 124.000

续表

类型	格式符	作用	举例
字符串 格式符	<	以小写显示	Format("abCDE12","<")，结果为"abcde12"
	>	以大写显示	Format("abCDE12","<")，结果为"ABCDE12"
	@	字符串位数小于格式符位数时，字符前加空格	Format("abCDE12","@@@@@@@@@") 结果为" abCDE12"
	&	字符串位数小于格式符位数时，字符前不加空格	Format("abCDE12","&&&&&&&&&")， 结果为"abCDE12"
日期 格式符	d	显示日期的日，个位前不加 0	Format(#2016-05-08#,"d")，结果为 8
	dd	显示日期的日，个位前加 0	Format(#2016-05-08#,"d")，结果为 08
	m	显示日期的月，个位前不加 0	Format(#2016-05-08#,"m")，结果为 5
	mm	显示日期的月，个位前加 0	Format(#2016-05-08#,"mm")，结果为 05
	yy	用 2 位显示日期年份	Format(#2016-05-08#,"yy")，结果为 16
	yyyy	用 4 位显示日期年份	Format(#2016-05-08#,"yyyy")，结果为 2016 Format(#2016-05-08#,"dd/mm/yy")，结果为 08-05-16

6. 其他常用函数

（1）Inputbox()函数

Inputbox 函数的作用是在一个对话框中显示提示，等待用户输入文本并按下"确定"按钮或按<Enter>键，函数返回文本框内输入的值，返回值可以是一个字符串或数值，单击"取消"则返回空串。函数调用格式如下所示。

【格式】Inputbox（提示信息[,对话框标题][,默认值][,水平距离][,垂直距离]）

【说明】

① 提示信息为必选项，其他为可选项。

② 提示信息为最长不超过 1024 的字符串，若提示信息为多行，可在各行间用回车符"chr(13)"、换行符"chr(10)"或它们的组合来分隔。比如，若提示信息为"输入"+chr(13)+"数据："，则文字"输入"和"数据"将分两行显示。

③ 省略对话框标题时，标题栏将显示应用程序名。

④ 省略默认值时，函数默认值为空串。

⑤ 省略水平距离，对话框将水平居中。

⑥ 省略垂直距离，对话框距屏幕上边界三分之一处。

例如，在立即窗口输入下列语句。

x=InputBox("请输入用户名", "输入窗口", "admin")

将显示图 8-2 所示的对话框。

（2）Msgbox()函数与 Msgbox 过程

Msgbox 的作用显示一个消息框，等待用户单击按钮并返回一个整数值，该值代表用户按了哪个按钮。该函数或过程通常用于显示运行结果或提示信息。Msgbox()函数的调用格式如下所示。

图 8-2　函数 InputBox

【格式】Msgbox(显示消息[,按钮参数][,对话框标题])

Msgbox 过程的调用格式：

【格式】Msgbox 显示消息[,按钮参数][,对话框标题]

【说明】按钮参数用于指定消息框中按钮的数目、形式、图标样式等。按钮数目可以用内部常数或值来设置，设定值与按钮数目的对应关系如表 8-11 所示。

表 8-11　　　　　　　　　　　　　Msgbox 函数设定值与按钮数目的对应关系

常数	值	按钮数目	按钮名称	返回值
VbOkOnly	0	1	"确定"	1
VbOkCancel	1	2	"确定" "取消"	1,2
VbAbortRetryIgnore	2	3	"终止" "重试" "忽略"	3,4,5
VbYesNoCancel	3	3	"是" "否" "取消"	6,7,2
VbYesNo	4	2	"是" "否"	6,7
VbRetryCancel	5	2	"重试" "取消"	4,2

图标样式设定值与式样对应关系如表 8-12 所示。

表 8-12　　　　　　　　　　　　　　图标样式设定值与式样对应关系

常数	值	图标样式
VbCritical	16	红色 X 图标
VbQuestion	32	问号? 图标
VbExlamation	48	警告! 图标
VbInformation	64	信息 i 图标

消息框按钮默认值与按钮参数值对应关系如表 8-13 所示。

表 8-13　　　　　　　　　　　　　　按钮默认值与按钮参数值对应关系

常数	值	按钮默认值
VbDefaultButton1	0	第 1 个按钮为默认值
VbDefaultButton2	256	第 2 个按钮为默认值
VbDefaultButton3	512	第 3 个按钮为默认值

例如：执行以下命令。

```
Msgbox "欢迎进入学生管理系统", 64
Msgbox "欢迎进入学生管理系统", VbInformation
```

这两条命令作用相同，显示结果如图 8-3 所示。

按钮数目值可以与图案样式值叠加，如执行下面命令。

```
Msgbox "出错了", 19
```

显示结果如图 8-4 所示。

图 8-3　命令 "Msgbox"欢迎进入订单
管理系统",64" 执行结果

图 8-4　命令 "Msgbox "出错了", 19" 执行结果

8.2.6　声明语句

在 VBA 语言中有多种声明语句，它们可以对程序中的常量、变量、数组、过程和函数进行定义。如 Const 用于声明常量，Dim、Static、Public、Private 用于声明变量和数组，过程和函数可以用 Static、Public、Private 来声明。这里我们主要介绍变量的声明语句。变量的声明语句在定义变量的同时还定义了变量的初始值、使用范围和生命周期等内容。

1．变量的初始值

变量的初始值由所声明的数据类型决定，例如包含货币型在内的所有数值型变量初始值为 0，字符串型变量初始值为空串""，布尔型变量初始值为 False，日期型变量初始值为#0:00:00#。

2．变量的使用范围和生存周期

变量的使用范围和生命周期由声明位置和声明时所使用的关键字决定。

（1）变量的使用范围

VBA 中的变量有两个使用范围级别：过程级和模块级。在过程中声明的变量是过程级，在模块声明部分声明的变量是模块级。

过程级变量也称为局部变量，在过程中用户使用关键字 Dim 或 Static 定义，这种变量的使用范围是本过程，即在本过程内可以使用，在过程外是不可用、不可见的。

模块级变量是在模块的声明部分用 Dim、Private 或 Public 定义的变量，其中关键字 Dim、Private 声明的是私有模块级变量，私有模块级变量的使用范围是所属模块，即只有所属模块中的过程可以使用，其他模块中的过程不能使用。关键字 Public 定义的是公共模块级变量，公共模块级变量的使用范围是整个工程，在所有模块中的所有过程均可使用。

（2）变量的生存周期

变量的生存周期指变量保留数值的这段时间，即变量从第一次出现到消失的这段程序执行时间。

对于过程级变量，其生存周期因声明对所用关键字的不同而不同。

Dim 声明的过程级变量其生存周期为本次过程的调用时间。过程一旦结束，该变量所占有的内存就会被系统回收，变量中储存的数据就会被破坏。再次调用过程时这些变量会被重新分配内存并初始化。

Static 声明的过程级变量，也称静态变量，其生存周期与所属模块的生存周期相同。在所属模块的程序执行期间内，过程执行结束后静态变量所占有的内存不会被回收，数据不会被破坏，下次再调用该过程的时候，数据就依然存在，静态变量的值将一直保留至模块结束。

模块级变量是在模块的声明部分用 Dim、Private 或 Public 定义的变量，其中关键字 Dim、Private 声明的是私有模块级变量，私有模块级变量的使用范围是所属模块，即只有所属模块中的过程可以使用，其他模块中的过程不能使用。关键字 Public 定义的是公共模块级变量，公共模块级变量的使用范围是整个工程，在所有模块中的所有过程均可使用。

对于模块级变量，生存周期同模块的生存周期一样长，标准模块的生存周期与整个工程相同，类模块的生存周期与类模块所属对象（窗体或报表）一样长。

8.2.7　赋值语句

赋值语句用于给一个变量指定一个值。其使用格式如下。

【格式】[Let] <变量名>=值或<表达式>

【说明】

① Let 为可选项，一般省略。

② 格式中的等号（=）称为赋值号，与数学中等号意义不同。如表达式 i=i+1 在数学中不能用，在计算机语言中常用作累加。

③ 赋值号左边只能是变量名且只能是一个变量，不能是常量或表达式。当赋值号右边是表达式时，系统先计算表达式然后将结果赋给赋值号左边的变量。

④ 赋值号两边通常要求数据类型匹配。

⑤ 当数值表达式与变量精度不同时，系统将强制转换成变量精度。如：

```
Dim  Intx As Integer
Intx=7.8              'Intx 为整型变量，系统对 7.8 四舍五入取整得到 8 赋给变量 intx
```

⑥ 当表达式是数字字符串，变量为数值型时，系统自动将字符串转换成数值再赋值。如果表达式是非数字字符串，则出错。如：

```
Intx%="634"          'Intx 被赋值为 634
Intx%="12abc"        '出错
```

8.2.8　注释语句

注释语句是非执行语句，VBA 不对它进行解释和编译，在程序中适当位置添加注释语句主要用来提高程序的可读性，注释语句的使用格式如下。

【格式1】Rem <注释内容>

【格式2】 '<注释内容>

【说明】注释语句在代码窗口中显示为绿色字体。

用单引号引导的注释语句可以直接放在其他语句后面，用 Rem 引导的注释语句如果放在其他语句后面需要用冒号分隔。因此，Rem 注释语句多用于注释一段程序，单引号多放在其他语句之后用于注释这一条语句。

例如，根据数量和单价两个变量的值计算金额，并用消息框输出金额

```
Rem 计算金额并用消息框输出结果
Dim  shl As Integer, dj As Integer, je As Integer        '定义两个整型变量
shl=50              '给变量赋值
dj=34
je=shl*dj           '计算金额 je
Msgbox  "金额为" & je , vbInformation, "消息框"
```

8.3　VBA 流程控制语句

8.3.1　选择控制语句

选择控制语句的作用是根据条件是否成立选择不同语句或程序段执行。

1. If 选择控制语句

（1）单分支选择控制语句

【格式1】

```
If  <条件表达式>  Then 语句序列
```

【格式2】

```
If  <条件表达式>  Then
    语句序列
End If
```

【执行流程】单分支选择控制语句的执行流程如图 8-5 所示。

【例 8-1】若变量 *dj* 里已存入商品的单价，变量 *sl* 里已存入购买商品的数量，当购买数量大于等于 10 时，商品打 9 折，求购买商品应付金额。

代码如下：

```
je=sl*dj
If  sl>=100  Then je=je *0.9
```

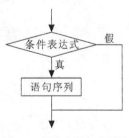

图 8-5　单分支语句流程图

或可以写为

```
je=sl*dj
If  sl>=100  Then
  je=je *0.9
End If
```

（2）双分支选择控制语句

【格式1】

```
If  <条件表达式>  Then 语句序列1  Else 语句序列2
```

【格式2】

```
If  <条件表达式>   Then
  语句序列1
Else
  语句序列2
End If
```

【执行流程】双分支选择控制语句的执行流程如图 8-6 所示。

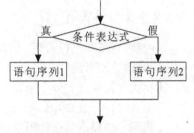

图 8-6　双分支语句流程图

【例 8-2】假设变量 x 里已存入某个数值，若 $x\geq0$，计算 x 的平方根，$x<0$ 时计算 x 的绝对值。代码如下：

```
If  x>=0  Then y=sqr(x)  Else y=abs(x)
```

或可以写为

```
If  x>=0  Then
  y=sqr(x)
Else
  y=abs(x)
End If
```

（3）多分支选择控制语句

【格式】

```
If  <条件表达式1>  Then
  <语句序列1>
Elseif  <条件表达式1> Then
  <语句序列2>
   ……
Else
   <语句序列n+1>
End If
```

【执行流程】多分支选择控制语句的执行流程如图 8-7 所示。

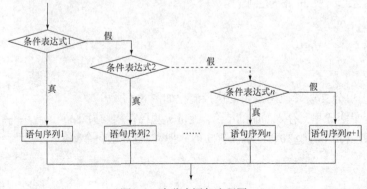

图 8-7　多分支语句流程图

【例 8-3】变量 *strc* 中存放了一个字符，判断该字符是字母、数值还是其他字符。

代码如下：

```
If  ucase(strc)>="A"  and  ucase(strc)<="Z"  Then
  xs=strc&"是字母字符"
Elseif  strc>="0"  and  strc<="9"  Then
  xs=strc&"是数字字符"
Else
  xs=strc&"是其他字符"
End If
```

2. 多分支 Select Case 语句

【格式】

```
Select Case  表达式
  Case  值1
    语句序列1
  Case  值2
    语句序列2
  ……
  Case  值n
    语句序列n
  [Case else
    语句序列n+1]
End Select
```

【例 8-4】用 Select Case 语句实现上例功能。

代码如下：

```
Select Case strc
  Case  "a"  to  "z" ,"A"  to  "Z"
    xs=strc &"是字母字符"
  Case  "0"  to  "9"
    xs=strc &"是数字字符"
  Case  else
    xs=strc &"是其他字符"
End Select
```

【例 8-5】假定变量 *score* 中输入某学生一单科成绩，求该科成绩的对应等级，90～100 分为 A 等，80～89 分为 B 等，70～79 分为 C 等，60～69 分为 D 等，0～60 分为 E 等。

代码如下：

```
If  score>100  or score<0  Then
  Msgbox "输入成绩非法，成绩应在 0～100 之间"
Else
Select  Case  score
  Case  90  to  100
    dj="A"
  Case  80  to  89
    dj="B"
  Case  70  to  79
    dj="C"
  Case  60  to  69
    dj="D"
  Case  else
```

```
      dj="E"
    End Select
  End If
```

3. 条件函数

除了上述条件语句外，VBA 还有 3 个函数具有选择功能，它们是 IIf 函数、Switch 函数和 Choose 函数。

（1）IIf()函数

IIf()函数根据条件返回不同值，其调用格式为：

```
IIf(条件,表达式1,表达式2)
```

条件为真时函数返回<表达式 1>的值，条件为假时函数返回<表达式 2>的值。例如：

```
IIf(month(出生日期)=month(now),"本月生日","不是本月生日")
```

上述函数的作用是：将变量“出生日期”的月份跟当前月份比较，若相同，则函数值取“本月生日”，否则函数值取“不是本月生日”。

（2）Switch()函数

```
Switch(条件1,表达式1 [,条件2,表达式2 … [,条件n,表达式n]])
```

该函数根据不同条件成立与否决定函数的返回值。函数依次判断条件 1、条件 2……条件 n，直到出现条件为真（True）时，返回对应的表达式的值。如果其中有部分不成对，则会产生一个运行错误。例如：

```
y=Switch(x>0,1,x=0,0,x<0,-1)
```

以上赋值语句的作用是：当 $x>0$ 时，变量 y 赋值为 1；当 $x=0$ 时，变量 y 赋值为 0；当 $x<0$ 时，变量 y 赋值为-1。

（3）Choose 函数

```
Choose(索引式,选项1 [,选项2,…[,选项n]])
```

该函数根据“索引式”的值来返回选项列表中的某个选项值。如：“索引式”的值为 1，函数返回“选项 1”的值；“索引式”的值为 2，函数返回“选项 2”的值；依次类推。若“索引式”的值为小于 1 或大于列表项的数目时，则函数返回空值(Null)。例如：

```
y=Choose(x,"一等奖","二等奖","三等奖")
```

以上语句的作用是：当 x=1 时，变量 y 赋值为“一等奖”；当 x=2 时，变量 y 赋值为“二等奖”；当 x=3 时，变量 y 赋值为“三等奖”。

8.3.2 循环控制语句

当某一程序段需要反复执行时，可以用循环结构来实现。VBA 提供了 DO 循环和 FOR 循环两种语句。

1. DO 循环语句

（1）先判断后执行的循环语句

先判断后执行的循环语句有 Do while … Loop 和 Do until … Loop 两种格式。

【格式 1】

```
Do while 条件
  循环体（语句序列）
  [Exit do]
Loop
```

【执行流程】格式 1 语句的执行流程如图 8-8 所示。

【格式 2】
```
Do  until 条件
   循环体
   [Exit  do]
Loop
```
【执行流程】 格式 2 语句的执行流程如图 8-9 所示。

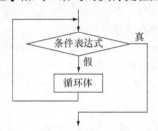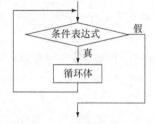

图 8-8　Do while…Loop 语句流程图　　　　图 8-9　Do until…Loop 语句流程图

【说明】

① 对于 Do while 语句，循环开始先检查循环条件是否成立，条件为真则执行循环体，遇到 Loop 语句，程序返回循环开始处重新判断条件，条件为真继续执行循环体，直到条件为假循环结束。

② 对于 Do until 语句，与 Do while 语句不同的是，当条件为假时执行循环体，直到条件为真时循环结束。

③ 循环体中若执行到 Exit do 语句就强行中止循环的执行。

　　　　对于先判断后执行的循环语句，循环体有可能一次也不执行。

（2）先执行后判断的循环语句

先执行后判断的循环语句有 Do … Loop while 和 Do … Loop until 两种格式。

【格式 1】
```
Do
   循环体
   [Exit  do]
Loop while 条件
```
【执行流程】 格式 1 语句的执行流程如图 8-10 所示。

【格式 2】
```
Do
   循环体
   [Exit  do]
Loop until 条件
```
【执行流程】 格式 2 语句的执行流程如图 8-11 所示。

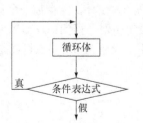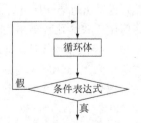

图 8-10　Do…Loop while 语句流程图　　　图 8-11　Do…Loop until 语句流程图

【说明】

① 对于 Do Loop while 语句，先执行循环体，遇到 Loop 语句时判断条件是否成立，若条件为真，再次执行循环体，条件为假时循环结束。

② 对于 Do Loop until 语句，先执行循环体，遇到 Loop 语句时判断条件是否成立，若条件为假，再次执行循环体，条件为真时循环结束。

 对于先执行后判断的循环体语句，循环体至少执行一次。

【例 8-6】将 26 个大写英文字母赋值给变量 *strx*，程序可以写为：

```
Dim strx As String
Dim i As Integer
i = 1
strx = ""
Do while i<= 26
  strx = strx + Chr(i + 64)
  i = i + 1
Loop
```

或可以写为

```
Dim strx As String
Dim i As Integer
i = 1
strx = ""
Do
  strx = strx + Chr(i + 64)
  i = i + 1
Loop while i <= 26
```

【拓展】本例中若使用 until，需如何修改条件？

2. For 循环语句

For 循环语句一般用于循环次数已知的循环操作，其语法格式如下。

【格式】

```
For  循环变量=初值  To  终值  [ Step  步长 ]
   循环体
   Exit for
Next
```

【执行流程】For 循环语句的执行流程如图 8-12 所示。

【说明】（1）先将初值赋给循环变量，再将循环变量的当前值与终值做比较，依据步长值的不同做不同的比较：当步长大于 0 时要判断循环变量的当前值是否小于终值，当步长小于 0 时判断循环变量的当前值是否大于终值。

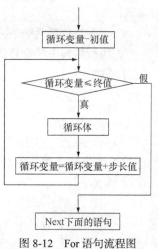

图 8-12　For 语句流程图

（2）比较结果为真时执行语句序列，遇到 Next 语句先为循环变量增加一个步长，并再将循环变量的当前值与终值做比较，比较结果为真继续执行语句序列，直到比较结果为假就结果循环。

（3）步长为 0 时将导致循环无法结束，因此步长不要设置为 0。步长可以是整数或小数，还可以省略，省略时步长为 1。Exit for 为强制中止循环语句。

【例 8-7】用 For 语句求 1～10 的整数和。

```
Dim s As Integer, i As Integer
s=0
for  i=1 to 10
```

```
  s=s+i
Next
Msgbox s,64,"结果为"
```

【例 8-8】求 fibonacci 数列第 *n* 项的值，要求定义一个动态数组，用户任意输入一个 *n* 的值，重定义数组大小为 *n*，将 fibonacci 数列各项的值放入对应数组元素。

```
Dim x() As Integer
n = InputBox("请输入 n 的值")
ReDim x(1 To n)
Dim i As Integer
x(1) = 1
x(2) = 1
For i = 3 To n
  x(i) = x(i - 1) + x(i - 2)
Next
MsgBox "x(" + Str(n) + ")=" + Str(x(n))
```

8.4　面向过程的程序设计

作为 VB 的子集，VBA 是一种面向对象的程序设计语言，但它也支持面向过程的程序设计。"面向过程"是一种以过程为中心的编程思想，它采用的是结构化程序设计的方法。

结构化程序设计方法是由荷兰学者迪克斯特拉提出的。结构化程序设计的基本思路是自顶向下、逐步细化，即将一个复杂的问题划分为若干个独立的模块，然后根据每个模块的复杂情况进一步分解成若干个子模块，重复此过程，一直分解到各个子模块的任务简单明确为止。这种模块化、分而治之的方法大大提高了程序的开发效率，保证了程序的质量。

在面向过程的程序设计方法中，模块是通过过程来实现的。过程是用来执行特定任务的一段独立的程序代码，这段代码能被反复调用。在 Access VBA 中，VBA 过程主要有 Sub 过程（子过程）和 Function 过程（函数过程）。与 Sub 过程相比，Function 过程通用性比较强，因为 Function 可以返回值，而 Sub 过程不能返回值。

在编写 VBA 的过程代码时，要遵循如下的语法规则。

- VBA 代码中所有的符号均为英文输入状态下的半角符号。
- 通常将一个语句写在一行。如果语句较长，一行写不下时，可使用续行符（空格后接下划线 "_"）将语句接续到下一行。
- 如果需要在一行内写多个语句，则每个语句之间用冒号 "："分隔。
- 在 VBA 代码中，字母不区分大小写。如：Dim 和 dim 是等同的。
- 当输入完一个语句按<Enter>键换行，该行代码以红色文本显示（有时会弹出错误消息框）时，则表示该行语句存在语法错误，必须找出错误并更正它。
- 每一个过程都要定义一个过程名，对该过程的调用是通过过程名来实现的。过程名是用户定义的一个标识符，它不能与模块、其他过程和变量重名，否则调用时会出现混乱。

下面通过几个简单的例子介绍 Sub 过程和 Function 过程的定义和调用。

8.4.1　Sub 过程

Sub 过程也称为子过程，它只执行操作不返回值，不可以在表达式中调用它，调用 Sub 过程就像使用基本语句一样。

1. 定义 Sub 过程

【格式】

```
[Public|Private][Static]Sub  过程名（形参 As  数据类型，…）
   语句序列
End Sub
```

【说明】

① 定义 Sub 过程时即使无任何参数，也必须包含空括号（ ）。

② 在过程的语句序列中可以使用 Exit Sub 语句，程序执行到该语句时即从 Sub 过程中退出。

③ 使用关键字 Public 定义的过程是公共过程，它是工程级别，可以被工程中任何模块的任何过程所调用；用 Private 定义的过程是私有过程，它是模块级别，可以被本模块内所有过程调用；若使用关键字 Static 定义，则表示该过程中的所有局部变量为静态变量，局部变量的生存周期与模块相同。在定义过程时省略前面的关键字，对于标准模块中的过程默认是 Public，而类模块中的过程默认是 Private。

【例 8-9】 定义一个名为"Sub1"的过程，其功能是计算 $n!$，并输出到立即窗口，代码如下。

```
Public  Sub  Sub1(n As Integer)
   Dim  t  As  Integer , i  As  Integer
   t=1
   For  i=1 to n
     t=t*i
   Next
   debug.print  t              '将计算结果 t 输出在立即窗口
End Sub
```

2. 调用 Sub 过程

Sub 过程有两种调用格式，用户可以使用下列所示的任一种格式调用过程。

【格式 1】 `Call  过程名（实参列表）`

【格式 2】 `过程名  实参列表`

【说明】

① 用格式 1 调用 Sub 过程时过程名后必须加括号。

② 用格式 2 调用 Sub 过程则一定不要加括号。

③ 实参与形参要保证个数相同，对应参数类型匹配，参数之间要用逗号分隔。

例如，要调用上述过程计算 5! 可以使用如下格式。

```
Call  Sub1(5)
```

或使用下面格式

```
Sub1  5
```

执行该语句后将在立即窗口显示结果 120。

3. 过程的参数传递

VBA 中通过参数在调用过程的主调方（调用过程的语句）与被调方（过程）传递数据。参数分为形参（形式参数）和实参（实际参数）。定义过程语句中过程名后括号内出现的参数是形参，形参只能是变量名或数组名。调用语句中出现的参数是实参，实参可以是常量、已赋值的变量和有计算结果的表达式。

当形参和实参都是变量时，有两种参数传递方式：值传递和地址传递。值传递只能把实参的值传给形参，是一种"单向传递"，在形参前加关键字 ByVal 即表示按值传递。地址传递是指能在实参与形参之间实现数据的"双向传递"，在形参前加关键字 ByRef 即表示地址传递，在调用过程时将实参的地址传给形参，这样在过程中对形参的操作实际就相当于对实参的操作。若形参前不加关键字，系统默认是"双向传递"。

下列程序演示了值传递与地址传递的不同，注意观察变量值的变化并思考为什么。

```
Public Sub main()
  Dim a As Integer, b As Integer
  a = 1
  b = 1
  Debug.Print   "-------在 main 中------"
  Debug.Print   "a=" & a,  "b=" & b
  Sub1 a, b
  Debug.Print   "-------在 main 中------"
  Debug.Print   "a=" & a,  "b=" & b
End Sub
Public Sub Sub1(ByVal x As Integer, ByRef y As Integer)
  Debug.Print   "-------进入 Sub1 过程------"
  Debug.Print   "x=" & x,  "y=" & y
  x = x + 1
  y = y + 1
  Debug.Print   "x=" & x,  "y=" & y
  Debug.Print   "-------退出 Sub1 过程-----"
End Sub
```

运行 main()过程后，立即窗口将显示如下结果。

```
-------在 main 中------
a=1              b=1
-------进入 Sub1 过程------
x=1              y=1
x=2              y=2
-------退出 Sub1 过程------
-------在 main 中------
a=1              b=2
```

【分析】由于变量 a 与形参 x 之间是单向传递，调用 Sub1 时 a 的值传给 x，返回 main 过程时，x 的值不会传给变量 a，故 a 的值仍为 1；变量 b 与形参 y 之间是地址传递，所以 Sub1 过程中对变量 y 的赋值就是给变量 b 的赋值，y 的值为 2，b 的值就是 2，因此，返回 main 过程后，b 的值是 2。

8.4.2　Function 过程

Function 过程又称为函数过程或用户自定义函数，函数过程一定有一个值作为函数返回值。

1. 定义 Function 过程

【格式】

```
[Public|Private][Static]Function   过程名 (形参 As 数据类型,…) [As 数据类型]
   语句序列
   过程名=表达式
   ……
End Function
```

【说明】

① 格式第一行最后的[AS 数据类型]子句用于定义 Function 过程返回值的数据类型，若省略，系统将自动赋给 Function 过程一个最合适的数据类型。

② 若 Function 过程没有参数，函数名后的括号也不能省略，如 Private Function f1()。

③ 语句"过程名=表达式"是 Function 过程中不可缺少的，它的作用是给 Function 过程赋返回值，使得该函数的值为赋值号右边表达式的值。

④ 关键字 Public、Private、Static 的含义同 Sub 过程相同。

2. 调用 Function 过程

对 Function 过程的调用就像使用 VBA 基本函数一样，Function 过程可以出现在任何基本函数可以出现的位置。

【例 8-10】定义一个名为"ymj"的 Function 过程，用于实现计算半径为 r 的圆的面积。

```
Public Function ymj (r As Integer) As Single
  ymj = r * r * 3.14
End Function
```

有了该函数过程的定义后，假设我们要计算半径为 2 的圆的面积，并将结果赋给变量 s，就可以使用下面的语句来实现。

```
s=ymj(2)
```

【拓展】请查阅资料，思考以下问题：①VBA 中的过程是否允许嵌套定义，即过程内部能不能再定义其他过程？②过程是否可以嵌套调用？③对于结构化程序设计思想而言，结构化过程中主要有哪三种基本结构？

8.5 面向对象的程序设计

Access 既支持面向过程的程序设计，也支持面向对象的程序设计。通俗地讲，"面向过程的程序设计"是一种以过程为中心的编程方法，创建的程序由一个或多个过程组成；而"面向对象的程序设计"是一种以对象为中心的编程方法，创建的程序由一个或多个对象组成。看上去，两种方法似乎很像，仅仅是把"过程"的名字换成了"对象"，其实不然，过程和对象有着本质的区别，而且过程之间的协作机制与对象之间的协作机制也有着重大的差异。上一节详细介绍了面向过程的设计方法，本节将主要介绍面向对象的程序设计方法，其中对象的概念、特点、设计、协作以及应用是本节的重点。

8.5.1 面向对象程序设计基础

面向对象程序设计方式简称为 OOP（object-oriented programming），基于 OOP 方法创建的程序由一个或多个对象组成，对象之间通过事件触发机制和消息传递机制进行协同工作，从而完成程序的设计功能。

1. 面向对象程序设计的特点

面向对象程序设计是一种模仿人们建立现实世界模型的程序设计方式，它克服了面向过程程序设计方式的缺陷，是程序设计方式在思维上和方法上的一次飞跃。与传统的面向过程程序设计方式相比，面向对象程序设计方式有以下六个特点。

① 接近于人们的思维习惯。面向对象程序设计的首要任务是从客观世界中抽象出为解决问题所需的对象，再为每个对象设置各种属性并定义其行为方法，最后利用事件触发机制和消息传递机制使各相关对象协同工作。面向对象程序设计方式更接近人们处理事务的思维方式，使开发者能建立起反映真实世界中实体运动规律的应用程序，能适应不断变化的业务需要，提高应用程序的质量。

② 代码的可重用性强。随着操作系统、开发平台以及业务应用的复杂性的提高，应用

程序的规模变得越来越庞大，因此，代码的重用成了提高开发效率的关键。在面向对象程序设计方法引入了类的概念，并由此产生了类库，对类库中类的重用，大大提高了代码的可重用性。

③ 程序一致性的可维护性高。面向对象程序设计方法将数据和代码封装为一体，这就是类。类进行实例化后就产生了对象。对象作为程序运行的最基本实体，其具有的属性和方法源于产生该对象的类，这个类也是由它的父类派生而来的，这就给程序一致性的维护提供了很大的方便。

④ 模块的独立性大。在面向过程程序设计中，过程是程序设计的中心，但过程的独立性比较有限，至少从数据这个角度来看，过程不具备独立性。而面向对象程序设计是以对象为中心，以数据和方法的封装体为程序设计单位，程序模块之间的交互仅仅存在于对象一级，这时对象模块的独立性就充分体现出来了。

⑤ 可扩充性高。类具有继承性的特点，这就使得在程序的设计中，可以在原有类的基础上构造更复杂的类，而这种方式对原有类的完整性没有影响。因此，面向对象的程序有较高的可扩充性，只要用某一个功能相近的类派生出一个新类，对这个新类增加必要的新属性和新方法，就可以使程序增加一种新功能。而在面向过程的程序设计中，过程采用调用的方法，模块相对固定，要增加新功能只能从程序一级修改，但是修改后的程序模块却无法保证原有模块的完整性。

⑥ 程序的可控性更灵活。面向对象程序设计的程序由若干对象组成，对象协同工作往往依赖于消息的传递，而消息的传递往往基于事件的触发。从程序设计的观点看，某条消息的产生可被视为某个事件的发生，比如点击鼠标左键，又如按下键盘 Esc 键。因而，用户通过触发特定事件，给对象发出消息，可以干预程序的执行流程。

2. 面向对象程序设计的基本概念

由面向对象程序设计的特点可知，面向对象程序设计方式用"对象"表示各种实体、用"类"表示对象的抽象、用"属性"表示对象的特征、用"方法"实现对象的行为、用事件触发机制和消息传递机制使各相关对象协同工作。因此，对象、类、属性、方法、事件和消息等是面向对象程序设计中必须搞清楚的基本概念。其中，对象与类是面向对象程序设计方式中两个最基本、最重要的概念，二者之间是一般和特殊、抽象和具体的关系。

（1）对象的概念

简单的说，对象就是现实或抽象世界中具有明确含义或边界的要研究的任何事物。从一个记录到一个记录集合，从一个学生到一个班级，从一本书到一家图书馆都可看作对象。

基于面向对象的观点，对象是由数据（描述事物的属性）和作用于数据的操作（体现处理事物的方法）构成的独立整体。因此，对象是由属性和方法封装构成的，其中属性描述了对象的数据特征，在对象程序的代码中经常表现为一个个变量；而方法描述了对象的操作特征，在程序代码中经常表现为一个个过程。

在 Access 中，表、窗体以及报表都是对象，表中的记录以及字段也是对象。这些对象都具有属性和方法：例如，字段是一个对象，字段对象的属性包括字段名、字段类型以及字段值等，而对字段对象的操作包括字段名的修改、字段类型的修改以及字段值的修改等等；又如，窗体也是一个对象，窗体的标题、背景色以及布局样式是对象所具有的属性，窗体打开和关闭的操作就是该对象所具有的方法。

（2）类的概念

在面向对象程序设计中，为提高程序代码的可重用性，一个特定对象的属性和方法由一个特定类来定义。所谓类就是对一组具有共同方法和属性的对象的抽象描述。

因此，类是在对象之上的抽象，对象则是类的具体化。就一个具体的对象而言，该对象只是其所属的某个类的一个实例，每个类可以实例化出很多具有个性化数据和方法的对象，但由此产生的每个对象都属于同一个类。

例如，如果把 Windows 窗体看作是一个类，则计算器窗体则是 Windows 窗体类的一个实例，计算器窗体具有 Windows 窗体的属性以及操作。

在 OOP 中，类具有封装、继承和多态的三大特性。这些特性不仅可以简化程序的设计，而且还能大大提高代码的可重用性和易维护性。

① 封装性

所谓封装性实际上是将信息进行隐蔽，将对象的方法过程和属性代码包装在一起，属性保存数据，方法实现操作。外部只能通过向对象发送消息来使用该对象，而不必也不能知道对象内部处理该消息的方法，这就隐蔽了不必要的复杂性。

封装性使得人们在使用一个对象时，可以只关心它提供的功能接口，而无须关心该对象是如何实现这些功能的，从而提高了对象的易用性。

② 继承性

继承在实际生活中应用非常广泛。大家手里的手机都换了好几代了，但每一次更新换代，新一代手机都继承了上一代手机基本特征，并添加了自己的新特征。比如，大家现在手里的智能手机，也是继承了早期手机的通话等基本功能，并在此基础添加了上网等功能。

在面向对象的程序设计中，继承指的是在某个类的基础上可以派生出若干个子类，子类继承了其父类的所有属性和方法。由于子类可以继承其父类的全部特征，所以不必从零开始设计这个类。在继承的基础上，子类还可以添加自己的新特征。由于子类和父类之间存在继承性，所以在父类中所作的修改将自动反映到它所有的子类上，而无须分别地去更改一个个的子类，这种自动更新能力可节省用户大量的时间和精力。

继承是面向对象语言提供的一种重要机制，它使得类之间呈现一种层次关系。在这种类的层次结构中，处于上层的类被称为父类，处于下层的类被称为子类或派生类。子类是父类的具体化、特殊化，父类是子类的抽象化。下层比上层更加具体与完善，从而增加了对象的一致性，减少了程序开发时代码及各种信息的冗余。

③ 多态性

在面向对象程序设计中，对象的多态性指的是同类对象对于相同的消息可以有不同的响应方法。也就是说，将同样的消息发给同一类对象，根据对象当前所处状态的不同，对象可能给出不同的响应操作。多态性是面向对象的高级应用，本书将不涉及。

（3）消息与事件

基于 OOP 设计的程序是对象的集合，这些对象共同协作完成程序的功能。对象的协作更多的是基于消息传递机制，而消息的产生经常是由事件触发的。

① 消息

对象之间需要相互沟通，沟通的途径就是对象之间收发信息。因此，消息就是要求某个对象执行在定义它的那个类中所定义的某个操作的规格说明。一个消息由下述三部分组成：第一是消息的接收者，即接收消息的对象；第二是消息名，它蕴含着要求接收者完成的操作请求；第三是消息参数。

例如，如果要求对象"学生"完成"对金融学提分 10%"的操作，可以对对象"学生"发送消息"学生.提分(金融学,10%)"。上述消息中，接收者是"学生"对象，消息名是"提分"，消息的参数有"金融学"和"10%"两个。

② 事件

所谓事件一般是用户在与应用程序的某个对象交互时所产生的动作或应用程序、操作系统自身所产生的动作，比如用户按下了应用程序窗体中的某个按钮，某个文件发生了改变，网络上有数据到达等。事件发生后，通常要向相关对象发出消息，用于描述某个事件所发生的信息以及要求相关对象所要进行的处理，因此事件和消息两者密切相关，事件是原因，消息是结果。

触发事件的对象称作发送者，捕获事件并且做出响应的对象称作接收者，接收者对事件的响应一般是执行它的特定方法。一个事件可以存在多个接收者。

3. 面向对象程序设计的过程

面向对象技术将面向对象分析、面向对象设计和面向对象编码集成在一起，其核心是"对象"的分析、设计和编码。基于面向对象技术进行程序设计，最重要的内容有三点。

① 根据给出的实际问题，抽象并定义问题域中的类。

② 将类实例化为对象。

③ 描述这些对象之间的交互，即这些对象之间的消息关系以及消息产生的事件。

4. 面向对象程序设计的要点

面向对象技术是一种以对象为基础，以事件或消息来驱动对象执行处理的程序设计技术。在进行面向对象编码中，要特别注意以下 5 点。

① 基于面向对象技术进行数据库应用系统的开发，将面向对象分析、面向对象设计和面向对象程序设计集成在一起。其核心思想是"面向对象"。

② 在抽象问题域的类时，要从所处理的业务数据入手，以业务数据为中心而不是以业务功能为中心来描述系统，数据相对于功能而言具有更强的稳定性。

③ 在设计面向对象程序时，首先应该定义问题域中抽象出来的类，然后再基于类实例化业务问题的各个对象，并制定对象之间消息传递的机制。

④ 面向对象程序中的一切操作都是通过向对象发送消息来实现的，对象接到消息后，启动有关方法完成相应的操作。

⑤ 对象之间的协作是依靠消息传递机制来实现的。当一个对象发出的某项业务协作请求消息被另外一个对象接收后，这两个对象就处于协作过程中。对象发出消息的契机有时与业务逻辑有关，当然，更多的时候与该对象特定事件的发生有关。

5. 面向对象程序设计的层次

在问题域的类抽象完成后，接下来的工作是定义问题域的类，然后应用这些类来解决问题。为了提高系统开发的效率，大多数数据库管理系统都预定义了大量的类，很多情况下，用户直接选用系统预定义的类，就可以解决问题域的大多数业务。当系统预定义的类不能解决问题域中的问题时，用户才需要根据业务需求定义自己的类。

在面向对象程序设计过程中，根据类定义的难易程度，可以将面向对象程序设计的层次分为初级、中级和高级 3 个层次。

① 初级阶段。处于初级阶段的面向对象程序设计，不用用户编写代码定义自己的类，只需要选取数据库管理系统提供的类就能够解决问题域的问题。用户需要做的工作仅仅是从系统提供的类库中选取类、将类实例化为对象、编写对象间的协作代码就可以了。本书的内容主要是针对初级阶段的面向对象程序设计编写的。

② 中级阶段。在中级阶段的面向对象程序设计中，仅仅选用数据库管理系统提供的类，无法解决问题域的问题，这就需要用户根据业务需求定义数据库管理系统中没有提供的类。因此，中级阶段与初级阶段的不同，在于中级阶段需要用户定义自己的类。

③ 高级阶段。在中级阶段的面向对象程序设计中，用户自定义类比较简单，不需要从其他类继承任何的属性和方法。在高级阶段的面向对象程序设计中，类的定义往往需要继承其他类中的属性和方法。

8.5.2　Access VBA 中的对象类

VBA 中预先定义的对象类称为基类，它们是所有对象类的来源起点。用户不仅可在基类的基础上创建各种对象，还可以在其基础上创建用户自定义的新类，从而简化对象和类的创建过程，进而达到简化应用程序设计的目的。

1. Access VBA 中的基类

VBA 中的基类是系统本身所内含的，每个基类都有自己的一套属性和方法，而且基类所有的属性和方法都不能更改。VBA 提供的基类又称为标准类，它奠定了 VBA 面向对象程序设计的基础。在 VBA 中，供用户进行 Access 数据库应用系统开发的标准类主要有两组：一组类称为数据存取类，负责对数据库的数据定义和操纵；另外一组类称为业务应用类，负责应用系统的业务界面设计、业务逻辑设计和业务运行控制。

（1）数据存取类

数据存取类主要用于数据库的数据对象的定义、存取和管理。数据存取类与数据库的访问技术密切相关，对 Access 数据库而言，主要的访问技术有 DAO、ADO 以及 ODBC。以最易理解的 DAO 技术为例，相关的数据存取类主要包括：数据库引擎对象（DBEngine）、工作空间对象（workspace）、数据库对象（database）和数据记录集（recordset）等。数据库引擎对象（dBEngine）是 DAO 对象组的超级对象（super-object），所有 DAO 组其他对象都从它派生而来。

（2）业务应用类

业务应用类主要用于进行 Access 数据库应用系统的业务界面设计、业务逻辑设计和业务运行控制设计，主要包括与业务应用有关的对象，如窗体对象、报表对象以及宏对象等。

　　以数据库引擎 DBEngine 为代表的很多基类对象在应用系统中都是系统缺省对象，它们不需要用户定义就已存在，在程序中可直接使用。

2. Access VBA 中的自定义类

在实际开发中，VBA 提供的标准类不能完全满足用户的需求，这时候，用户就需要定义自己的对象类来完成某些特定的任务。VBA 提供了类模块的功能，允许用户根据需要定义自己的对象类。用户自定义对象类一般在某个基类的基础上创建，该基类就成为自定义类的父类，自定义类自然继承了该基类的所有属性和方法。初级阶段的面向对象程序设计一般不涉及对象类的定义，本书只是简单介绍了自定义对象类的定义和应用。

8.5.3　Access VBA 中的对象模型

Access VBA 提供了用户进行面向对象程序设计的接口，该接口包括若干对象，这些对象基于继承或包含关系组织为一个具有层次结构的对象模型，如图 8-13 所示。对象模型通过定义所有对象的层次组织关系，使编程工作更容易实现。

基于这一对象模型，VBA 开发人员可以高效率地开发出满足用户特定需求的 Access 数据库应用系统。用户在基于这一对象模型进行程序设计时，要注意以下 5 个方面的问题。

（1）对象间的层次关系

在 Access 对象模型中，对象间有上下级层次关系，这种上下级的层次关系往往表示了对象之间的继承关系或包含关系。例如 Application 对象是 Forms 对象的上级对象，而 Forms 对象是 Application 对象的下级对象。用户在引用某个对象的属性或方法时，需要通过"！"或"．"这两个符号来表示对象间的这种层次关系。

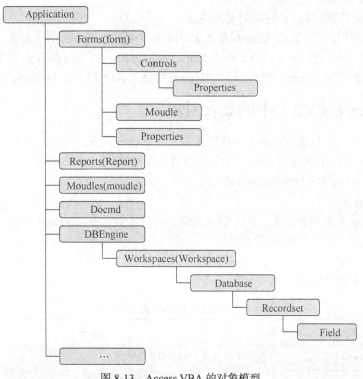

图 8-13　Access VBA 的对象模型

（2）集合对象和独立对象

Access 对象模型中存在两种类型的对象：集合对象和独立对象。与独立对象不同，集合对象都包含几个相同类型的其他对象。例如，Forms 对象是一个集合对象，它是一个或多个独立窗体对象 Form 的集合。集合对象和独立对象在属性、方法以及它们引用方式上有一定的差异，用户要格外注意。

（3）Application 对象

Application 是最顶层的对象，该对象一般用来对整个 Access 应用程序进行全局参数设置和初始化操作。以默认数据库文件夹的设置为例，用户既可以在"选项"对话框中"常规"选项卡的"创建数据库"功能区中设置"默认数据库文件夹(D)"为"F:\data"，也可以用 Application 对象的 SetOption 方法来设置，相应的命令如下：

```
Application.SetOption " Default Database Directory", "F:\data"
```

（4）控件对象和非控件对象

控件对象是放置在窗体对象或报表对象上与用户交互的对象，Access 对象模型中的所有控件对象均位于 Controls 这一集合对象中。与控件对象不同，非控件对象一般不与用户交互。

（5）绑定控件和非绑定控件

控件对象又可以分为绑定控件对象和非绑定控件对象。绑定控件对象可以与某数据源中数据进行关联，并对数据源中的数据进行显示和编辑。绑定控件可以绑定数据表中的数据，也可以绑定查询或 SQL 语句中的数据。与绑定控件相反，非绑定控件一般不与数据源中的数据关联。

（6）DoCmd 对象

DoCmd 对象是一个重要对象，执行该对象的方法可以执行 Access 的特定操作，完成诸如关闭窗口、打开窗体以及设置控件值等任务。例如，可以使用 DoCmd.OpenForm 打开窗体，也可以用 DoCmd.CloseDatabase 关闭所打开的数据库。

【例 8-11】简要说明 forms 对象的层次关系。

forms 对象的层次关系是；forms 对象的父对象是顶级对象 Application 对象，forms 是一个集合对象，它又包含若干个 Form 对象，每个 Form 对象都有一个 Controls 集合对象，每个 Controls 集合对象都包含若干个 Control 对象，每个 Control 对象又包含若干个 Properties 对象。

8.5.4　Access VBA 中的集合对象

集合对象本身也是对象，它具有一些集合特点的方法和属性。例如，如果集合对象中的对象共享共同的方法，则可以对整个集合的所有对象进行统一操作。Access VBA 程序设计中，常用到的集合对象有 Forms、Reports 和 Controls 等。

1．Forms 对象

Forms 对象是一个集合对象，用于管理当前所有处于打开状态的窗体对象 Form。窗体对象 Form 是 Forms 这个集合对象的一个成员。

对于集合对象中的每一个对象，有以下三种引用方法。表 8-14 以 Forms 集合对象为例，说明了集合对象中某个成员对象的引用方法。

表 8-14　　　　　　　　　　　Forms 集合对象中成员对象的引用方法

引用方法	引用说明
Forms(0)	使用下标方式引用集合中的对象
Forms("Form_Name")	使用窗体名称方式引用集合中的对象，其中 Form_Name 可以用"[]"括起
Forms!Form_Name	使用！符号引用集合中的对象，其中 Form_Name 可以用"[]"括起

 注意　集合对象中的每个对象在集合中都有一个索引号，它指出了该对象在集合内的位置，不过，任何对象的位置都不是一成不变的，如果集合发生变化，集合中的对象的位置索引号就可能发生变化。

2．Reports 对象

Reports 对象也是一个集合对象，用于管理当前所有处于打开状态的报表对象。报表对象 Report 是这个集合对象的成员。

3．Controls 对象

Controls 对象也是一个集合对象，用于管理当前所有处于打开状态的控件对象。常见控件对象有标签（Lable）、文本框（TextBox）和命令按钮（CommandButton）等。

8.5.5　Access VBA 对象的属性、方法与事件

Access 数据库应用系统的开发最终落实在一个个 Access VBA 对象的设计上，而 Access VBA 对象的设计主要围绕属性、方法和事件这三个方面展开。

1．对象的属性

属性用数据值来描述对象的特征，它反映了对象应具有的性质和状态。在 VBA 中，每个对象一般都有名称（Name）、值（Value）、是否可用（Enable）等属性。对于可视的对象，一般还具

有标题（Caption）、高度（Height）、宽度（Width）、前景色（ForeColor）、背景色（BackColor）、是否可见（Visible）等属性。对于文本之类的可视对象，还具有字体名称（FontName）、字号（FontSize）等属性。

一个对象在创建之后，它的各个属性就具有了默认值，之后可以通过多种方法对这个对象的属性进行重新赋值，从而改变这个对象的状态。

在面向对象程序设计中，对象的属性既可以在设计时设置，也可以在运行中设置。在运行中为属性赋值可通过赋值命令实现，该命令的格式为：<对象名>.<属性名>=<属性值>。

【例 8-12】给文本框对象"Text1"设置新的属性值，使得"Text1"对象中的内容字体为"隶书"、字号为 16、标题为"我是文本框对象"。相应的命令为：

```
Text1.FontName ="隶书"
Text1.FontSize=16
Text1.Caption ="我是文本框对象"
```

如果要对同一个对象进行一系列的操作，例如设置同一个对象多个属性的属性值，则可以使用对象遍历语句"With……End With"，以减少对象名的重复书写。

【例 8-13】请设置"Command1"对象的"标题""字号"和"背景色"属性，使得这些属性的属性值分别为："确定"、12、vbYellow。相应的语句如下：

```
With Command1
    .Caption ="确定"
    .FontSize = 12
    .BackColor = vbYellow
End With
```

【说明】在同一个对象上执行一系列的命令时，可以使用对象遍历语句，该语句使得对该对象执行的一系列命令，不用重复指出对象的名称。对象遍历语句的格式如下：

```
With Object _name
    <语句块>
End with
```

其中，Object _name 是一个对象的名称，它是必选参数。<语句块>表示要执行在 Object 上的一条或多条命令语句。

　　　　Access 建立的数据库对象及其属性，均可看成是 VBA 程序代码中的变量，并以变量的形式加以使用。引用对象属性的语句格式为：对象名.属性名。

2. 对象的方法

对象的方法是指在该对象上可以执行的操作。对于 VBA 而言，方法是一些封装起来的 Sub 过程和 Function 过程，给对象发送消息执行某一操作，实际上就是调用该对象的某个 Sub 过程和 Function 过程。

【例 8-14】用 VBA 给"Command1"对象定义一个"Command1_Click"方法。

```
Sub Command1_Click()
    Text1.SetFocus          '使文本框获得焦点
    Text1.Text = "我爱你, 中国! "
    Text2.SetFocus
    Text2.Text = "读者, 我爱你! "
End Sub
```

对象实例化后，用户就可用调用对象的方法。调用方法的格式如下：

[对象名.]方法名 [参数名列表]

3. 对象的事件

事件是对象可以识别的动作，如单击鼠标左键（Click）、单击鼠标右键（RightClick）以及双击鼠标左键（DbClick）等。系统为每个对象预先定义好了一系列的事件，当在对象上发生了某个事件后，对象就要处理这个事件，而处理步骤的集合就构成了事件过程。换言之，响应某个事件所执行的程序代码称之为事件过程。

对象事件过程的一般格式为：

```
{Private|Public} Sub 对象名_事件名(参数表)
    语句组
End Sub
```

一个对象可以有多个事件，用户可以为不同的事件编写不同的事件过程。VBA 程序设计的主要工作就是为对象编写事件过程代码，以响应用户的动作或系统行为。需要特别说明的是，除了事件过程以外，还可以创建宏对象来响应事件的发生。

事件的发生是有顺序的，例如，在第一次打开窗体时，事件发生顺序是，Open 事件→Load 事件→Active 事件→Resize 事件→Current 事件；而在关闭窗体时，事件发生顺序是：Unload 事件→Deactivate 事件→Close 事件。事件发生的有序性要求用户在编写事件的代码过程时考虑事件的时间关系，否则，多个事件的事件过程之间的逻辑性会存在问题。表 8-15 列出了常见事件及其引发时机。

表 8-15　　　　　　　　　　　常见事件及其引发时机

事件	引发时机
Click	单击鼠标左键时
DblClick	双击鼠标左键时
RightClick	单击鼠标右键时
MouseDown	按下鼠标按键时
MouseUp	释放鼠标按键时
MouseMove	移动鼠标时
KeyPress	按下并释放某键盘键时
InteractiveChange	用键盘或鼠标改变对象值时
ProgrammaticChange	在程序代码中改变对象值时
GotFocus	对象获得焦点时
LostFocus	对象失去焦点时
Load	装载窗体或窗体集时
Unload	释放窗体或窗体集时
Activate	对象激活时
DeActivate	对象不再处于活动状态时
Resize	调整对象大小时
Timer	到达 Interval 属性规定的毫秒数时
Init	创建对象时
Destory	对象释放时
Error	对象运行发生错误时

当对一个对象发出一个动作时，可能同时在该对象上发生多个事件，例如，单击鼠标左键，同时发生了单击鼠标左键（Click）、按下鼠标按键（MouseDown）和释放鼠标按键（MouseUP）三个事件，在编写程序时，并不要求对所有的事件都进行编码，对于没有编码的空事件过程，系统将不做处理。

8.5.6　Access VBA 对象的引用

在 VBA 面向对象编程中，引用对象的属性以及调用对象方法都要符合特定的格式，这实际上也就是面向对象编程中的消息格式。

1. 集合对象所包含对象的引用方法

与独立对象相比，集合对象的引用有自己的特点。最常用的集合对象有 Forms 和 Reports，二者在引用方法上很相似。下面就以窗体集合对象（Forms）为例，说明集合对象中所包含的对象的引用方法。

（1）引用 Form 对象

可以基于窗体名称引用 Forms 集合中的某个 Form 对象，具体命令格式有二：

【格式 1】`Forms!<窗体名称>`

【格式 2】`Forms<"窗体名称">`

如果窗体名称中包含空格，则窗体名称必须用方括号"[]"括起来。

（2）引用 Form 对象上的控件

每个 Form 对象都有一个 Controls 集合，该集合包含该窗体上所包含的所有控件。要引用窗体上的控件可以采用显式引用方式，也可以采用隐式引用方式。相比较而言，隐式引用方式的速度会更快一些。引用 Form 对象上控件的格式如下：

【显式引用格式】

`Forms!<窗体名称>.Controls!<控件名称>`

或

`Forms<"窗体名称">.Controls!<控件名称>`

【隐式引用格式】

`Forms!<窗体名称>!<控件名称>`

或

`Forms<"窗体名称">!<控件名称>`

例如：针对"用户登录"窗体对象上的 Command2 控件对象的引用格式如下：

显式引用方式："Forms!用户登录.Controls!Command2"

隐式引用方式："Forms!用户登录!Command2"

尽管由于 VBA 可以使用感叹号"!"和点"."这两个符号来对引用对象进行分割，但这两个符号的应用场合有所不同：凡是 Access 系统命名的对象，使用"."符号来分割它；凡是编程人员命名的对象，使用感叹号"!"符号来进行分割。

2. 消息中对象的引用方法

应用程序中往往创建了很多对象，例如：窗体集合对象包含了若干窗体对象，在窗体对象中又可以存在着不同的控件集合对象，在控件集合对象中又包含着不同的控件对象等。所以，一个对象在向另一个对象发布消息时，必须在消息指明该消息中所要引用的另外一个对象，这就必须描述清楚另外一个对象所在的层次位置、对象名、属性名或方法名。在 Access 程序中，对象的引用方式有两种，即：绝对引用与相对引用。

（1）绝对引用

绝对引用是在引用对象时通过它与所有父对象的层次关系来描述其位置，其中的父对象是指包含被引用对象的外层对象。在 VBA 程序代码中访问一个 Access 对象时，编程人员必须清楚该对象在 Access 对象模型中所处的位置，然后通过对象分割符，从包含这一对象的最外层对象开始，依次逐步取其子对象，直到要访问的对象为止。

绝对引用的基本格式如下。

【属性的引用格式】 `[<顶层对象>.][[<父对象>.][……]]<对象名>.<属性名>`

【方法的引用格式】 `[<顶层对象>.][[<父对象>.][……]].<对象名>.<方法名>`

（2）相对引用

VBA 还提供了一种简单方式用来识别操作对象位置。引用时可以只指出被引用的对象相对于当前窗体的位置，而不需要列出所有父对象的对象名，这种引用方式称为相对引用。相对引用是基于关键字 Me 来实现的，使得引用窗体（或报表）中的控件非常方便。

关键字 Me 表示当前窗体对象 Form 或当前报表对象 Report，它省略了从顶级对象 Application 到 Forms（或 Reports）间的所有对象。用户在使用关键字 Me 时需要特别注意，me 仅仅引用当前窗体（或报表）中的控件对象，不能够引用当前窗体或报表以外的控件对象。

基于 Me 的 VBA 窗体属性设置格式：`Me.<属性名>=值`

基于 Me 的 VBA 窗体控件属性设置格式：`Me!<控件名>.<属性名>=值`

不同于 Access 对象属性的设置，Access 对象的方法只能够在程序运行时调用。调用格式与属性的设置格式相似。对象的方法引用采用下列格式：

基于 Me 的 VBA 窗体方法的调用格式：`Me.<方法>`

基于 Me 的 VBA 窗体控件方法调用格式：`Me!<控件名>.<方法>`

【例 8-15】 窗体对象 newform 中有一个命令按钮对象 Command6。请设置窗体的属性，使之不可移动，并修改窗体中 Command6 的标题值为"订单的查询"。

如果使用绝对引用则应写为：

```
Application.Forms!newform.Moveable=False
Application.Forms!newform.Controls("Command6").caption="订单的查询"
```

如果使用相对引用则应写为：

```
Me.Moveable= False
Me.Controls("Command2").caption="订单的查询"
```

8.5.7　Access VBA 对象的设计

VBA 对象的设计包括对象类的定义、对象的实例化、对象消息的规划等。一个对象只有创建完成，才能够进行应用。对象应用完毕后，就需要关闭并释放，这样才能够释放这个对象所占用的内存空间以及其他资源。

1. 对象类的定义

尽管初级阶段的编程不涉及类的定义，这里还是要简单介绍一下这个内容，以便用户对 VBA 对象的设计建立一个完整的框架。类的定义主要是声明类的属性，定义类的方法过程。对象类的属性和对象类的方法被封装在对象类这一程序单元中。

在 Access VBA 中，对象类的定义是通过类模块来实现的，类模块将在下一章展开介绍。这里通过下面的例子简单介绍一下对象类的定义。

【例 8-16】 定义一个对象类 MyClass，它包括 StudentName 这个属性，还包括 WriteToDebug 这个方法。属性和方法的具体内容如下所示：

**对象类 MyClass 定义开始

```
Public StudentName As String
Public Sub WriteToDebug()
```

```
    Debug.Print "This is a definition of The MyClass."
    Debug.Print "There is a StudentName attribute in The MyClass."
    Debug.Print "The value of StudentName is: " & StudentName
End Sub
```
**对象类 MyClass 定义结束

2. 对象的创建

对象的创建就是将这个对象类实例化为一个对象。Access VBA 有两种方法实例化对象。

（1）方法 1：Dim 对象实例名　As New 类名

例如：语句 Dim appAccess As New Access.Application 就是将 Access.Application 类实例化为一个实实在在的 appAccess 对象。

（2）方法 2：Set 对象实例名=CreateObject("类名")

Set 语句是用来创建一个对象实例并赋给已声明成 Object 类型的对象变量。"Set"是不可以省略的。

用户需要特别注意的是：在用 Set 对象实例名=CreateObject("类名")之前，必须先用下面命令将对象实例名声明为一个 object 类型的变量：Dim 对象实例名 As object。

【说明】在 Access VBA 中，对象采用了类似常规变量的处理方式：系统扩充的变量类型包括了所谓的对象类型；先类型定义再实例赋值，使用数据变量定义语句 DIM 来定义对象变量，使用实例赋值语句 SET 来创建对象的实例；对象实例继承了对象类所定义的属性和方法；对象的层次关系决定了对象实例的创建顺序。

【例 8-17】创建对象类 MyClass 的一个实例，并通过消息完成几个简单操作。

```
Sub TheInstanceOfMyClass()
    Dim mystr As String
    Dim myobject As New MyClass
    Let mystr = InputBox("请输入学生名", "输入窗口","我的名字是姜笑枫。")
    myobject.StudentName = mystr
    myobject.WriteToDebug
End Sub
```

此程序的执行结果如图 8-14 所示，用户可以试一试，在没有学习下一章的情况下，能不能把上面两个案例上机验证成功。

3. 对象的关闭和释放

对象在应用完成后，应该及时将其关闭，以避免一些莫名其妙的干扰。对于不再需要的对象，可以将其关闭并释放，以释放对象占用的内存空间以及其他资源。

图 8-14 【例 8-17】的执行结果

对象关闭的命令是：Me!对象实例名.close

对象释放的命令是：Me!对象实例名 = Null

另外，还有一种删除对象的命令，它的语句格式是：Set 对象实例名=Nothing

【说明】对象关闭后，还存在于内存中，仍然可以通过 open 打开它重复使用。对象一旦释放，内存中就没有这个对象了。如果需要再使用这类对象，需要重新创建和初始化。

8.5.8　基于 DAO 接口的 Access 数据库的访问

Access VBA 访问数据库的接口技术有 ODBC、DAO 和 ADO 等。其中 ODBC 是面向过程的接口技术，而 DAO 和 ADO 是面向对象的接口技术。尽管 DAO 接口技术在应用中发现了一些缺点，但是该接口技术层次清晰，能够较好的反应关系数据库的组织结构和操作，因此，本书选择了 DAO 接口技术来介绍 Access 数据库的面向对象访问技术。

1. 数据库访问的接口技术

Access是微软公司的产品,因此用户访问Access数据库主要使用的是微软公司提供的ODBC、DAO以及ADO等数据库访问接口技术。

（1）ODBC 接口

ODBC（open database connection，开放式数据互连）是一个面向过程的数据库访问公共编程接口。ODBC 接口实际上是一些预先定义的 ODBC 函数,开发人员基于这些函数就可以访问数据库,既不需要编写源码,也不需要深入理解数据库访问的内部工作机制。开发人员基于 ODBC 编程,实际上就是写出由 ODBC 函数调用组成的 ODBC API。

ODBC 共分为四层:应用程序、驱动程序管理器、驱动程序和数据源。应用程序的主体是 ODBC API,它主要由 ODBC 函数调用组成。ODBC API 访问数据库的过程是:ODBC API 与驱动程序管理器进行通信,将蕴含在 ODBC 函数调用中的 SQL 请求提交给驱动程序管理器;驱动程序管理器分析 ODBC 函数调用并判断数据源的类型,配置正确的驱动器,并把 ODBC 函数调用传递给驱动器;驱动器处理 ODBC 函数调用,并把蕴含在 ODBC 函数调用中的 SQL 请求挖掘出来发送给数据源;数据源基于 SQL 请求执行相应操作后,将操作结果反馈给驱动器;驱动器将执行结果返回驱动程序管理器;驱动程序管理器再把执行结果返回给应用程序。

ODBC 一个最显著的优点是用它生成的应用程序与数据库或数据库引擎无关。这使得应用程序具有良好的互用性和可移植性,并且具备同时访问多种 DBS 的能力,从而克服了传统数据库应用程序的缺陷。但也正是由于 ODBC 的通用性,使得 ODBC 的数据访问效率减低。

（2）DAO 接口

DAO（data access object，数据访问对象）是第一个面向对象的数据库接口。DAO 接口实际上是一些预先定义的 DAO 对象,开发人员基于多个 DAO 对象的协同工作就可以直接连接到 Access 数据表,实现对数据库的各种操作。

遗憾的是,DAO 技术不支持远程通信,只是适用于小规模的本地单系统的数据库应用,通用性和可移植性也比较差。DAO 的优点是支持面向对象程序设计,而且容易上手,非常适合初学者学习。比 DAO 数据库访问技术更好的是微软的 ADO 数据库访问技术。

（3）ADO 接口

ADO（activeX data object，ActiveX 数据对象）也是一种面向对象的数据库编程接口,用以实现访问关系或非关系数据库中的数据。作为 ActiveX 的一部分,ADO 是一个和编程语言无关的用于存取数据源的 COM 组件,支持面向组件框架模式的程序设计。

ADO 是 DAO 的后继产物,它扩展了 DAO 所使用的层次对象模型,用的对象较少,更多是用属性、方法（和参数）以及事件来处理各种操作,简单易用,成为了当前数据库开发的主流技术。本书将在第 12 章重点介绍 ADO 技术。

2. DAO 接口的对象模型

DAO 是一个分层的面向对象的数据访问对象模型,它把对于数据库的操作分为若干层次,每一个层次为一类对象,其层次结构和关系数据库的逻辑视图相符合。

由图 8-15 可见,DAO 模型的数据访问对象以分层结构来组织,每一层由一系列的数据访问对象和对象的集合组成。在 DAO 对象模型中,顶部对象是 DBEngine 对象,它是唯一一个不被其他对象包含的数据访问对象。顶部对象 DBEngine 包含了两个重要的集合对象,一个是 Errors 集合,另一个是 Workspaces 集合。

对 DAO 的操作总会产生一些错误,每产生一个错误,DAO 就生成一个 Error 对象来处理这个错误,这些 Error 对象都放在 Errors 集合中,可以用 Errors.Count 来计算错误的个数。

每一个应用程序只能有一个 DBEngine 对象,但它可以有多个 Workspace 对象,这些 Workspace

对象都包含在 Workspaces 集合中。每个 Workspace 对象都包含了一个 Databases 集合对象，Databases 集合对象中的每个 Database 对象都对应一个数据库，它里面包含了许多用于操作数据库的对象，如 Recordset 对象。每一个 Recordset 对象又包含一个 Fileds 集合对象，Fields 中的 Field 对象封装了 Recordset 对象中的字段的属性和方法。

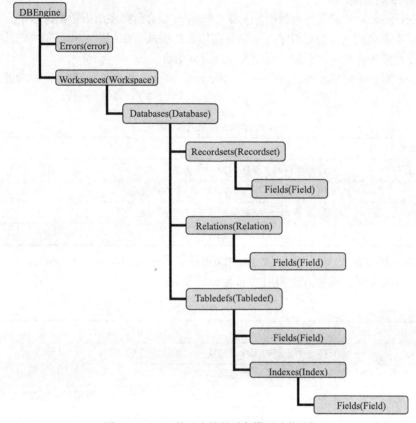

图 8-15　DAO 接口支持的对象模型（节选）

下面对 DAO 对象模型中的常用对象进行详细的说明。

（1）DBEngine 对象

数据库引擎存在于应用程序和物理数据库文件之间，把用户程序和正在访问的特定数据库隔离开来，从而实现应用程序对数据库的"透明"操作。

DBEngine 对象在一个应用程序中是唯一的，它既不能创建，也不能声明，是不需要创建就已经存在的对象。通常，可以用 DBEngine 对象的属性来设置工作区对象的类型、数据库访问的缺省用户以及缺省用户密码，利用 DBEngine 对象的方法可以创建工作区对象等。

DBEngine 对象常用属性有：DefaultType 用来设置或返回一个值，该值为创建下一个工作区对象指出默认工作区类型；DefaultUser 指定进行数据库访问时的缺省用户名称，它是一个长度小于 20 个字符的 String 变量，DefaultUser 的缺省值是 Admin；DefaultPassword 用来设置数据库访问时的缺省用户口令，它的缺省值是空字符串；Version 可以返回正在使用的 ADO 的版本信息。

DBEngine 对象常用方法有：CreateWorkspace、Idle 等。CreateWorkspace 方法的使用格式是：Set Workspace 对象变量名 = CreateWorkspace(name, user, password, type)，它可以创建一个以参数 name 为对象名、以参数 user 为访问用户、以 password 为访问密码、以 type 为 Workspace 类型的新 Workspace 对象；Idle 方法的格式是 DBEngine.Idle，它可以挂起数据处理进程，使 DBEngine

处于空闲状态。

（2）Error 对象

Error 对象是 DBEngine 对象的一个子对象。在发生数据库操作错误时，既可以用 VBA 的 On Error 语句来进行错误处理，也可以把错误信息保存在 DAO 的 Error 对象中。

（3）Workspace 对象

一个 Workspace 对象定义一个数据库会话（Session）。会话描述出由数据库引擎完成的一系列功能，所有在会话期间的操作形成了一个事务范围，并服从于由用户名和密码决定的权限。所有的 Workspace 对象组合在一起形成了一个 Workspace 集合。

Workspace 对象的常用属性有 Name、UserName、Type、IsFrozen 等。这些属性的作用如表 8-16 所示。

表 8-16　　　　　　　　　　　　　　　Workspace 对象的常用属性

属性	作用
Name	设置或返回工作区对象的名字
UserName	用来设置或返回 Workspace 对象的拥有者
Type	指明 Workspace 对象操作的数据库类型
IsFrozen	表示工作区是否被锁定

Workspace 对象的常用方法有 CreateDatabase、OpenDatabase、BeginTrans、Rollback、CommitTrans、Close 等。这些方法的用途如表 8-17 所示。

表 8-17　　　　　　　　　　　　　　　Workspace 对象的常用方法

方法	用途
CreateDatabase	在一个指定的工作区建立一个新的数据库对象
OpenDatabase	打开一个现存的数据库
BeginTrans	将该语句之后到 CommitTrans 语句之前的一系列数据操作作为一个事务来处理
Rollback	回滚从 BeginTrans 语句开始到 CommitTrans 语句之间提交的事务操作
CommitTrans	确认当前的事务并将事务所进行的修改保存到数据库
Close	关闭该 Workspace 对象以及它的任何子对象

（4）Database 对象

每个 Database 对象映射一个打开的物理数据库，一旦用 CreateDatabase 创建了一个数据库或用 OpenDatabase 打开了一个数据库，就生成了一个 Database 对象。所有的 Database 对象都自动添加到 Database 集合中。

Database 对象常用的属性有 Name、Connect、Connection、Tranactions、Count、RecordsAffected、Version、Updatable 等。这些属性的作用如表 8-18 所示。

表 8-18　　　　　　　　　　　　　　　Database 对象的常用属性

方法	作用
Name	设置或返回数据库的完整路径和文件名
Connect	设置或返回打开外部数据库时的连接字符串
Connection	设置或返回 ODBC 连接属性，包括用户名和口令等
Tranactions	返回是否可以进行事务操作

续表

方法	作用
Count	返回 Database 对象的数量
RecordsAffected	返回执行 Execut 命令后，被操作的记录数
Version	返回所打开的数据库的版本号
Updatable	返回是否可对数据库进行写入或删除操作

Database 对象常用方法有 OpenRecordset、Close、CreateTableDef、CreateQueryDef、Create Relation、Excute 等。这些方法的用途如表 8-19 所示。

表 8-19　　　　　　　　　　　　　　Database 对象的常用方法

方法	用途
OpenRecordset	可以打开一个 Recordset 记录集对象
Close	可以关闭 DAO 对象
CreateTableDef	可以创建一个新的 TableDef 表定义对象
CreateQueryDef	可以创建一个新的 QueryDef 查询定义对象
CreateRelation	可以创建一个新的 Relation 联系对象
Excute	可以在一个数据库对象上或者一个指定的连接上执行一个 SQL 语句或功能查询

由于 OpenRecordset 方法是 Database 对象所有方法中使用最多的一个方法，所以下面介绍一下该方法的使用。OpenRecordset 方法的格式是：

```
Set Recordset=objectname.OpenRecordset(source,type,options,lockedits)
```

其中，参数 source 是一个字符串，它指定了新建的 Recordset 对象的记录源，它可以是一个表名，也可以是一个查询名，还可以是一条返回若干记录的 SQL 语句；参数 type 是可选的，它可以指定 Recordset 对象的类型；参数 options 也是可选参数，它可以指定 Recordset 对象的其他属性；参数 lockedits 也是可选参数，它可以指定 Recordset 对象的锁定类型。

（5）Recordset 对象

RecordSet 对象是源于数据源对象的一组记录的集合，RecordSet 对象中的记录可以直接从数据库的表中取得，也可以通过查询返回。在使用 DAO 访问数据库时，一般都使用 Recordset 对象来操作记录，如增加记录、删除记录和更新记录等。对于 RecordSet 记录集中的所有记录，只有一条记录会获得焦点，这条记录称为当前记录。当前记录的逻辑地址保存在记录指针中，因此，改变当前记录实际上是修改记录指针保存的记录地址。

根据对记录的存取和控制方式，RecordSet 对象可以分成五种基本类型，分别是 Table、Dynast、Snapshot、ForwardOnly 和 Dynamic。这五种类型的 RecordSet 对象的特点如表 8-20 所示。

表 8-20　　　　　　　　　　　　　　RecordSet 对象五种基本类型

类型	特点
Table	是缺省类型，此类型的 Recordset 对象是物理表的映射，它包含单一表对象的所有数据，可以对数据进行完全访问，如添加、修改和删除记录等
Dynast	Dynast 类型的 Recordset 对象是单一表对象或 Select 类型查询结果的映射，它所包含的字段一般来源于多个表，是一个动态的记录集合，它可以有 Table 类型所有的编辑功能，但不能使用索引
Snapshot	Snapshot 类型的 Recordset 对象包含一组不能更改的记录集合，是只读的，用来浏览数据和生成报表

续表

类型	特点
ForwardOnly	ForwardOnly 类型的 Recordset 对象和 Snapshot 类型一样，但只能在记录集合中向前移动，一般用于网络数据库环境中
Dynamic	Dynamic 类型的 Recordset 对象是一个查询结果的记录集合，可以进行增加、修改、删除等操作，并且，在多用户环境中，其他用户对对象记录来源表中的数据的修改也会反映到该 Recordset 对象上

Recordset 对象的常用属性有：Name、AbsolutePosition、BOF、EOF、bookmarkable、Bookmark、EditMode、Filter、Index、LastModified、LastUpdated、LockEdits、NoMatch、PercentPosition、RecordCount、Sort、Transactions、ValidationRule、ValidationText 等。这些属性的作用如表 8-21 所示。

表 8-21 Recordset 对象的常用属性

属性	作用
Name	指定了 Recordset 对象的名称
AbsolutePosition	可以设置或读取当前记录在记录集中的位置
BOF	可以返回一个值，这个返回值表明记录指针是否已经到达记录集中第一条记录之前
EOF	返回值表明记录指针是否已经到达记录集中最后一条记录之后
bookmarkable	Bookmarkable 的返回值表明此 Recordset 对象是否支持 Bookmark
Bookmark	Bookmark 属性是指向特定记录的标签
EditMode	EditMode 属性可以返回一个表明当前记录的编辑状态的值
Filter	Filter 属性是过滤记录的字符串，相当于去掉 SQL 语句中 WHERE 子句
Index	Index 属性可以设置或返回一个值，该值指明了决定 Recordset 对象记录显示顺序的索引的名称
LastModified	返回一个指向 Table 对象中最近修改过的记录的标签
LastUpdated	记录了最后一次将 Recordset 的改变更新到数据库的日期和时间
LockEdits	可以锁定当前更新的页面
NoMatch	取值为 True 或 False，当用 Seek 或 Find 方法查找记录时，如果没有满足给定条件的记录，该值取 True
PercentPosition	描述了当前记录指针的位置与记录总数的百分比
RecordCount	可以返回 Recordset 对象中记录的总数
Sort	指定 Recordset 对象显示的排序准则，它相当于 SQL 语句中的 ORDER BY 关键字
Transactions	指定是否支持事务处理的回滚功能
ValidationRule	可以在一个字段被修改或添加到一个表中时，返回或设置用来使该字段中数据生效的值
ValidationText	可以在键入到某个字段对象中的值不满足有效性规则时，应用程序所显示的提示性信息

Recordset 对象的常见方法有：Addnew、Delete、Edit、Update、CancelUpdate、Close、Seek、FindFirst、Findlast、FindPrevious、FindNext、MoveNext、MovePrevious、MoveFirst 和 MoveLast

等。这些方法的用途如表 8-22 所示。

表 8-22　　　　　　　　　　　　　　Recordset 对象的常用方法

方法	用途
Addnew	向 Recordset 对象中添加一条新记录，并将记录指针指向该记录
Delete	在可更新的 Recordset 对象中删除当前记录
Edit	将一个可更新的 Recordset 对象的当前记录拷贝到缓冲区，供用户编辑，编辑后的数据只有在执行 Update 方法后才能更新到数据库
Update	将 Edit 方法编辑的数据写入数据库，写入后将退出编辑方式
CancelUpdate	会取消尚未执行的数据更新操作
Close	关闭当前 Recordset 对象
Clone	创建原始 Recordset 对象的一个副本
Seek	按照 Recordset 对象的索引顺序或排序顺序，将记录指针移动到满足约束条件的第一条记录
FindFirst	按照 Recordset 对象的索引顺序或排序顺序，查找满足约束条件的第一条记录
Findlast	按照 Recordset 对象的索引顺序或排序顺序，查找满足约束条件的最后一条记录
FindPrevious	按照 Recordset 对象的索引顺序或排序顺序，查找满足约束条件的上一条记录
FindNext	按照 Recordset 对象的索引顺序或排序顺序，查找满足约束条件的下一条记录
Move	将记录指针移动到指定位置
MoveFirst	将记录指针移动到 Recordset 对象的第一条，并使得该记录成为当前记录
MoveLast	将记录指针移动到 Recordset 对象的最后一条，并使得该记录成为当前记录
MoveNext	将记录指针移动到 Recordset 对象的下一条，并使得该记录成为当前记录
MovePrevious	将记录指针移动到 Recordset 对象的上一条，并使得该记录成为当前记录

（6）Field 对象

Recordset 对象中还包含另一个对象——Field 对象，这个对象代表了数据表的一个字段，用这个对象可以访问数据表中的任何一个字段。

Field 对象的常用属性有：Name、SourceTable、Type、Size、DefalutValue、Required、Value、ValidateOnSet、DataUpdatable、Atributes、ValidationRule、ValidationText、OrdinalPostion 等。这些属性的作用如表 8-23 所示。

表 8-23　　　　　　　　　　　　　　Field 对象的常用属性

属性	作用
Name	保存用户定义的 Field 对象的名称
SourceTable	指明 Field 对象数据来源的原始表名
Type	描述了 Field 对象的数据类型
Size	用字节表示 Field 对象的最大值
DefalutValue	设置或返回一个 Field 对象缺省值
Required	表明 Field 对象是否要求非空值
Value	保存了 Field 对象的值，它的类型必须与 Type 属性描述的类型一致
ValidateOnSet	指明当 Field 对象的 Value 属性设置时，该 Field 对象的值是否立即有效

续表

属性	作用
DataUpdatable	返回一个值表明 Field 对象里的数据是否可以更新
Atributes	设置或返回一个值，表明 Field 对象的一个或多个特性
ValidationRule	指定在一个字段被修改或添加到表中时，返回或设置用来使该字段中数据生效的值
ValidationText	用来在键入到某个字段对象中的值不满足有效性规则时，应用程序所显示的提示性信息
OrdinalPostion	表示 Fields 集合中 Field 对象的相对位置

Field 对象的常用方法有：AppendChunk、GetChunk、CreateProperty 等。这些方法的用途如表 8-24 所示。

表 8-24   Field 对象的常用方法

方法	用途
AppendChunk	给 OLE 型字段对象或备注型字段对象添加一个字符串
GetChunk	获得一个 Recordset 对象中 Fields 集合中的备注对象或 OLE 对象中的一部分或全部内容
CreateProperty	可以为 Field 对象创建一个新的用户定义的属性

（7）Relation 对象

Relation 对象用来定义不同的表中或不同查询中字段之间的关系。例如，通过定义一个表中的主键为另一个表的外键，实现两个表之间一对一或一对多的关系。用 Database 对象的 CreateRelation 方法可以创建一个 Relation 对象。

3．DAO 接口编程应用示例

前面介绍了 DAO 数据访问技术，下面通过一个示例介绍 Access VBA 如何基于 DAO 接口技术访问 Access 数据库中的数据对象。

【例 8-18】编写一个程序，在立即窗口中逐行输出学生成绩库中"学生表"中的每一个学生的学号、姓名和籍贯。程序代码如下所示：

```
Sub RecordDAO()
    Rem 定义 Workspace、Database 和 Recordset 的三个对象变量
    Dim wsp As Workspace
    Dim dbs As Database
    Dim rst As Recordset
    Dim fld As Field

    Rem 实例化 wsp、dbs 和 rst
    Set wsp = DBEngine.Workspaces(0)
    Set dbs = wsp.OpenDatabase("F:\education\学生成绩\学生成绩库.Accdb")
    Set rst = dbs.OpenRecordset("学生表", dbOpenTable)

    rst.MoveFirst '执行方法来移动指针到 rst 的第一个记录
    Do While Not rst.EOF
        Rem 输出当前记录
        Debug.Print rst("学号") & rst("姓名") & rst("籍贯")
        rst.MoveNext '录指针下移
    Loop
    rst.Close   '关闭 rst 对象
```

```
    dbs.Close    '关闭 dbs 对象
    wsp.Close    '关闭 wsp 对象
    Set rst = Nothing    '释放 rst 对象
    Set dbs = Nothing    '释放 dbs 对象
    Set wsp = Nothing    '释放 wsp 对象
End Sub
```

执行该程序，就在立即窗口逐行的输出每一个同学的学号、姓名和籍贯。结果如图 8-16 所示。

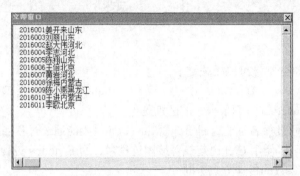

图 8-16 【例 8-18】运行结果

【知识拓展】本例主要用 Recordset 对象来输出学生成绩库中"学生表"中每一个学生的学号、姓名和籍贯。实际上，本例还可以用 Field 对象来输出学生成绩库中"学生表"中每一个学生的学号、姓名和籍贯。下文给出了相应的程序代码，请读者比较分析这两种方法的异同和优劣。另外，读者还可以结合下一章的内容，通过实验来验证这两个小程序的功能。

```
Sub TheFieldDAO()

    Dim wsp As Workspace
    Dim dbs As Database
    Dim rst As Recordset
    Dim fld As Field
    Dim I As Integer, J As Integer

    Set wsp = DBEngine.Workspaces(0)
    Set dbs = wsp.OpenDatabase("F:\education\学生成绩\学生成绩库.Accdb")
    Set rst = dbs.OpenRecordset("学生表", dbOpenTable)

    rst.MoveFirst

    Do While Not rst.EOF
        J = rst.Fields.Count - 1

        For I = 0 To J
            Set fld = rst.Fields(I)
            Debug.Print fld.Name & ": " & fld.Value
        Next I
        rst.MoveNext
        Debug.Print
    Loop

    rst.Close
    dbs.Close
    wsp.Close
```

```
        Set fld = Nothing
        Set rst = Nothing
        Set dbs = Nothing
        Set wsp = Nothing

End Sub
```

习 题

一、单选题

【1】VBA 中定义符号常量可以用关键字_____。

    A. Const   B. Dim   C. Public   D. Static

【2】Sub 过程和 Function 过程最根本的区别是_____。

    A. Sub 过程的过程名不能返回值，而 Function 过程能通过过程名返回值

    B. Sub 过程可以使用 Call 语句或直接用过程名，而 Function 过程不能

    C. 两种过程参数的传递方式不同

    D. Function 过程可以有参数，Sub 过程不能有参数

【3】定义了二维数组 A(2 to 5，5)，则该数组的元素个数为_____。

    A. 25   B. 36   C. 20   D. 24

【4】已定义好有参函数 f(n)，其中形参 n 是整型量。下面调用该函数，传递实参为 7 将返回的函数值赋给变量 t。以下正确的是_____。

    A. t=f(n)   B. t=Call(n)   C. t=f(7)   D. t=Callf(7)

【5】在 VBA 代码调试过程中，能够显示所有当前过程中变量声明及变量值信息的是_____。

    A. 快速监视窗口   B. 监视窗口   C. 立即窗口   D. 本地窗口

【6】VBA 的逻辑值进行算术运算时，True 值被当作_____。

    A. 0   B. −1   C. 1   D. 任意值

【7】有如下 VBA 代码，运行结束后，变量 n 的值是_____。

```
n=0
For  i=1 To 3
For  j=-4 To -1
  n=n+1
Next j
Next i
```

    A. 0   B. 3   C. 4   D. 12

【8】以下程序段运行结束后，变量 x 的值为_____。

```
x=2
y=4
DO
  x=x*y
  y=y+1
Loop While y<4
```

    A. 2   B. 4   C. 8   D. 20

【9】假定有以下循环结构

```
Do Until 条件
  循环体
Loop
```

则正确的叙述是_____。

A. 如果"条件"值为 0，则一次循环体也不执行

B. 如果"条件"值为 0，则至少执行一次循环体

C. 如果"条件"值不为 0，则至少执行一次循环体

D. 不论"条件"是否为"真"，至少要执行一次循环体

【10】下列逻辑表达式中，能正确表示条件"x 和 y 都是奇数"的是_____。

A. x Mod 2=1 Or y Mod 2=1　　　　　B. x Mod 2=0 Or y Mod 2=0

C. x Mod 2=1 And y Mod 2=1　　　　D. x Mod 2=0 And y Mod 2=0

【11】下列不属于面向对象技术的基本特征是_____。

A. 封装性　　　　　B. 模块性　　　　　C. 多态性　　　　　D. 继承性

【12】符合对象和类关系的是_____。

A. 人和老虎　　　B. 书和汽车　　　C. 楼和停车场　　　D. 汽车和交通工具

【13】下列关于面向对象程序设计（OOP）的叙述，错误的是_____。

A. OOP 的中心工作是程序代码的编写

B. OOP 以对象及其数据结构为中心展开工作

C. OOP 以"方法"表现处理实体的过程

D. OOP 以"对象"表示各种实体，以"类"表示对象的抽象

【14】下列关于"类"的叙述中，错误的是_____。

A. 类是对象的集合，而对象是类的实例

B. 一个类包含了相似对象的特征和行为方法

C. 类并不实行任何行为操作，它仅仅表明该怎样做

D. 类可以按其定义的属性、事件和方法进行实际的行为操作

【15】若要修改窗体的标题文字，应设置该对象的_____属性。

A. Name　　　　　B. Caption　　　　　C. Title　　　　　D. Label

【16】在运行某个窗体时，下列有关窗体事件引发次序的叙述中正确的是_____。

A. 先 Activate 事件，然后 Init 事件，最后 Load 事件

B. 先 Activate 事件，然后 Load 事件，最后 Init 事件

C. 先 Init 事件，然后 Activate 事件，最后 Load 事件

D. 先 Load 事件，然后 Init 事件，最后 Activate 事件

二、填空题

【1】VBA 的 3 种流程控制结构是_____、_____和_____。

【2】VBA 语言中，函数 lnputBox 的功能是_____；Msgbox 函数的功能是_____。

【3】VBA 中打开窗体的命令语句是_____。

【4】在窗体中添加一个命令按钮（名为 Commandl）和一个文本框(名为 Textl)，并在命令按钮中编写如下事例代码：

```
Private Sub Commandl_Click()
    m=3.14
    n=Len(Str$(m)+Space(2))
    Me.Textl=n
End Sub
```

打开窗体运行后，单击命令按钮，在文本框中显示_____。

【5】在窗体中添加一个命令按钮（名称为 Commandl），然后编写如下代码：

```
Private Sub Commandl_Click( )
```

```
    s="ABBACDDCBA"
    For i=4 To 2 Step -2
      x=Mid(s,i,i)
      y=Left(s,i)
      z=Right(s,i)
      z=x & y & z
    Next i
    MsgBox z
End Sub
```

打开窗体运行后，单击命令按钮，则消息框的输出结果是_____。

【6】下列程序段可以实现如下功能：从键盘接收 10 个正整数，找出其中最大数及其位置，以对话框形式输出结果。请在空白处填入适当内容，使程序完成指定功能。

```
max = 0
maxp = 0
For i = 1 To 5
  num = Val(InputBox("输入第" & Str(i) & "个整数"))
  If _____ Then
      max = num
      maxp =_____
  End If
Next
MsgBox "最大数是" & Str(max) & ",位置是" & Str(maxp)
```

【7】现有如下程序段。执行该程序段后

```
a = 1
For i = 1 To 3
  Select Case i
      Case 1, 3
        a = a + 1
      Case 2, 4
        a = a + 2
  End Select
Next i
MsgBox a
```

执行该程序段后，消息框的输出内容是_____。

【8】在下面的 VBA 程序段运行时，内层循环的循环次数是_____。

```
For m=0 To 7 Step 2
  For n = m-1 To m+1
  Next n
Next m
```

【9】有如下语句：

```
s=20+Int(50*Rnd)
```

执行完毕后，s 的值是_____。

【10】在窗体中添加一个命令按钮（名为 Command1）和一个文本框（名为 text1），然后编写如下事件过程：

```
Private Sub Command1_Click()
  Dim x As Integer, y As Integer, z As Integer
  x=7: y=8: z=9
  Me!Text1=" "
  Call P1(x, y, z)
  Me!Text1=z
End Sub
```

```
Sub pl(a As Integer, b AsInteger, c As Integer)
   c=a+b
End Sub
```

打开窗体运行后，单击命令按钮，文本框中显示的内容是_____。

【11】每个对象都有一组特征，它们是描述对象的性质和状态，这组特征称为属性。属性是对对象的静态描述，用_____来描述。

【12】为了达到某种目的所必须执行的_____就是对象的方法，比如命令按钮要从一个位置移到另外一个位置就是通过调用命令按钮的 "Move" 方法来完成。方法其实就是该对象类内部定义的一个_____或_____，可以有返回值，也可以没有。

【13】在面向对象程序设计中，我们说类具有 3 个特性，分别是：封装性、_____和_____。

【14】类是一组具有相类似属性和操作的对象集合，某个类中的每个对象都是这个类的一个_____；对象能够识别和响应的动作称为_____。

【15】Access 对象有两种：_____与独立对象，Access 的顶级对象是_____。

【16】在 Access 中，可以有两种不同的方式来引用一个对象，以下第一个命令引用对象的方式称为_____；第二个命令的引用方式称为_____。

```
Application.Forms!MyForm.Caption="我的第一个窗体"

Me.Caption="我的第一个窗体"
```

【17】Access 提供了_____供用户定义类，从而利用类的_____性来减少编程的工作量。

【18】用类来创建对象的命令是_____。

【19】消息是_____之间发出的行为请求。通过_____传递来实现对象间的互动。

三、思考题

【1】VBA 与 Visua Basic、Access 有什么联系？

【2】为什么要进行变量声明，没有声明的变量是什么类型？

【3】Sub 过程和 Function 过程有何区别？它们的调用方法有何不同？

【4】说明面向对象和面向过程进行程序设计的区别？

【5】什么是对象？什么是类？类和对象之间是什么关系？

【6】怎样理解类的封装性、继承性和多态性三个特性的含义？

【7】DAO 访问数据库的对象主要有哪些？举例说明这些对象的使用方法。

第9章
模块对象的设计及应用

要实现复杂的数据库管理和操纵功能，仅仅采用 Access 宏对象是不够的，必须使用 Access 提供的另一对象——模块对象。Access 中的模块对象由 VBA 语言来定义，作为一个程序单元，它封装了解决问题的程序代码和数据，能解决宏对象不能解决的复杂问题。

9.1 模块对象概述

9.1.1 模块对象的概念

当对数据库进行复杂的后台管理和前台应用时，我们就需要通过编程来实现，Access 中采用模块对象来存放程序代码。

1. 模块对象的基本概念

模块和数据表、查询、窗体、报表、宏一样是 Access 数据库的一种基本对象。模块由 VBA 语言来定义，作为一个程序单元，它封装了解决问题的程序代码和数据。

模块对象可以基于预定义的类来创建，也可以基于用户自定义的类来创建。另外，Access VBA 中还有一类特殊的模块对象——标准模块。标准模块一般用于存放公共过程，不与其他任何 Access 对象相关联。

2. 模块对象与宏对象的区别

从二者本质上看，模块和宏都是一种程序，宏的每个基本操作在 VBA 中都有相应的等效命令，在模块中利用这些语句就能实现宏的所有功能。

从实现功能上看，宏只能实现 Access 提供的基本操作，而模块还可以自定义过程和函数，从而完成更为复杂的操作。因此，模块的功能比宏更加强大。

从使用难易程度上看，宏更加简单，它直接使用 Access 提供的操作，不需要编程，较易掌握。模块的使用则较为复杂，要求用户熟悉 VBA 语言，并具备一定的编程知识和能力。

从运行速度上看，宏的运行速度比较慢，模块的运行速度比较快。

9.1.2 模块对象的分类

Access 中的模块有两种基本类型：类模块和标准模块。

1. 类模块

类模块是以类的形式封装的模块，是面向对象编程的基本单位。类模块中模块级变量的作用域存在于类实例对象的存活期，随对象的创建而创建，随对象的撤销而撤销。

（1）类模块的类型

Access 的类模块分为用户自定义类模块和系统类模块两大类。

用户自定义类模块用于定义一个类，其中包括成员变量和成员方法的定义。有了类的定义之后，就可以在其他模块中将类实例化为一个对象。

常用的系统类模块是与窗体（报表）相关联的窗体（报表）类模块，它们封装了 Access 中窗体（报表）对象具有的事件代码和处理方法。

窗体（报表）类模块的处理方法大多通过事件过程来实现。事件过程是为响应事件而执行的程序段。使用事件过程可以控制窗体和报表的行为，响应用户的操作。在窗体（报表）类模块中，每个控件都有一个对应的事件过程集。除此之外，窗体（报表）类模块还可以包含通用过程，它对来自该窗体（报表）中任何事件过程的调用都作出响应。

（2）自定义类模块与窗体（报表）类模块的区别

自定义类模块与窗体（报表）类模块的主要区别有以下三方面。

① 自定义类模块通常没有内置的用户界面，窗体（报表）类模块都有内置的用户界面。自定义类模块更适合于无须界面的工作，如完成查找及修改数据库或进行大量计算等任务。

② 自定义模块提供 Initialize 和 Terminate 事件，以执行在类实例打开和关闭时执行的操作。在窗体（报表）类模块中则是通过 Load 和 Close 事件实现相似功能。

③ 自定义类模块中必须用 New 关键字创建实例。窗体和报表类模块中可以用 Docmd 和 OpenReport 方法来创建实例，也可以通过引用窗体（报表）类模块的属性或方法来创建。

2. 标准模块

标准模块在早期 Access 版本中也称为全局模块，用于存放整个程序的公共变量和可以从数据库任意位置运行的、与其他对象都无关的常规过程。在标准模块中，通常使用关键字 Public 来定义公共过程，这类过程可以被整个程序所调用，若使用关键字 Private 定义过程，则表示该过程是仅供本标准模块内部使用的私有过程。

标准模块与类模块的主要区别如下。

① 存储数据的方法不同。标准模块中公共变量的值改变后，其后执行的所有代码引用的都是变量改变后的值。类模块则有很好的容器封装性，所包含的数据是相对于实例对象而独立存在的。

② 标准模块中数据和过程的存活期与整个程序的存活期相同，它们伴随程序的启动而开始，伴随着程序的关闭而结束。类模块实例中的数据和过程只存在于对象的存活期，它们随对象的创建而创建，随对象的撤销而消失。

③ 标准模块中的公共变量可以在程序的任何地方使用,类模块中的公共变量只能在引用该类模块的实例对象时才能被访问。

9.1.3 模块对象的组成

Access 数据库的所有 VBA 代码均放置在模块对象中，那么这些代码在模块中是如何组织的呢？

具体地说，模块由 VBA 通用声明部分和一个或多个过程组成，过程可以是没有返回值的 Sub 过程也可以是有返回值的 Function 过程（又称为函数）。

通用声明部分主要包括：Option 声明语句、变量、常量或自定义数据类型的声明。

在模块中可以使用以下 Option 声明语句。

① Option Base 1：声明模块中数组下标的默认下界为 1，不写此声明时默认为 0。

② Option Compare Database：当进行字符串比较时，根据数据库的区域 ID 确定的排序级别进行比较，不写此声明时默认按 ASCII 码比较。

③ Option Explicit：用于强制模块中变量必须先声明再使用。

下面我们来直观的看一个模块的实例，如图 9-1 所示。

这是一个名为"第一个模块例题"的标准模块，该模块由声明部分、一个名为 subex1 的 sub 过程和一个名为 circarea 的 Funtion 函数组成。

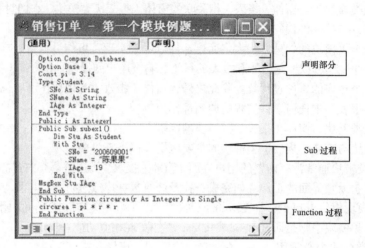

图 9-1　第一个模块例子

9.2　模块对象的建立

9.2.1　类模块的建立

类模块有自定义类模块和窗体或报表类模块两种，下面我们分别介绍它们的建立方法。

1．窗体类模块和报表类模块的建立

用户在为窗体或报表创建第一个事件过程时，Access 自动创建与之关联的窗体或报表类模块。窗体或报表类模块的建立，实际上就是为窗体或报表中的控件添加事件过程代码。

创建窗体或报表类模块有以下三种方法。

【方法一】

① 打开要建立类模块的窗体的设计视图。

② 选择窗体或窗体中的某个控件。

③ 在"属性表"窗口中，单击"事件"选项卡。

④ 选择某个事件，并单击其右侧的"省略号"按钮。

⑤ 在弹出的"选择生成器"对话框中，选择"代码生成器"。

⑥ 单击"确定"按钮，就会打开代码编辑器。

【方法二】

执行方法一中的步骤①、②后，鼠标右击选中控件，在"快捷菜单"中选"事件生成器"，即打开"选择生成器"对话框，其后操作同方法一中的步骤⑤、⑥。

【方法三】

执行方法一中的步骤①后，直接在"窗体设计工具"面板的"设计"选项卡中单击的"工具"组中的"查看代码"按钮，即可打开 VBE 编辑器，在"对象"和"过程"组合框中选择相应对象

和事件即编写事件代码。

通常，若要查看和修改窗体与报表类模块中的代码用方法三更为简便。

例如，为当前窗体中名为"Command0"的命令按钮设置单击事件过程，要求运行窗体时，单击该按钮可以实现关闭窗体的功能。具体操作步骤如下：

① 在当前窗体的设计视图中，选择"Command0"的命令按钮。

② 在"属性表"窗口中的"事件"选项卡中，选"单击"事件后的"省略号"按钮。

③ 弹出的"选择生成器"对话框后，选择"代码生成器"，并单击"确定"按钮。

进入 VBE 环境，弹出代码编辑器显示如图 9-2 所示。

代码窗口中光标所在行的上下各有一行代码，它是该事件过程的完整定义，事件过程名为"Command0_click"。用户在光标处输入事件需要执行的代码即可，此处输入代码"Docmd.Close"，可实现单击按钮关闭窗体的功能。

图 9-2　打开"单击"事件代码编辑器

2. 自定义类模块的建立

自定义类模块通常用来定义一个类，在类模块中要包括类属性、方法等的定义。自定义类模块的建立方法是：直接在数据库窗口"创建"面板中单击"宏与代码"组中的"类模块"，即可创建名为"类1"的类模块。在 VBE 窗口中即打开名为"类1"的类模块代码窗口，如图 9-3 所示。

在类模块的属性窗口中，可以修改类名称和 Instancing 属性，如图 9-4 所示。Instancing 属性用来设置当用户设置了一个该类的引用时，这个类在其他工程中是否可见。这个属性有两个值：Private 和 PublicNonCreatable。Private 值表示不可见，PublicNonCreatable 值表示可见。

图 9-3　打开"类1"的类模块代码窗口

图 9-4　类模块的属性窗口

在定义一个类时，通常要为类设置一些属性用以存放数据，创建类属性有两种方法。

（1）用 Public 关键字创建类属性

在类模块的声明部分，用关键字 Public 声明变量的方法创建类属性。例如，要为类声明一个名为 name 的整数类型属性可用以下代码。

```
Public name as integer
```

（2）用属性（Property）过程创建类属性

在类模块中，通过插入属性（Property）过程来创建类属性。具体方法是：在类模块中，选择"插入"菜单中的"过程"，打开"添加过程"对话框，如图 9-5 所示。

在"添加过程"对话框中，选择"类型"为"属性"，名称框中输入属性名，如属性名为 size，单击"确定"，代码窗口将自动添加属性的读写过程，如图 9-6 所示。其中，Property Get 过程提供属性的读功能，Property let 过程提供属性的写功能。

【例 9-1】创建一个名为 "存单"的类，该类有"金额"和"期限"两个属性，"金额"的单位是元，"期限"的单位是月，类有一个名为"利息"的方法，用于计算类实例对象的利息，存单利率为常数 0.001。类模块代码编写如下。

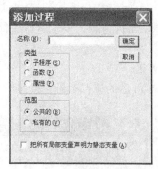

图 9-5 "添加过程"对话框

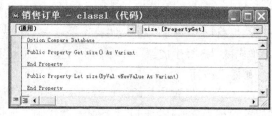

图 9-6 类模块的属性过程

```
Option Compare Database
Const 利率 = 0.001
Private je as single
Private qx as single
Public Property Get 金额() As Variant
 金额 = je
End Property
Public Property Let 金额(ByVal vNewValue As Variant)
 If vNewValue > 0 Then
 je = vNewValue
 End If
End Property
Public Property Get 期限() As Variant
 期限 = qx
End Property
Public Property Let 期限(ByVal vNewValue As Variant)
 If vNewValue > 0 Then
 qx = vNewValue
 End If
End Property
Private Sub Class_Initialize()
 je = 1000
 qx = 12
End Sub
Public Function 利息() As Single
 利息 = 金额 * 期限 * 利率
End Function
```

【说明】

① 模块声明部分的两个私有变量 je 和 qx 分别用于辅助创建属性"金额"和"期限"。

② 由于属性"金额"和"期限"的值应该大于 0，故在写属性（Property Let）过程中，使用 IF 语句防止无效数据的写入。

③ 类模块中的 Class_Initialize 过程在创建对象时执行，它主要完成为属性进行初始化数据的工作。

9.2.2 标准模块的建立

当在多个位置调用同一过程时，我们就需要建立标准模块来存放这些公共过程。建立标准模块的具体操作步骤如下。

① 在数据库窗口中，选择"创建"面板。

② 在"宏与代码"组中单击"模块"按钮。

③ 进入 VBE 编程环境，并打开名为"模块 1"的模块代码窗口，显示如图 9-7 所示。

图 9-7　新建的标准模块窗口

④ 在模块窗口中直接输入声明部分。例如，用语句"Option Compare"声明在模块级别中字符串比较时的排序级别，声明模块级变量等。

⑤ 添加过程到模块中。单击"插入"菜单中的"过程"命令，打开"添加过程"对话框，输入过程名（如 sub1）并选择过程类型和过程的作用范围，最后单击"确定"按钮。模块窗口中即出现过程定义的首行和尾行代码，在其中输入过程代码即可。

⑥ 重复步骤⑤可添加多个过程。若删除不需要的过程，直接选中过程的全部代码删除即可。

⑦ 最后，单击"保存"按钮，出现"另存为"对话框，输入模块名称进行保存。

【例 9-2】创建一个标准模块，模块名为 modu，在其中插入两个公共过程：一个 Function 过程，过程名为 age0，功能是根据身份证号码计算这个人的年龄；另一个是 Sub 过程，过程名为 birthday，功能是根据一个人身份证号码输出这个人的生日。

操作步骤如下。

① 在数据库窗口的"创建"选项卡中的"宏与代码"组中单击"模块"按钮。

② 出现模块窗口后，单击"插入"菜单中的"过程"，在"添加过程"对话框中选类型为"函数"，范围为"公共"，名称是"age0"。

③ 为函数过程 age0() 输入如下代码。

```
Public Function age0(IDcardno As String) As Integer
  age0 = Year(Date) - Val(Mid(IDcardno, 7, 4))
End Function
```

④ 单击"插入"菜单中的"过程"，在"添加过程"对话框中选类型为"过程"，范围为"公共"，名称是"birthday"。

⑤ 为子过程 birthday() 输入如下代码。

```
Public Sub birthday(IDcardno As String)
 MsgBox "生日: " + Mid(IDcardno, 7, 4) + "年" + Mid(IDcardno, 11, 2) + "月" +
Mid(IDcardno, 13, 2) + "日"
  End Sub
```

⑥ 最后保存模块，名称为"modu"。

本模块的两个过程均为公共过程，它们可以被本模块所在数据库中所有模块的所有过程调用。

9.3　模块对象的执行与调试

9.3.1　模块对象的执行

模块对象的执行即为模块中过程的执行。下面我们分别介绍类模块和标准模块的执行。

1. 类模块的执行

要执行窗体和报表类模块，需要首先打开窗体或报表的窗体视图，模块中的事件过程即可在事件发生时被执行。

自定义类模块中的过程即定义类的方法。类定义并类实例化为对象后，调用对象的方法就执行了类模块中的相应过程。

【例9-3】建立一个标准模块，添加过程 sub1，在过程中定义一个类为"存单"的对象 cd1，"存单"类已在【例9-1】中定义，设置对象 cd1 的属性值，"金额"为 10000，"期限"为 36 个月，调用对象 cd1 的"利息"方法，计算利息，结果输出到立即窗口。

在标准模块中输入以下过程代码。

```
Public Sub sub1()
Dim cd1 As New 存单
cd1.金额 = 10000
cd1.期限 = 36
Debug.Print cd1.利息
End Sub
```

运行该过程后，在立即窗口中输出结果：360。

2. 标准模块的执行

实际应用中，标准模块中的过程往往需要在窗体或报表模块的事件过程中被调用执行。要调试执行标准模块中的过程，用户可直接在 VBE 窗口中，先将插入点放在要执行的过程中，然后用以下 3 种方法调试执行过程。

① 选择"运行"菜单下的"运行子过程/用户窗体"命令。

② 选择"工具栏"中的"运行子过程/用户窗体"按钮，或按<F5>快捷键。

③ 用户在"立即窗口"中，输入命令"call <过程名>"，调用指定过程，或输入命令"? 函数名（参数）"，调用指定函数并将函数值输出在"立即窗口"。

【例9-4】在"立即窗口"中，调用【例9-2】模块中所定义的 age0 过程和 Birthday 过程，计算身份证号码为"370101197801012121"的居民的年龄，并显示这个居民的生日。

在"立即窗口"中输入以下命令计算年龄。

```
debug.Print age0("370101197801012121")
```

执行命令后，立即窗口输出结果：38。

【说明】命令执行时间为 2016 年。

在"立即窗口"中输入以下命令显示生日。

```
Birthday("3701011978010121211")
```

执行命令后，弹出窗口如图 9-8 所示。

3. 模块间过程调用原则

图 9-8 调用 birthday 过程后弹出窗口

模块是由过程组成的，因此，模块的调用执行也必然受到过程间调用的限制。从模块调用的功能来看，模块有事件模块和通用模块之分。事件模块在窗体或报表的控件属性中，由事件所驱动，被系统所调用；通用模块不与控件相关联，其中的过程既可以被事件模块所调用也可以被通用模块所调用。

过程间调用原则如下。

① 类模块中的事件过程中可以调用本模块中的过程，也可以调用通用模块中的公共过程。

② 通用模块中的过程可以调用本模块中的过程或其他通用模块中的公共过程，但不可以调用窗体或报表类模块中的过程。

③ 不同类模块内的过程相互之间不能直接调用。

④ 自定义类模块中的过程作为类实例对象的方法被调用。

9.3.2 模块的调试

系统开发完成后，对系统中的模块程序进行调试，是找出模块程序中错误的重要环节。进行模块调试时，常用的手段有单步跟踪、设置断点和添加监视等。

1. 单步跟踪

要想彻底了解程序的执行顺序可以使用单步跟踪功能，VBA 中用"逐语句"命令来实现单步跟踪。具体步骤如下。

① 首先将光标放在要执行过程内部。

② 选择"调试"菜单中的"逐语句"命令执行过程的第一条语句，也可使用快捷键<F8>来执行一条语句。此时要单步执行的语句前有箭头指示，且整个语句被黄色高亮度显示，如图 9-9 所示。

③重复步骤②逐条执行过程中的每条语句，直至过程结束。

若要停止过程的单步跟踪，可以在"运行"菜单中选择"重新设置"命令，或单击工具栏中"重新设置"按钮。

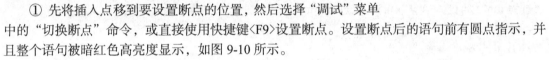

图 9-9　单步执行代码窗口

2. 设置断点

在程序的执行过程中，若想在程序的关键位置了解程序的执行信息，可以用设置断点调试的方法。设置断点的操作步骤如下。

① 先将插入点移到要设置断点的位置，然后选择"调试"菜单中的"切换断点"命令，或直接使用快捷键<F9>设置断点。设置断点后的语句前有圆点指示，并且整个语句被暗红色高亮度显示，如图 9-10 所示。

② 根据需要可以在过程中设置多个断点，若要取消断点只需将插入点放到该语句里然后再次选择"切断断点"命令或按<F9>键即可。

设置断点后运行过程时，执行到断点时程序自动暂停，用户单击<F5>键或"工具栏"中的"继续"按钮，程序继续执行。

在调试过程中，可以打开"本地窗口"观察过程执行中变量值的变化。

若要停止过程的设置断点调试，同样可以使用"重新设置"命令。

3. 添加监视

可以在监视窗口中添加监视点，查看表达式的值。可选择"调试"->"添加监视"选项，设置监视表达式。最常用的监视表达式就是一个变量。通过监视窗口可展开或折叠变量级别信息、调整列标题大小以及更改变量值等。

图 9-10　设置断点后的代码窗口

例如，在标准模块"模块 2"中有一公共过程 sub1，其功能是计算 1+2+3+…+10，打开"监视窗口"，添加变量 i 和 t 为监视表达式，此时的代码窗口和监视窗口显示如图 9-11 所示。

按<F8>键逐语句执行过程 sub1，在执行两次循环之后，我们可以看到监视窗口中循环变量 i 的值为 2，变量 t 的值为 3。执行两次循环之后代码窗口和监视窗口的显示如图 9-12 所示。

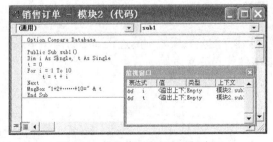

图 9-11　模块代码窗口和监视窗口

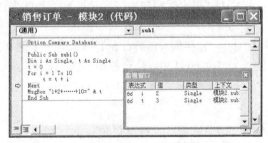

图 9-12　执行两次循环后的代码窗口监视窗口

利用单步跟踪和添加监视我们可以详细观察程序执行过程中变量和表达式值的变化，这一点在程序的调试查错过程中显得尤为重要，通过观察变量和表达式值的变化有助于我们找出程序出错的原因。

9.4 模块对象的应用案例

9.4.1 模块中过程的协作

模块中的过程可以通过相互协作来共同完成任务目标，下面我们分别介绍同一模块中过程和协作和不同模块间过程的协作。

1. 同一模块中过程的协作

【例 9-5】创建一标准模块，名为 "modu2"，在其中创建一个求排列组合 $n!/(m!*(n-m)!)$ 的函数过程 fun2，创建一个求 $n!$ 的函数过程 fun1，在函数 fun2 中调用函数 fun1。

操作步骤如下。

① 创建标准模块 "modu2"。

② 在 "modu2" 代码窗口中创建函数过程，输入以下代码。

```
Public Function fun1(n As Single) As Single
  Dim i As Single, t As Single
  t = 1
  For i = 1 To n
    t = t * i
  Next
  fun1 = t
End Function
Public Function fun2(n As Single, m As Single) As Single
  fun2 = fun1(n) / (fun1(m) * fun1(n - m))
End Function
```

③ 保存模块。

④ 在 "立即窗口" 中输入命令

```
? Fun2(5,2)
```

执行命令后，立即窗口显示结果为 10。

2. 不同模块间过程的协作

【例 9-6】设计一个窗体 frm4，设计视图如图 9-13 所示。在 text1 文本框中输入存款人的身份证号码，在 text2 和 text3 文本框中输入存款额和期限，单击 "计算年龄" 按钮（Command1），计算存款人年龄并显示在 text4 中，单击 "计算利息" 按钮（Command2），计算利息并显示在 text5 中，单击 "退出" 按钮（Command3），关闭窗体 frm4。

【分析】

① 计算存款人年龄，我们可以调用【例 9-2】所建立的公共模块中的过程 age0()，计算结果放入文本框 text4 中。命令按钮 command1 的 click 事件代码编写如下：

```
Private Sub Command1_Click()
  Dim idno As String
  idno = Me.Text1.Value
  Me.Text4 = age0(idno)
  Me.Refresh
End Sub
```

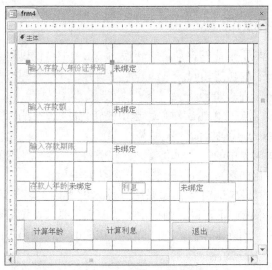

图 9-13 frm4 窗体设计视图

② 要计算存单利息，我们可以在 frm4 窗体的模块声明部分创建一个类为"存单"的对象 cd1，"存单"类已在【例 9-1】中定义。在"计算利息"按钮的 click 事件中，我们只需将文本框 text2 和 text3 中输入的数据赋给对象 cd1 的属性"金额"和"期限"，然后调用对象 cd1 的方法"利息"，并将利息放入文本框 text5 中显示即可。命令按钮 command2 的 click 事件代码编写如下：

```
Private Sub command2_Click()
  cd1.金额 = Me.Text2.Value
  cd1.期限 = Me.Text3.Value
  Me.Text5.Value = cd1.利息
  Me.Refresh
End Sub
```

③ "退出"按钮（Command3）的代码如下。

```
Docmd.close
```

完整的 frm4 窗体模块代码如图 9-14 所示。

运行 frm4 窗体，输入存单人身份证号码、金额和期限后，单击"计算年龄"和"计算利息"命令按钮，frm4 窗体视图如图 9-15 所示。

图 9-14 frm4 窗体的模块窗口

图 9-15 frm4 窗体视图

9.4.2　将宏转换为模块

宏实际上也是程序，Access 能够自动将宏转换为 VBA 的事件过程或模块，执行这些事件过程或模块，其结果与运行宏的功能相同。

将宏转化为模块的操作方法如下。

在 Access 数据库窗口对象中单击宏对象，选中要转化的宏，使用"宏工具设计"→"工具"→"将宏转化为 Visual Basic 代码"命令来实现。

转化后的宏成为模块对象中的一个标准模块，如将名为"宏 1"的宏转化为模块后，数据库中就多了一个名为"被转化的宏—宏 1"的模块，如图 9-16 所示。

【例 9-7】创建一个密码验证窗体，如果用户输入的密码正确（密码为 123456），则打开"Customers"数据表；如果密码不正确，则提示出错信息。要求首先用宏实现"确定"按钮的功能，然后将宏转换为模块，删除宏以后，在"确定"按钮的事件代码中调用该模块中的过程实现原有功能。设计视图如图 9-17 所示。

图 9-16　对象窗口中"被转化的宏"模块

图 9-17　密码验证窗体的设计视图

具体操作如下。

① 创建窗体"验证密码"，添加 1 个标签（label1）、1 个文本框（text0）、1 个命令按钮（command1），标签的标题是"请输入密码"，命令按钮的标题是"确定"。

② 创建"宏 1"，如图 9-18 所示。

③ 将"宏 1"的触发事件设置为"验证密码"窗体的 command1 命令按钮的单击事件。

④ 打开"验证密码"窗体的"窗体视图"，在文本框中输入密码"123456"，单击"确定"按钮，在发出"嘟"一声响后，打开了数据表"Customers"并关闭了"验证密码"窗体。若在文本框中输入其他密码，单击"确定"按钮，在发出"嘟"响后，弹出出错信息对话框。

⑤ 现在我们打开"宏 1"，在"宏工具设计"选项卡中选择"工具"组中的"将宏转化为 Visual Basic 代码"命令，将宏转换为 VBA 模块，数据库中就多了一个名为"被转化的宏—宏 1"的模块。打开该模块可以看到如下代码。

```
Option Compare Database
'-------------------------------------------------------------
' 宏 1
'
'-------------------------------------------------------------
```

```
Function 宏1()
On Error GoTo 宏1_Err
    Beep
    If (Forms!验证密码!Text0 = 123456) Then
        DoCmd.OpenTable "Customers", acViewNormal, acReadOnly
        DoCmd.Close acForm, "验证密码"
    Else
        Beep
        MsgBox "输入密码错误!!! ", vbOKOnly, ""
    End If
宏1_Exit:
    Exit Function
宏1_Err:
    MsgBox Error$
    Resume 宏1_Exit
End Function
```

图 9-18　创建的"宏 1"

⑥ 删除数据库中名为"宏 1"的宏。

⑦ 在"验证密码"窗体的 command1 命令按钮的单击事件中选"事件过程"，单击"事件"最后的"…"按钮，在 Command1_Click（ ）事件过程中，输入代码调用模块"被转化的宏—宏 1"中的"宏 1"过程，实现按钮功能。具体代码如下。

```
Option Compare Database
Private Sub Command1_Click()
    Call 宏1
End Sub
```

注意

　　此处的"宏 1"是调用模块"被转化的宏—宏 1"中的过程。

⑧ 打开"验证密码"窗体的"窗体视图"，输入密码单击"确定"，可以看到与步骤 4 相同的结果。

习　题

一、单选题

【1】Access 中的模块分为以下两种_____。

　　A. 标准模块和自定义模块　　　　　B. 窗体模块和报表模块

　　C. 类模块和标准模块　　　　　　　D. 类模块和窗体模块

【2】以下说法正确的是_____。

　　A. 标准模块和类模块中的过程可以相互调用

　　B. 标准模块和类模块中的过程不能相互调用

　　C. 标准模块的过程可以调用类模块中的过程

　　D. 类模块的过程可以调用标准模块中的过程

【3】关于宏与模块间的关系，错误的是_____。

　　A. 模块可以实现复杂的功能　　　　B. 宏不可以转换为模块

　　C. 模块比宏的功能更强大　　　　　D. 宏能实现的操作，模块也能实现

【4】关于类模块过程和标准模块过程说法正确的是_____。

　　A. 类模块过程由事件驱动，标准模块过程通过调用来执行

　　B. 类模块过程通过调用来执行，标准模块过程由事件驱动

　　C. 类模块过程和标准模块过程都可以由事件驱动

　　D. 类模块过程和标准模块过程都可以通过调用来执行

二、填空题

【1】Access 中模块分为两种：_____和_____。

【2】在模块的说明区域中，用_____关键字说明的变量是模块范围的变量；而用_____关键字说明的变量是属于全局范围的变量。

【3】窗体模块和报表模块都是_____模块。

【4】模块中的代码以_____形式加以组织。

【5】_____模块中的过程可以调用_____模块中的过程，反之则不行。

三、思考题

【1】模块分为哪两类？它们的区别是什么？

【2】模块间过程调用原则是什么？

四、操作题

【1】建立一名为 module 标准模块，在其中插入一个函数、一个过程，函数名为 circarea，函数用于计算给定半径圆面积；过程名为 rectarea，过程的功能是计算长方形面积，并将结果在对话框中显示。

【2】假设有图 9-19 所示的窗体对象 calc3，在文本框 text1 中输入圆的半径，单击"计算"按钮，计算圆的面积，结果放入文本框 text2 中。试写出"计算"按钮的"单击"事件的模块代码。

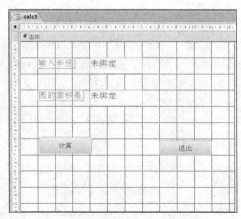

图 9-19　窗体对象 calc3 的布局

第 10 章
窗体对象的设计及应用

窗体对象又称为表单对象，经常用来设计应用程序数据输入、修改或输出的用户界面，它在 Access 数据库应用系统中有着重要的应用。事实上，Windows 环境中的窗口及对话框均为窗体对象的不同表现形式。本章将介绍与窗体对象相关的知识，包括窗体的基本概念、窗体类型、窗体视图、创建窗体的方法、控件的设计以及窗体的美化等内容。

10.1 窗体对象概述

10.1.1 窗体对象的概念

窗体是 Access 数据库的重要对象之一，可以理解为应用程序的界面。由于应用程序的界面通常包括文本框、命令按钮以及列表框等多个控件对象，因此窗体是一个容器对象。

窗体既是管理数据库的窗口，又是用户和数据库之间的桥梁，通过窗体可以方便地输入数据，编辑数据，查询、排序、筛选和显示数据。Access 利用窗体对象将整个数据库应用系统组织起来，从而构成完整的应用系统。

10.1.2 窗体对象的功能

一个数据库系统开发完成后，对数据库的交互操作大多都是在窗体界面中进行的。因此，窗体对象设计的好坏直接影响 Access 应用程序的友好性和可操作性。

通过窗体对象可以实现以下主要功能。

（1）显示和编辑数据。

这是窗体的最基本功能。窗体可以显示来自多个数据源中的数据，通过窗体，用户可以对数据库中的相关数据进行添加、删除、修改等各种操作。

（2）控制应用程序流程。

窗体可以与宏或者 VBA 代码相结合，控制程序的执行流程，实现应用程序的导航及交互功能。

（3）信息显示和数据打印。

在窗体中可以显示一些警告或解释的信息。此外，窗体也可以用来打印数据库中的数据。

10.1.3 窗体的类型

一个好的数据库系统不但要设计合理，满足用户需要，而且还必须具有一个功能完善、操作方便、外观美观的操作界面。窗体作为输入界面时，它可以接受数据的输入并检查输入的数据是否有效；窗体作为输出界面时，它可以根据需要输出各类形式的信息（包括多媒体信息），还可以把记录组织成方便浏览的各种形式。

窗体主要有以下 7 种类型。

1. 纵栏式窗体

在窗体界面中每次只显示表或查询中的一条记录，可以占一个或多个屏幕页，记录中各字段纵向排列。纵栏式窗体通常用于输入数据，每个字段的字段名称都放在字段左边。

2. 表格式窗体

表格式窗体显示表或查询中的记录。记录中的字段横向排列，记录纵向排列。每个字段的字段名称都放在窗体顶部，做窗体页眉；可通过滚动条来查看其他记录。

3. 数据表窗体

数据表窗体从外观上看与数据表和查询显示数据的界面相同，通常是用来作为一个窗体的子窗体。数据表窗体与表格式窗体都以行列格式显示数据，但表格式窗体是以立体形式显示的。

4. 主/子窗体

窗体中的窗体称为子窗体，包含子窗体的窗体称为主窗体。它们通常用于显示多个表或查询的数据；这些表或查询中的数据具有一对多的关系。主窗体显示为纵栏式的窗体，子窗体可以显示为数据表窗体，也可以显示为表格式窗体。子窗体中可以创建二级子窗体。

5. 图表窗体

Access 提供了多种图表，包括折线图、柱型图、饼图、圆环图、面积图、三维条型图等。图表窗体可以单独使用，也可以将它嵌入到其他窗体中作为子窗体。

6. 数据透视表窗体

数据透视表窗体是为了以指定的数据表或查询为数据源产生一个按行和列统计分析的表格而建立的一种窗体形式。

7. 数据透视图窗体

数据透视图窗体是用于显示数据表和查询中数据的图形分析窗体。

除了上面 7 种常见的典型窗体外，用户还可以根据需要，在窗体中增删各种控件，设计灵活复杂的窗体，自由创建的窗体可以不属于这 7 种窗体。

10.1.4　窗体对象的视图

窗体对象的视图就是窗体的外观表现形式。在 Access 中，窗体对象有窗体视图、数据表视图、数据透视图视图、数据透视表视图、布局视图和设计视图 6 种视图。不同类型的窗体对象具有的视图类型有所不同，窗体对象在不同的视图中完成不同的任务，窗体对象的不同视图之间可以方便地进行切换。

1. 窗体视图

窗体视图是窗体运行时的显示形式，是完成对窗体设计后的效果，可浏览窗体所捆绑的数据源数据。要以窗体视图打开某一窗体，可以在导航窗格的窗体列表中双击要打开的窗体。

2. 数据表视图

数据表视图是以表格的形式显示表或查询中的数据，可用于编辑、添加、删除和查找数据等。只有以表或查询为数据源的窗体才具有数据表视图。在这种视图中，可以一次浏览多条记录

在窗体的数据表视图中，使用滚动条或利用"导航按钮"浏览记录、其方法与在表和查询的数据表视图中浏览记录的方法相同。

3. 数据透视图视图

在数据透视图视图中，把表中的数据信息及数据汇总信息，以图形化的方式直观显示出来。

4．数据透视表视图

在窗体的数据透视表视图中，可以动态地更改窗体的版面布置，重构数据的组织方式，从而便捷地以各种不同方法分析数据。这种视图是一种交互式的表，可以重新排列行标题、列标题和筛选字段，直到形成所需的版面布置为止。每次改变版面布置时，窗体会立即按照新的布置重新计算数据，实现数据的汇总、小计和总计。

5．布局视图

布局视图是 Access 新增加的一种视图，是用于修改窗体最直观的视图，可用于对窗体进行修改、调整窗体设计。可以根据实际数据调整列宽，还可以在窗体上放置新的字段，并设置窗体及其控件的属性、调整控件的位置和宽度。切换到布局视图后，可以看到窗体的控件四周被虚线围住，表示这些控件可以调整位置和大小。

6．设计视图

设计视图是 Access 数据库对象（包括表、查询、窗体和宏）都具有的一种视图。在设计视图中不仅可以创建窗体，更重要的是可以编辑修改窗体，它显示的是各种控件的布局，不显示数据源数据。窗体视图由五部分组成：窗体页眉、页面页眉、主体、页面页脚和窗体页脚。在此创建完窗体后，可在窗体视图、数据表视图等视图中查看设计结果。

10.1.5　创建窗体对象的功能按钮

Access 功能区"创建"选项卡的"窗体"组中，提供了多种创建窗体的功能按钮其中包括："窗体""窗体设计"和"空白窗体"三个主要的按钮，还有"窗体向导""导航"和"其他窗体"三个辅助按钮，如图 10-1 所示。单击"导航"和"其他窗体"按钮还可以展开下拉列表，列表中提供了创建特定窗体的方式，如图 10-2 和图 10-3 所示。

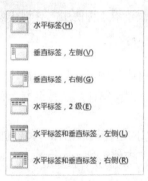

图 10-1　窗体命令组　　　　　图 10-2　导航命令选项　　　　　图 10-3　其他窗体命令选项

各个按钮的功能如下。

（1）窗体：最快速地创建窗体的工具，只需要单击一次鼠标便可以创建窗体。使用这个工具创建窗体，来自数据源的所有字段都放置在窗体上。

（2）窗体设计：利用窗体设计视图设计窗体。

（3）空白窗体：这也是一种快捷的窗体构建方式，以布局视图的方式设计和修改窗体，尤其是当计划只在窗体上放置很少几个字段时，使用这种方法最为适宜。

（4）窗体向导：一种辅助用户创建窗体的工具。

（5）多个项目：使用"窗体"工具创建窗体时，所创建的窗体一次只显示一个记录。而使用多个项目则可创建显示多个记录的窗体。

（6）数据表：生成数据表形式的窗体。

（7）分割窗体：可以同时提供数据的两种视图，即窗体视图和数据表视图。分割窗体不同于主窗体/子窗体的组合（子窗体将在后面介绍），它的两个视图连接到同一数据源，并且总是相互保持同步的。如果在窗体的某个视图中选择了一个字段，则在窗体的另一个视图中选择相同的字段。

（8）模式对话框：生成的窗体总是保持在系统的最上面，不关闭该窗体，不能进行其他操作，例如登录窗体就属于这种窗体。

（9）数据透视图：生成基于数据源的数据透视图窗体。

（10）数据透视表：生成基于数据源的数据透视表窗体。

（11）导航：用于创建具有导航按钮即网页形式的窗体，在网络世界把它称为表单。它又细分为六种不同的布局格式虽然布局格式不同，但是创建的方式是相同的。导航工具更适合于创建Web形式的数据库窗体。

从以上众多按钮的功能可以看出Access创建窗体的方法十分丰富。

10.1.6　创建窗体对象的主要方法

尽管创建窗体对象的命令按钮很多，但创建窗体对象的主要方法可以归纳为两类：设计视图和向导。基于设计视图创建窗体对象是最主要的方法，它比较灵活，用户可以根据实际需求在设计视图中对窗体、窗体所包含的控件以及它们之间的关系进行设计。除了窗体设计视图的方法外，其他的设计方法都给予用户一定的提示、引导，所以我们把创建窗体对象的方法分为使用向导和使用设计视图两种。

10.2　使用向导创建窗体对象

本节通过几个简单的案例，介绍几种使用向导创建窗体的方法。

10.2.1　自动创建窗体

自动创建窗体是指使用"窗体"按钮所创建的窗体。这种方法适用于要对数据表或查询数据进行展示，制作数据表的输入或浏览窗体。其数据源来自某个表或某个查询，其窗体的布局结构简单规整。

【例10-1】在销售订单数据库中使用"窗体"按钮创建Customers窗体，用于显示Customers表（该表未与其他表建立关系）中的信息。

参考操作步骤如下。

① 打开销售订单数据库，在左边的导航窗格中，单击要在窗体上显示的数据表Customers。

② 创建窗体。单击"创建"选项卡，在"窗体"命令组中，单击"窗体"命令按钮，窗体即创建完成，并以布局视图显示，如图10-4所示。

图10-4　Customers窗体

③ 保存窗体。选择"文件"下的"保存"命令，或单击工具栏中的"保存"按钮，弹出"另存为"对话框，在"窗体名称"文本框中输入该窗体的名称，单击"确定"按钮即可。

10.2.2　创建简单窗体

使用"窗体向导"命令创建单个窗体，其数据可以来自于一个表或查询，也可以来自于多个表或查询。这种方法方便简单，非常容易掌握。要注意的是，如果来自于多个表，最好在创建窗体前先建立好它们之间的联系。

【例 10-2】在销售订单数据库中使用"窗体向导"按钮创建 Customersorders 窗体，窗体布局为纵栏式，显示内容为 Customers 表中顾客编号、顾客姓名、顾客性别字段和 orders 表中订单编号、订单日期、订单状态字段，在此之前已给它们建立了一对多的关系。

参考操作步骤如下。

① 打开销售订单数据库，单击"创建"选项卡，在"窗体"命令组中，单击"窗体向导"命令按钮，弹出第一个对话框。

② 选定表及字段。在此对话框中分别选定 Customers 表及其字段顾客编号、顾客姓名、顾客性别和 orders 表及其字段订单编号、订单日期、订单状态，如图 10-5 所示，然后单击"下一步"按钮。

③ 确定查看数据方式及窗体布局。弹出下一个对话框，在"请确定查看数据的方式"中选择"通过 orders"，然后单击"下一步"按钮。弹出下一个对话框，单击"纵栏表"，确定窗体布局为纵栏式，如图 10-6 所示。单击"下一步"按钮。

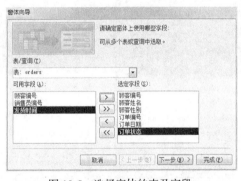

图 10-5　选择窗体的表及字段

图 10-6　选择窗体布局

④ 输入窗体标题。弹出下一个对话框，输入窗体标题为"Customersorders"，如图 10-7 所示。选中"打开窗体查看或输入信息"（默认方式）。单击"完成"按钮，即可看到本窗体的设计结果，如图 10-8 所示。

图 10-7　输入窗体标题

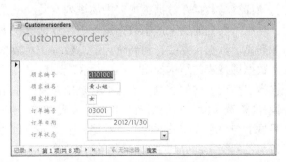

图 10-8　窗体设计结果

Customers 有 7 条记录，本窗体之所以有 8 项，是因为顾客孙皓有两条订单，其余顾客每人一条订单。

10.2.3 创建分割窗体

"分割窗体"是用于创建一种具有两种布局形式的窗体。在窗体的上半部是单一记录布局方式，在窗体的下半部是多个记录的数据表布局方式。这种分割窗体为用户浏览记录带来了方便，既可以宏观上浏览多条记录，又可以微观上明细地浏览一条记录。分割窗体特别适合于数据表中记录很多，又需要浏览某一条记录明细的情况。

【例 10-3】在销售订单数据库中使用"分割窗体"按钮创建 product 窗体，用于显示 product 表中的信息。

参考操作步骤如下：

① 打开销售订单数据库，在导航窗格中，单击要在窗体上显示的数据表 product。

② 创建窗体。单击"创建"选项卡，在"窗体"命令组中，单击"其他窗体"命令按钮，然后单击"分割窗体"命令选项，窗体即创建完成，并以布局视图显示，如图 10-9 所示。

③ 保存窗体。

可以看到，product 窗体相当于纵栏式窗体和数据表窗体的合体，并且上下两部分的操作是同步的。

图 10-9 product 窗体

10.2.4 创建数据透视表窗体

数据透视表是一种交互式的表，它可以实现用户选定的计算，所进行的计算与数据在数据透视表中的排列有关，就是针对要分析的数据，利用行与列的交叉产生数据运算。在数据透视表窗体中，窗体按行和列显示数据，并按行和列统计汇总数据，对数据进行计算。

数据透视表的结构如图 10-10 所示，其中，"行字段"是指在窗体中被指定为行方向的字段；"列字段"是指在窗体中被指定为列方向的字段；"筛选字段"是指用来对数据透视表做进一步分类筛选的字段，即只显示与该字段相关联的汇总数据；"汇总或明细字段"是指显示在各行与各列交叉部分的字段，用于统计计算。

图 10-10 数据透视表的结构

【例 10-4】创建一个数据透视表窗体，用于统计 student 表中各专业不同民族的人数。

参考操作步骤如下：

① 打开 studentgrade 数据库，在导航窗格中选中作为数据源的 student 表。单击"创建"选项卡，在"窗体"命令组中，单击"其他窗体"命令按钮，然后单击"数据透视表"命令选项，弹出数据透视表的框架，在此框架中还同时打开了"数据透视表字段列表"任务窗格，如图 10-11 所示。若未出现"数据透视表字段列表"任务窗格，可在此框架中单击鼠标右键，在弹出的快捷菜单中选择"字段列表"命令即可。

② 选定字段。将"数据透视表字段列表"任务窗格中的 major 字段拖至"行字段"区域（即框架中"将行字段拖至此处"的位置），将 nation 字段拖至"列字段"区域，然后选中 sno 字段，在任务窗格右下角的下拉列表框选择"数据区域"，单击"添加到"按钮，此时任务窗格如图 10-12 所示。同时会生成 student 数据透视表窗体，单击 nation 及 major 右侧的下拉列表框，取消"空白"前的选中，此时，窗体如图 10-13 所示，在窗体中可以看到统计出的各专业各民族的人数及各专业总人数。

③ 保存窗体。

图 10-11　数据透视表的框架

图 10-12　"数据透视表字段列表"任务窗格

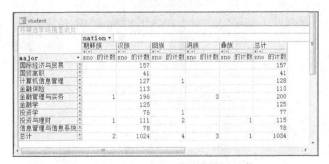

图 10-13　student 数据透视表窗体

10.2.5 创建数据透视图窗体

数据透视图与数据透视表具有类似的统计计算功能，不过它是把数据库中的数据以图形方式显示，从而可以直观地获得数据信息。

【例 10-5】创建一个数据透视图窗体，用于统计显示 student 表中各专业不同性别的人数。

参考操作步骤如下：

① 打开 studentgrade 数据库，在导航窗格中选中作为数据源的 student 表。单击"创建"选项卡，在"窗体"命令组中，单击"其他窗体"命令按钮，然后单击"数据透视图"命令选项，弹出数据透视图的框架，在此框架中还同时打开了"图表字段列表"任务窗格，如图 10-14 所示。

② 选定字段。将"图表字段列表"任务窗格中的 major 字段拖至"分类字段"区域，将 sex 字段拖至"系列字段"区域，然后选中 sno 字段，在任务窗格右下角的下拉列表框选择"数据区域"，单击"添加到"按钮，此时会生成 student 数据透视图窗体，如图 10-15 所示。在窗体中可以看到统计出的用柱状图形表示的各专业男女生的人数，其对比情况一目了然。

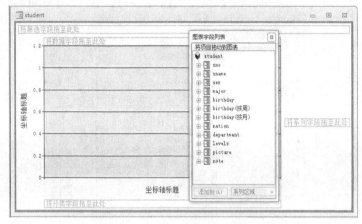

图 10-14　数据透视图的框架

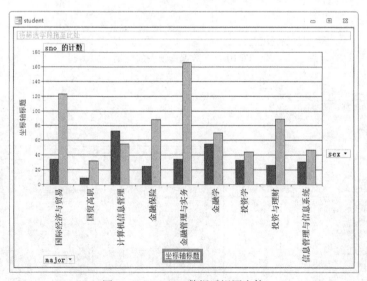

图 10-15　student 数据透视图窗体

③ 保存窗体。

10.3　使用设计视图创建窗体对象

10.3.1　窗体对象的设计视图

很多情况下使用向导或其他方法创建的窗体只能满足一般的需要，不能满足创建复杂窗体的需要。如果要设计灵活复杂的窗体需要使用设计视图创建窗体，或者用其他方法创建窗体，完成后在窗体设计视图中进行修改。

打开数据库，在"创建"选项卡的"窗体"命令组中，单击"窗体设计"按钮，就会打开窗体的设计视图，如图 10-16 所示。

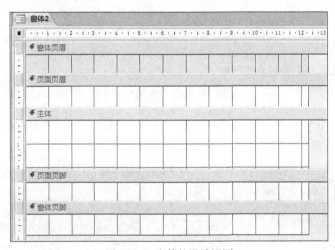

图 10-16　窗体的设计视图

窗体设计视图窗口由多个部分组成、每个部分称为"节"，每一节左边的小方块是相应的节选定器。所有的窗体都有主体节，默认情况下，设计视图只有主体节如果需要添加其他节，在窗体中右击鼠标，在打开的快捷菜单中，单击"页面页眉/页脚"和"窗体页眉/页脚'等命令，这几个节即被添加到窗体上，通过相同的操作也可以隐藏这几个节。

主体是窗体最重要的部分，主要用来显示记录数据，放置各种控件。窗体页眉位于窗体顶部，一般用于放置窗体的标题、使用说明或执行某些其他任务的命令按钮。窗体页脚节位于窗体底部，一般用于放置对整个窗体所有记录都要显示的内容，也可以放置使用说明和命令按钮。页面页眉节用来设置窗体在打印时的页头信息，例如标题、每一页上方显示的内容等。页面页脚节用来设置窗体在打印时的页面的页脚信息，这点与 Word 的页眉页脚的作用类似。

窗体各个节的宽度和高度都可以调整，一种简单方法是用手工调整高度宽度，首先单击节选择器（颜色变黑），然后把鼠标移到节选择器的上方变成上下双箭头形状后，上下拖动就可以调整节的高度。把鼠标放在节的右侧边缘处，鼠标变成水平双箭头形状后，拖动鼠标可以调整节的宽度（调整时所有节的宽度同时调整）。

10.3.2　窗体对象的设计工具

在打开窗体设计视图后，在 Access 功能区会出现"窗体设计工具"选项卡。这个选项卡由"设计""排列"和"格式"子选项卡组成，其中"设计"选项卡中包括"视图""主题""控件""页眉/页脚"以及"工具"5个组。这些组提供了窗体的设计工具，如图10-17所示。

图 10-17　窗体"设计"选项卡

"排列"选项卡中包括"表""行和列""合并/拆分""移动""位置"和"调整大小和排序"6个组，主要用来对齐和排列控件，如图10-18所示。

图 10-18　窗体"排列"选项卡

"格式"选项卡中包括"所选内容""字体""数字""背景"和"控件格式"5个组，用来设置控件的各种格式，如图10-19所示。

图 10-19　窗体"格式"选项卡

10.3.3　窗体对象的常用控件

类是对象的抽象，而对象是类的具体实例。"控件"命令组中的一种控件是一个类，但在窗体上添加的一个具体的控件就是一个对象。

每一个对象具有相应的属性、事件和方法。属性是对象固有的特征；由对象发出且能够为某些对象感受到的行为动作称为事件；方法是附属于对象的行为和动作。当某一个事件发生时，方法被执行，这种执行方式称为事件驱动，这也是面向对象程序设计的基本特点。

"控件"是窗体上图形化的对象，如文本框、复选框、滚动条和命令按钮等，用于显示数据和执行操作。单击"窗体设计工具/设计"选项卡，在"控件"命令组中将出现各种控件按钮，如图10-20所示。通过这些按钮可以向窗体添加控件。

图 10-20　窗体常用控件

1．控件的分类

根据控件与数据源的关系，控件可以分为绑定型控件、未绑定型控件和计算型控件3种。

绑定型控件与表或查询中的字段相关联，可用于显示、输入、更新数据库中字段的值。例如，窗体中显示顾客姓名的文本框，它的数据来源就是 Customers 表的顾客姓名字段。

未绑定型控件是无数据源的控件。例如，显示窗体标题或字段名的标签。

计算型控件用表达式而不是字段作为数据源，表达式可以利用窗体或报表所引用的表或查询字段中的数据，也可以是窗体或报表上的其他控件中的数据。

2. 控件的功能

这些控件按钮的功能如表 10-1 所示。

表 10-1　　　　　　　　　　　　　　　　　控件按钮的功能

图标	控件名称	功能
	选择	选定控件、窗体和节等对象
ab	文本框	显示、编辑数据，特别是可以接受用户的输入和对数据的修改
Aa	标签	显示文本信息，常用于标题和字段名称的显示
xxxx	按钮	通过定义按钮的功能，完成窗体的各种操作，例如：添加记录、删除记录等
	选项卡控件	使一个窗体产生多个选项卡以"多页"显示更多内容
	超链接	创建指向网页、图片、电子邮件地址或程序的超链接
	Web 浏览器控件	创建 Web 浏览器浏览网页
	导航控件	用于生成具有导航功能的窗体界面
XYZ	选项组	建立一个由多个选项按钮、复选框或切换按钮组成的框以提供多个可选值
	插入分页符	在打印时开始新的一页
	组合框	将多个字段值列出在下拉列表中供用户选择，也允许用户自行输入值
	图表	创建一个图表
	直线	画一条直线
	切换按钮	一般用于显示"是/否"数据类型的字段值，按下表示"是"、未按下表示"否"
	列表框	将多个字段值列出在一个方框中供用户选择，但不允许用户自行输入值
	矩形	画一个矩形
☑	复选框	一般用于显示"是/否"数据类型的字段值，☑表示"是"、□表示"否"
	非绑定对象框	用于存放图片等 OLE 对象，与字段无关联
⎘	附件	添加附加文件
⊙	选项按钮	一般用于显示"是/否"数据类型的字段值，⊙表示"是"、○表示"否"
	子窗体/子报表	在窗体（或报表）中插入另一个窗体（或报表）作为子窗体（或子报表）
XYZ	绑定对象框	用于存放图片等 OLE 对象，与字段关联，例如："教师信息表"中的"照片"字段
	图像	用于显示静态的或固定的一张图片，例如：徽标，它不能随字段值自动变化

10.3.4　窗体和控件的常用属性

属性是对象的物理性质，是描述和反映对象特征的参数。一个对象的属性，反映了这个对象的状态。属性不仅决定对象的外观，而且决定对象的行为。窗体及窗体中的每一个控件都具有各自的属性，这些属性决定了窗体及控件的外观、所包含的数据及对鼠标或键盘事件的响应。设计窗体需要详细了解窗体和控件的属性，并根据设计要求设置属性。窗体及控件的常用属性如表 10-2 所示。

表 10-2 窗体及控件的常用属性

属性名称	编码关键字	说明
标题	Caption	对象的显示标题，用于窗体、标签、命令按钮等控件
名称	Name	对象的名称，用于节、控件
控件来源	ControlSource	控件显示的数据，编辑绑定到表、查询和 SQL 命令的字段，也可显示表达式的结果，用于列表框、组合框和绑定框等控件
背景色	BackColor	对象的背景色，用于节、标签、文本框、列表框等控件
前景色	ForeColor	对象的前景色，用于节、标签、文本框、命令按钮、列表框等控件
字体名称	FontName	对象的字体，用于标签、文本框、命令按钮、列表框等控件
字体大小	FontSize	对象的字体大小，用于标签、文本框、命令按钮、列表框等控件
字体粗细	FontBold	对象的文本粗细，用于标签、文本框、命令按钮、列表框等控件
倾斜字体	FontItalic	指定对象的文本是否倾斜，用于标签、文本框和列表框等控件
边框样式	BorderStyle	对象的边框显示，用于标签、文本框、列表框等控件
背景风格	BockStyle	对象的显示风格，用于标签、文本框、图像等控件
图片	Picture	对象是否用图形作为背景，用于窗体、命令按钮等控件
宽度	Width	对象的宽度，用于窗体、所有控件
高度	Height	对象的高度，用于窗体、所有控件
记录源	RecordSource	窗体的数据源，用于窗体
行来源	RowSource	控件的来源，用于列表框、组合框控件等
自动居中	AutoCenter	窗体是否在 Access 窗口中自动居中，用于窗体
记录选定器	RecordSelectors	窗体视图中是否记录选定器，用于窗体
导航按钮	NavigationButtons	窗体视图中是否显示导航按钮和记录编号框，用于窗体
控制框	ControlBox	窗体是否有"控件"菜单和按钮，用于窗体
最大化按钮	MaxButton	窗体标题栏中最大化按钮是否可见，用于窗体
最大/小化按钮	MinMaxButtons	窗体标题栏中最大、最小化按钮是否可见，用于窗体
关闭按钮	CloseButton	窗体标题栏中关闭按钮是否有效，用于窗体
可移动的	Moveable	窗体视图是否可移动，用于窗体
可见性	Visiable	控件是否可见，用于窗体、所有控件

10.3.5 窗体和控件的常用事件

事件就是每个对象可能用以识别和响应的某些行为和动作。在 Access 中，一个对象可以识别和响应一个或多个事件，对窗体和控件设置事件属性值是为该窗体或控件设定响应事件的操作流程，也就是为窗体或控件的事件处理方法编程。窗体和控件的常用事件如表 10-3 所示。

表 10-3 窗体和控件的常用事件

事件	触发时机
打开（Open）	打开窗体，未显示记录时
加载（Load）	窗体打开并显示记录时
调整大小（Resize）	窗体打开后，窗体大小更改时
成为当前（Current）	窗体中焦点移到一条记录（成为当前记录）时；窗体刷新时；重新查询
激活（Activate）	窗体变成活动窗口时

事件	触发时机
获得焦点（GetFocus）	对象获得焦点时
单击（Click）	单击鼠标时
双击（DbClick）	双击鼠标时
鼠标按下（MouseDown）	按下鼠标键时
鼠标移动（MouseMove）	移动鼠标时
鼠标释放（MouseUP）	松开鼠标键
击键（KeyPress）	按下并释放某键盘键时
更新前（BeforeUpdate）	在控件或记录更新前
更新后（AfterUpdate）	在控件或记录更新后
失去焦点（LostFocus）	对象失去焦点时
卸载（Unload）	窗体关闭后，从屏幕上删除前
停用（Deactivate）	窗体变成不是活动窗口时
关闭（Close）	当窗体关闭，并从屏幕上删除时

10.3.6　控件的常用操作

对窗体进行设计的过程，主要是对控件布局的设计，这就涉及对控件的各种操作，主要包括对控件的添加、选择、移动、复制、调整大小、位置对齐等。

1. 控件的添加

向窗体添加控件的方法有如下两种。

（1）自动添加

当窗体需要显示某一数据表的字段时，单击"添加现有字段"命令按钮，会出现"字段列表"任务窗格，双击其中的字段名或将字段从"字段列表"任务窗格拖至窗体，这时会自动创建绑定控件，即每个字段对应于标签和文本框两个控件，标签显示字段名，文本框显示字段中的数据。

（2）使用控件命令按钮向窗体添加控件

在"控件"命令组中单击所需的控件命令按钮，然后在窗体适当位置单击并拖动鼠标，画出适当大小后松开鼠标，窗体中即创建了该控件。系统会自动给该控件命名，作为它的标识，控件的大小及位置可反复调整。特别地，在添加文本框时，文本框前会自动添加一个关联标签。

2. 控件的选择

用户可以通过单击控件选择某一个控件，被选中的控件四周会出现小方块状的操作柄，他们可用于控件大小，左上角的控制柄用于控制控件的移动。

选择多个控件可以按住<Ctrl>键或<Shift>键再分别单击要选择的控件。选择全部控件可以用快捷键<Ctrl+A>，或单击"窗体设计工具/格式"选项卡，再在"所选内容"命令组中单击"全选"命令按钮。也可以使用标尺选择控件，方法是将光标移到水平标尺，鼠标指针变为向下箭头后，拖动鼠标到需要选择的位置。

3. 控件的移动

要移动控件，首先选择控件，然后将鼠标指向控件的左上角控制柄或边框，当光标变成四向箭头时，即可用鼠标将控件拖动到目标位置。

当单击组合控件及其附属标签的任一部分时，将显示两个控件的移动控制柄，以及所单击的控件的操作柄。如果要分别移动控件及其标签，应将光标放在控件或标签左上角处的移动控制柄上，当光标变成四向箭头时，拖动控件或标签可以移动控件或标签；如果光标移动到控件或标签的边框（不是移动控制柄）上，光标变成四向箭头时，此时将同时移动两个控件。

4. 控件的复制

要复制控件，首先选择控件，右击，在快捷菜单中单击"复制"命令，再单击鼠标右键，单击"粘贴"命令按钮，将复制的控件移动到适当位置即可。

5. 控件类型的改变

若要改变控件的类型，则要先选择该控件，然后单击鼠标右键，打开快捷菜单，在该快捷菜单中的"更改为"命令中选择所需的新控件类型。

6. 控件的删除

如果希望删除不用的控件，可以选择要删除的控件，按<Del>键或<Delete>键即可删除。

7. 控件尺寸的改变

对于控件大小的调整，既可以通过其"宽度"和"高度"属性来设置，也可以直接拖动控件的操作柄。单击要调整大小的一个控件或多个控件，拖动操作柄，直到控件变为所需的大小。如果选择多个控件，所选的控件都会随着拖动第一个控件的操作柄而更改大小。

如果要调整控件的大小以容纳其显示内容为准则，则需选择要调整大小的一个或多个控件，然后在"窗体设计工具/排列"选项卡的"调整大小和排序"命令组中单击"大小/空格"命令按钮，在弹出的菜单中选择"正好容纳"命令，将根据控件所显示内容确定其宽度和高度。

如果要统一调整控件之间的相对大小，首先选择需要调整大小的控件，然后在"大小/空格"命令按钮的下拉菜单中选择下列其中一项命令："至最高"命令使选定的所有控件调整为与最高的控件同高；"至最短"命令使选定的所有控件调整为与最短的控件同高；"至最宽"命令使选定的所有控件调整为与最宽的控件同宽；"至最窄"命令使选定的所有控件调整为与最窄的控件同宽。

8. 控件的对齐

当需要设置多个控件对齐时，先选中需要对齐的控件，然后在"窗体设计工具/排列"选项卡的"调整大小和排序"命令组中单击"对齐"命令按钮，再在下拉菜单中选择"靠左"或"靠右"命令，这样保证了控件之间垂直方向对齐；选择"靠上"或"靠下"命令，则保证水平对齐。选择"对齐网格"命令，则以网格为参照，选中的控件自动与网格对齐。

在水平对齐或垂直对齐的基础上，可进一步设定等间距。假设已经设定了多个控件垂直方向对齐，则选择"大小/空格"下拉菜单的"垂直相等"命令。

下面通过一个较简单的窗体设计初步了解一下控件的使用。

【例 10-6】使用窗体设计视图，创建一个窗体，用于显示 sellers 表中各字段的内容，标题为"销售人员情况简介"在下方显示当前日期、时间。

参考操作步骤如下。

① 打开销售订单数据库，单击"创建"选项卡，在"窗体"命令组中，单击"窗体设计"命令按钮，打开窗体设计视图，此时创建的窗体只有主体节。

② 添加"窗体页眉/页脚"。在主体节中右击，选择快捷菜单中的"窗体页眉/页脚"命令，在窗体中就添加了"窗体页眉"节和"窗体页脚"节，适当调整它们的高度，如图 10-21 所示。

③ 添加窗体标题。在"窗体设计工具/设计"选项卡的"控件"命令组中单击"标签"命令按钮，然后在"窗体页眉"节中画出适当大小的一个标签控件，并输入"销售人员情况简介"，它被自动命名为"label0"。

④ 设置标题文本。在"窗体设计工具/设计"选项卡的"工具"命令组中单击"属性表"命令按钮，在屏幕右侧会打开"属性表"任务窗格，在任务窗格上方选定要定义的对象"label0"，单击"格式"选项卡，在"字体名称"下拉列表框中选择"黑体"，在"字号"下拉列表框中选择

"16"，如图 10-22 所示。

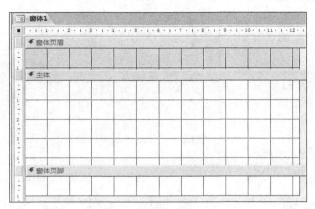

图 10-21　窗体设计视图

⑤ 设置窗体数据源。在属性表中选定"窗体"对象，单击"数据"选项卡，在"记录源"下拉列表框中选择 sellers 表。在"窗体设计工具/设计"选项卡的"工具"命令组中单击"添加现有字段"命令按钮，会出现"字段列表"任务窗格，如图 10-23 所示。

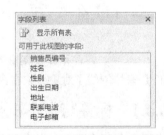

图 10-22　"属性表"任务窗格　　　　　图 10-23　"字段列表"任务窗格

⑥ 添加字段。用户可以将"字段列表"任务窗格中的字段逐一拖动到窗体主体节的适当位置；也可以按住<Ctrl>键，将所需字段都选中，一块拖到窗体主体节中，再分别移到合适位置。此时，系统为每一个字段都设置了一个文本框和一个标签，标签显示的内容是相应字段的字段名，文本框则用于显示字段内容。

⑦ 添加日期时间。在"窗体设计工具/设计"选项卡的"页眉/页脚"命令组中单击"日期和时间"命令按钮，会出现"日期和时间"任务窗格，将"包含日期"和"包含时间"前的复选框都选中，并选择它们各自的格式，如图 10-24 所示。单击"确定"按钮，即会在窗体中添加两个显示当前日期和时间的文本框，将它们分别拖放到窗体页脚中即可，如图 10-25 所示。

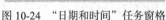

图 10-24 "日期和时间"任务窗格

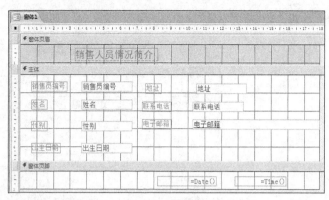

图 10-25 完成后的窗体设计视图

⑧ 查看窗体。在"视图"命令组中单击"视图"下拉按钮,选择"窗体视图"命令,即可查看窗体设计的结果,如图 10-26 所示。

图 10-26 在窗体视图中查看窗体

⑨ 保存窗体。

10.4 常用窗体控件的设计及应用

在 Access 中,控件是放置在窗体对象上的对象,通过控件用户进行数据输入或操作数据的对象。控件是窗体中的子对象,它在窗体中起着显示数据、执行操作以及修饰窗体的作用。

10.4.1 标签与文本框控件

标签控件用于在窗体、报表中显示一些描述性的文本,如标题或说明等。它可以分为两种:一种是可以附加到其他类型控件上,和其他控件一起创建组合型控件的标签控件;另一种是利用标签工具创建的独立标签。在组合型控件中,标签的文字内容可以随意更改,但是用于显示字段值的文本框中的内容是不能随意更改的,否则将不能与数据源表中的字段相对应,不能显示正确的数据。

文本框既可以用于显示指定的数据,也可以用来输入和编辑字段数据。文本框分为三种类型:绑定(也称结合)型、未绑定(也称非结合)型和计算型。绑定型文本框是链接到表和查询中的字段,从表或查询的字段中提取所显示的内容。未绑定型文本框并不链接到表或查询,在设计视图中以"未绑定"字样显示,一般用来显示提示信息或接受用户输入数据等。计算型文本框,用于放置计算表达式以显示表达式的结果。

【例 10-7】使用窗体设计视图，创建一个"倒计时"窗体，窗体内有两个标签和两个文本框，要求能够输入未来某个重要的日期，然后能显示今日距该日期的天数。

参考操作步骤如下。

① 在 Access 窗口中单击"创建"选项卡，在"窗体"命令组中，单击"窗体设计"命令按钮，打开窗体设计视图，此时创建的窗体只有主体节。

② 添加控件。在"控件"命令组中单击"文本框"命令按钮，然后在窗体主体节中的画出一个文本框，在该文本框前会自动附加一个标签，它们的名称分别为 text0（文本框）和 lable1（标签）同样方法再加一个文本框，把它们放置到合适位置并调整至适当的大小。

③ 设置属性。将标签的"标题"属性分别设置为"未来重要日期:"（label1）和"今天距该日期还有（天）:"（label3），字号均为 16。将 text0 的"格式"属性设置为"常规日期"，将 text2 的"控件来源"属性设置为"=[Text0]- Date( )"，在设置该属性时，单击"控件来源"最右侧的编辑按钮，调出"表达式生成器"，如图 10-27 所示，可在该生成器中直接输入公式，也可以通过对生成器下方的"表达式元素""表达式类别""表达式值"进行选择输入。此时，窗体如图 10-28 所示。

图 10-27　表达式生成器

④ 查看窗体。在"视图"命令组中单击"视图"下拉按钮，选择"窗体视图"命令，在"未来重要日期:"右侧的文本框中输入一个日期并回车，在下方的文本框中即会显示当前日期距该日期天数，如图 10-29 所示。

图 10-28　完成后的窗体设计视图

图 10-29　窗体设计结果

⑤ 保存窗体。

10.4.2　命令按钮控件

在窗体中通常使用命令按钮来执行某项功能的操作，如可以创建命令按钮来打开另一个窗体。

如果要使命令按钮响应窗体中的某个事件，从而完成某项操作，可编写相应的宏或事件过程并将它附加在命令按钮的"单击"属性中。

【例 10-8】使用窗体设计视图，创建一个窗体，如图 10-30 所示，在窗体中可以对 orders 表的记录进行编辑。

参考操作步骤如下。

① 打开销售订单数据库，在 Access 窗口中单击"创建"选项卡，在"窗体"命令组中，单击"窗体设计"命令按钮，打开窗体设计视图。

② 添加字段。单击"添加现有字段"命令按钮，将 orders 表的 6 个字段添加到窗体中。

③ 添加命令按钮控件。单击"控件"组中的"按钮"命令按钮，在窗体中适当位置画出命令按钮，在使用控件向导的情况下，会出现"命令按钮向导"对话框，如图 10-31 所示，在"类别"中选择"记录导航"，在"操作"中选择"转至前一项记录"。单击"下一步"按钮。

图 10-30　窗体的显示效果　　　　　　　图 10-31　命令按钮向导对话框

④ 给按钮设置标题。这时弹出第二个"命令按钮向导"对话框，如图 10-32 所示，选择"文本"，设置"上一记录"为该按钮的标题。单击"下一步"按钮。

⑤ 给按钮设置名称。这时弹出第三个"命令按钮向导"对话框，如图 10-33 所示，输入该按钮的名称为"command1"，单击"完成"按钮，关闭对话框。其余三个按钮用相同的步骤添加即可，完成后如图 10-34 所示。

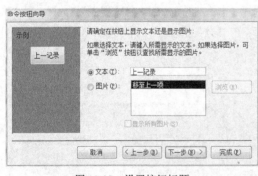

图 10-32　设置按钮标题　　　　　　　图 10-33　设置按钮名称

⑥ 取消窗体导航。在"属性表"中设置窗体的"导航按钮"属性为"否"。

⑦ 查看窗体。在"视图"命令组中单击"视图"下拉按钮，选择"窗体视图"命令，可看到如图 10-34 所示的效果。

⑧ 保存窗体。

下面这个例子是通过对命令按钮编程实现操作的。

图 10-34　完成后的窗体设计视图

【例 10-9】使用窗体设计视图，创建一个窗体，在窗体中可以输入本金（元）、年利率、存期（年），然后求出本利和。

参考操作步骤如下。

① 打开 Access 数据库，在 Access 窗口中单击"创建"选项卡，在"窗体"命令组中，单击"窗体设计"命令按钮，打开窗体设计视图。

② 添加控件。将四个文本框（附带四个标签）和一个命令按钮添加到窗体中，调整他们的大小及摆放位置。

③ 设置属性。将四个标签及命令按钮的"标题"属性分别设置为"本金（元）:""年利率:""存期（年）:""本利和（元）:"和"计算"。

④ 输入代码。右击命令按钮，在快捷菜单中选择"事件生成器"，在弹出的"选择生成器"对话框中选择"代码生成器"打开 VBA 编辑器，如图 10-35 所示，此时，在窗口内的光标处输入代码，如图 10-36 所示，将 VBA 编辑器关闭。

图 10-35　VBA 编辑器

图 10-36　已输入代码的 VBA 编辑器

⑤ 查看窗体。选择"窗体视图"，在对应的文本框中分别输入 1000、0.035、3，单击"计算"按钮，在"本利和（元）:"右侧的文本框中即显示出结果，如图 10-37 所示。

⑥ 保存窗体。

10.4.3　选项按钮与复选框

图 10-37　求本利和的窗体

复选框和选项按钮作为单独的控件用来显示表或查询中的"是/否"值。当选中复选框或选项按钮时，设置为"是"，如果未选中则设置为"否"。

【例 10-10】使用窗体设计视图，创建一个窗体，在窗体中可以对 product 表的记录进行编辑。

参考操作步骤如下。

① 打开销售订单数据库，在 Access 窗口中单击"创建"选项卡，在"窗体"命令组中，单击"窗体设计"命令按钮，打开窗体设计视图。

② 添加字段。单击"添加现有字段"命令按钮，将 product 表的 7 个字段添加到窗体中。其中"畅销否"字段为逻辑型字段，其字段名前自动添加复选框控件，有√表示"是"，无√表示"否"。窗体设计视图如图 10-38 所示。

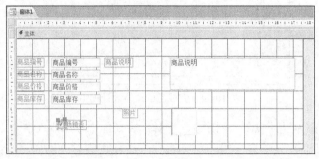

图 10-38　窗体设计视图（复选框）

③ 查看窗体。选择"窗体视图"命令，可看到如图 10-39 所示的效果。

图 10-39　窗体显示效果（复选框）

④ 更改控件。选择"设计视图"命令，右击窗体中的复选框，选择快捷菜单中"更改为"命令后的"选项按钮"命令，复选框控件即被更改为选项按钮控件，选项按钮"选中"表示"是""未选中"表示"否"。

⑤ 查看窗体。选择"窗体视图"命令，可看到如图 10-40 所示的效果。

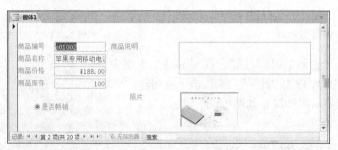

图 10-40　窗体显示效果（选项按钮）

⑥ 保存窗体。

10.4.4　列表框与组合框

列表框和组合框为用户提供了包含一些选项的可滚动列表。在很多场合下，在窗体上输入的数据往往是取自某一个表或查询中的数据，这种情况应该使用组合框或列表框控件，这样做既保证输入数据的正确性，又提高数据的输入效率。在列表框中，任何时候都能看到多个选项，但不能直接编辑列表框中的数据。当列表框不能同时显示所有选项时，它将自动添加滚动条，使用户可以上下或左右滚动列表框，以查阅所有选项。

组合框和列表框在功能上是十分相似的。在组合框中，平时只能看到一个选项，单击组合框上的向下箭头可以看到多选项的列表，组合框不仅可以从列表中选择数据，还可以输入数据，而列表框只能在列表中选择数据。

【例10-11】使用窗体设计视图，创建一个窗体，数据源为 Customers 表，用组合框显示顾客性别。

参考操作步骤如下。

① 打开销售订单数据库，在 Access 窗口中单击"创建"选项卡，在"窗体"命令组中，单击"窗体设计"命令按钮，打开窗体设计视图。

② 添加字段。设置窗体的记录源属性为 Customers 表，单击"添加现有字段"命令按钮，将 Customers 表中除了"顾客性别"以外的 6 个字段添加到窗体中。

③ 添加组合框。单击"组合框"命令按钮，在窗体中画出组合框，其左边自动附带一个标签控件，这时出现"组合框向导"对话框，如图 10-41 所示。选择"使用组合框获取其他表或查询中的值（T）。"，单击"下一步"按钮。

④ 选定组合框的数据源。在弹出的对话框中选择"表"和"表：Customers"，如图 10-42 所示。单击"下一步"按钮，在弹出的对话框中把"顾客性别"移到"选定字段"，如图 10-43 所示。单击"下一步"按钮，在弹出的对话框中要选择列表框中的项使用的排序次序，这里不选择，如图 10-44 所示。单击"下一步"按钮。

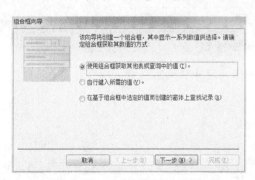

图 10-41　"组合框向导"对话框

图 10-42　选择表对话框

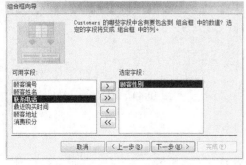

图 10-43　选择字段对话框

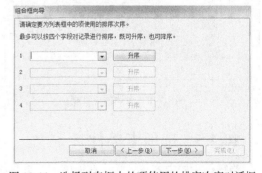

图 10-44　选择列表框中的项使用的排序次序对话框

⑤ 设置组合框的宽度。在弹出的对话框中调整列的宽度后，如图 10-45 所示。单击"下一步"

按钮，在弹出的对话框中选择"记忆该数值供以后使用"，如图 10-46 所示。单击"下一步"按钮。

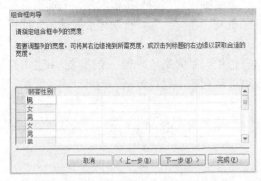

图 10-45　设置组合框的宽度

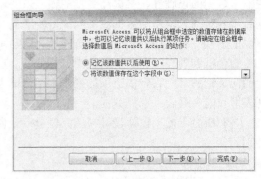

图 10-46　选择数值记忆对话框

⑥ 选定标题。在弹出的对话框中选定组合框指定标签的标题为"顾客性别"，如图 10-47 所示。单击"完成"按钮，关闭向导对话框，此时，窗体的设计视图如图 10-48 所示。

图 10-47　选定标题对话框

⑦ 查看窗体。单击"窗体视图"命令按钮，窗体的设计结果如图 10-49 所示。

⑧ 保存窗体。

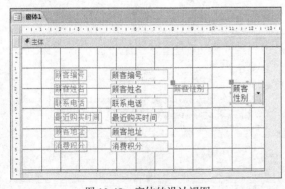

图 10-48　窗体的设计视图

图 10-49　窗体的设计结果

10.4.5　选项卡控件

当窗体中的内容较多无法在窗体中一页显示，或者为了在窗体上分类显示不同的信息时，利用选项卡控件可以在一个窗体中显示多页信息，操作时只需要单击选项卡上的标签，就可以在多个页面间进行切换。

【例 10-12】使用窗体设计视图，创建一个窗体，使用选项卡控件分页显示 product 表。

参考操作步骤如下。

① 打开销售订单数据库，在 Access 窗口中单击"创建"选项卡，在"窗体"命令组中，单击"窗体设计"命令按钮，打开窗体设计视图。

② 添加选项卡控件。单击"选项卡"命令按钮，在窗体中画出"选项卡"控件。

③ 设置选项卡属性。单击选项卡"页 1"，设置它的"标题"属性为"商品信息"，单击选项卡"页 2"，设置它的"标题"属性为"照片"。

④ 添加字段。单击选项卡"商品信息"，然后单击"添加现有字段"命令按钮，将 product 表中除了"照片"以外的 6 个字段添加到窗体当前页中。单击选项卡"照片"，将 product 表中"照片"字段添加到窗体当前页中。窗体设计视图如图 10-50 所示。

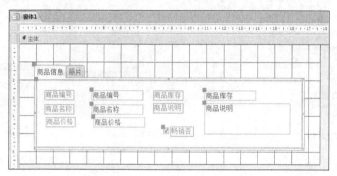

图 10-50　窗体设计视图

⑤ 查看窗体。单击"窗体视图"命令按钮，窗体设计效果如图 10-51 所示。可通过单击选项卡上的"商品信息"标签和"照片"标签，转换查看的页。

图 10-51　窗体设计结果

10.4.6　子窗体控件

在 Access 中，有时需要在一个窗体中显示另一个窗体中的数据。窗体中的窗体称为子窗体，包含子窗体的窗体称为主窗体。在这类窗体中，主窗体和子窗体彼此链接，子窗体中只显示与主窗体中当前记录相关联的记录，而在主窗体中切换记录时，子窗体的内容也会随着切换。因此，两个表之间存在"一对多"的关系时，则可以使用主/子窗体显示两表中的数据。主窗体使用"一"方的表作为数据源，子窗体使用"多"方的表作为数据源。

下面就介绍使用子窗体控件创建主子窗体。需要注意的是在创建主/子窗体之前，首先设置好主窗体数据源的表和子窗体数据源的表之间的关系。

【例 10-13】使用窗体设计视图，创建一个主/子窗体，主窗体显示 Customers 表，子窗体显示 orders 表，两表已经建立了一对多的关系。

参考操作步骤如下。

① 打开销售订单数据库，在 Access 窗口中单击"创建"选项卡，在"窗体"命令组中，单击"窗体设计"命令按钮，打开窗体设计视图。

② 创建主窗体。参考以前的操作步骤，创建一个显示 Customers 表所有字段的窗体。

③ 添加子窗体。单击"子窗体/子报表"命令按钮，在主窗体中画出"子窗体"控件，此时，会弹出"子窗体向导"对话框，如图 10-52 所示，选择"使用现有的表或查询（T）"，单击"下一步"按钮。

④ 选择子窗体的数据源。在弹出的对话框中选择"表：orders"，将它的 4 个字段移到"选定字段"中，如图 10-53 所示，单击"下一步"按钮。

图 10-52　子窗体向导对话框

图 10-53　选择子窗体的数据源对话框

⑤ 选择链接字段。在弹出的对话框中选择"从列表中选择（C）"，即"顾客编号"作为链接字段，如图 10-54 所示，单击"下一步"按钮。

⑥ 命名子窗体。在弹出的对话框中输入子窗体的名称，如图 10-55 所示，单击"完成"按钮，关闭向导对话框。窗体的设计视图如图 10-56 所示。

图 10-54　选择链接字段对话框

图 10-55　命名子窗体对话框

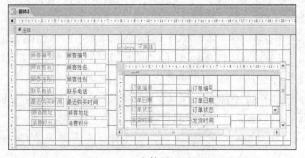

图 10-56　窗体的设计视图

⑦ 查看窗体。单击"窗体视图"命令按钮，窗体设计效果如图 10-57 所示。可将该窗体的显示效果与【例 10-2】的窗体比较一下，能看出主/子窗体的显示效率要高一些。

图 10-57　窗体设计效果

⑧ 保存窗体（主窗体）。

10.5　窗体对象的完善和美化

前面介绍的窗体对象设计，比较关注窗体的实用性，在实际应用中，窗体对象布局的合理性、美观性对应用系统也十分重要，一个方便、易用、美观的窗体可以使操作者得心应手、赏心悦目，从而有助于提高工作效率。窗体美观性的设置包括窗体的背景颜色、图片、控件的背景颜色、字体、字形等，本节介绍几种常用的窗体修饰方式。

10.5.1　设置窗体的背景图片

如果窗体有一个合适的背景图片，可以使窗体的外观更加生动活泼，给人以亲切感。

【例 10-14】修改一个窗体，给【例 10-2】中创建的 Customersorders 窗体设置一个背景图片。参考操作步骤如下。

① 打开销售订单数据库，在左边的导航窗格中，双击窗体 Customersorders，单击"设计视图"命令按钮，打开窗体设计视图。

② 设置背景图片。单击窗体"属性表"的"格式"选项卡中"图片"属性的编辑按钮，在弹出的窗口中选定所需图片（北极狐），单击"确定"，则该图片即被设置为窗体的背景图片。

③ 查看窗体。单击"窗体视图"命令按钮，窗体设计效果如图 10-58 所示。

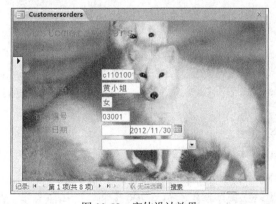

图 10-58　窗体设计效果

④ 保存窗体。

10.5.2　设置条件格式

如果希望窗体中某些具有特殊意义的内容突出显示，可以通过设置条件格式来实现。它是以控件值作为条件，设置相应的显示格式。

【例 10-15】修改【例 10-1】中创建的 Customers 窗体，通过设置相应的条件格式，使得该窗体中消费积分大于等于 800 的文本框填充黄色。

参考操作步骤如下。

① 打开销售订单数据库，在左边的导航窗格中，双击窗体 Customers，单击"设计视图"命令按钮，打开窗体设计视图。

② 设置条件格式。单击名称为"消费积分"的文本框，在"窗体设计工具/格式"选项卡的"控件格式"命令组中单击"条件格式"命令按钮，弹出"条件格式规则管理器"对话框，如图 10-59 所示。单击"新建规则"按钮，弹出"新建格式规则"对话框，选择"检查当前记录值或使用表达式"，设置"编辑规则描述:"为"'字段值'，'大于或等于'，'800'"，设置背景色为"黄色"，如图 10-60 所示。连续单击"确定"按钮，完成条件格式的设置。

图 10-59　条件格式规则管理器

③ 查看窗体。单击"窗体视图"命令按钮，窗体设计效果如图 10-61 所示。

图 10-60　新建格式规则对话框

图 10-61　窗体设计效果

④ 保存窗体。

10.5.3　设置窗体的主题

在 Access 2010 中不仅可以对单个窗体进行单项设置，还可以使用"主题"对数据库系统的所有窗体进行统一的设置。"主题"是修饰和美化窗体的一种快捷方法，它是由系统设计人员预先设计好的一整套配色方案，能够使数据库中的所有窗体具有相同的配色方案。

在"窗体设计工具/设计"选项卡中的主题组包含三个按钮，主题、颜色和字体。Access共提供了 44 套主题供用户选择使用

【例 10-16】使用"主题"对销售订单数据库的窗体进行修饰。

参考操作步骤如下：

① 打开销售订单数据库，在左边的导航窗格中，双击窗体 Customers，单击"设计视图"命令按钮，打开窗体设计视图。

② 设置主题。单击"主题"命令组中的"主题"下拉菜单，选择其中的"凤舞九天"主题，如图 10-62 所示。销售订单数据库中的所有窗体均使用此主题修饰。

③ 查看窗体。单击"窗体视图"命令按钮，窗体设计效果如图 10-63 所示。

④ 保存窗体。

窗体设计和美化的手段花样繁多，设计出的窗体丰富多彩，关于窗体更多的高级应用请查阅相关资料。

图 10-62　"主题"下拉菜单

图 10-63　窗体设计效果

10.6　窗体对象的应用示例

本节通过几个案例，深入分析窗体对象的设计和应用。

【例 10-17】设计一个登录窗体对象，实现用户登录功能。窗体对象的执行结果如图 10-64 所示。要求设计一个数据表对象来保存用户名及其密码信息。

【分析】本例涉及数据表、窗体以及 VBA 过程等知识点，必须设计相应数据表对象、窗体对象和模块对象进行协作。在三个对象中，窗体对象不但将表以及 VBA 代码集成起来，而且还控制着程序的执行流程，实现了应用程序交互功能。本案例具体的实现步骤如下。

① 建立数据表 manager 的关系模式，表中包含的字段如表 10-4 所示。

图 10-64　登录窗体视图

表 10-4   数据表 manager 中的字段

字段名称	数据类型	字段大小
usersno	文本	6
usersname	文本	10
userspw	文本	8

② 在 manager 表中输入表 10-5 所示的用户数据。

表 10-5   数据表 manager 中的数据

usersno	usersname	userspw
s01001	sellers01	s0112345
s01002	sellers02	s0212345
s01003	sellers03	s0312345
s11111	jiangsir	qlujlf

③ 设计窗体对象。创建一个名为"login"的窗体对象，并在"login"对象中添加图 10-65 所示的控件，其中两个标签控件分别 label1 和 label2，两个文本框控件分别是 text1 和 text2，一个命令按钮控件是 command1。这里要特别提醒读者：本案例添加的控件名都不是默认名称，请注意修改控件名。

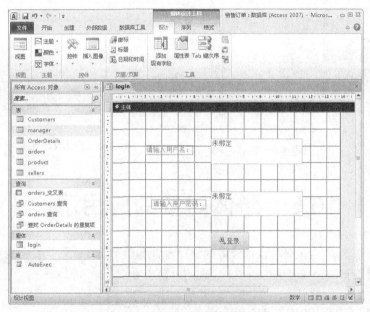

图 10-65   "login"的窗体设计视图

④ 设置"login"窗体中各控件的属性，如表 10-6 所示。

表 10-6   "login"窗体中对象属性设置

对象	属性	属性值
窗体	标题	登录
Label1	标题	请输入用户名：
Label2	标题	请输入用户密码：

续表

对象	属性	属性值
Text1		
Text2	输入掩码	密码
Command1	图片标题排列	常规
Command1	标题	登录

⑤ 代码设计

打开图 10-66 所示的"login"窗体对象中"command1"命令控件的属性表，单击"单击"事件右侧的"打开"按钮，打开图 10-67 所示的事件代码设计窗口，输入如下代码。

```
Option Compare Database
Private Sub Command1_Click()
  Dim cond As String
  Dim ps As String
  If IsNull(Me![Text0]) Or IsNull(Me![Text1]) Then
   MsgBox "用户名和密码不能为空！", vbOKOnly, "提示信息"
   Exit Sub
  End If
  cond = "usersname=" + "'" + Me![Text1] + "'"
  ps = DLookup("userspw", "manager", cond)
  If  ps <> me![Text2] Then
    MsgBox "用户名或密码错误！", vbOKOnly, "提示信息"
  Else
    MsgBox "欢迎使用本系统！", vbOKOnly, "提示信息"
    DoCmd.OpenForm "frma"          '打开"frma"窗体，即系统应用程序窗体
  End If
End Sub
```

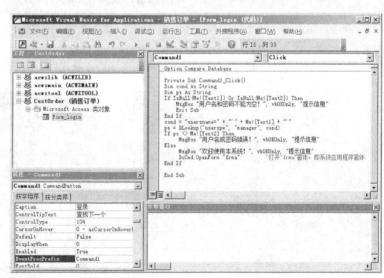

图 10-66　控件"command1"的属性表　　图 10-67　控件"command1"的"单击"事件代码设计窗口

⑥ 保存和执行。将"login"窗体对象保存，然后将窗体由"设计"视图切换到"窗体"视图，输入用户名和密码后，"login"窗体对象的执行结果如图 10-68 所示。

【说明】

① 本窗体对象首先验证用户是否已输入用户名和密码，若有未输入，弹出"提示信息"对话

框，提醒"用户名和密码不能为空！"。均已输入则核对用户输入密码是否正确，若不正确，则弹出"提示信息"对话框，提醒"用户名或密码错误！"，密码正确时，弹出"提示信息"对话框，提醒"欢迎使用本系统！"，并打开订单管理系统主窗体"frma"。

② 函数 DLookup(字段名，表名，条件)的功能是获取数据表中符合条件的指定字段值，在本例中函数 DLookup("userspw", "manager", cond)所获取的字段值是数据表 manager 中与所在文本框中输入用户名相对应的用户密码。

图 10-68 "login"窗体对象的执行结果

【例 10-18】设计两个计算窗体和一个标准模块，在两个计算窗体中分别调用标准模块中的函数 jc。

① 计算窗体 calc1 和 calc2 的设计视图如图 10-69 和图 10-70 所示。

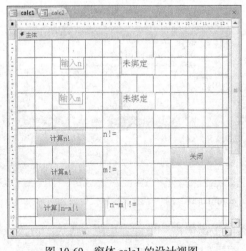

图 10-69 窗体 calc1 的设计视图

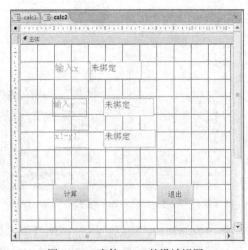

图 10-70 窗体 calc2 的设计视图

② calc1 中添加 5 个标签、2 个文本框、4 个命令按钮，属性设置如表 10-7 所示。

表 10-7　　　　　　　　　　　　　　　calc1 窗体对象属性值

对象	属性	属性值
窗体	标题	计算 1
Label1	标题	输入 n
Label2	标题	输入 m
Label3	标题	$n!$
Label4	标题	$m!$
Label5	标题	$|n-m|!$
Command1	标题	计算 $n!$
Command2	标题	计算 $m!$
Command3	标题	计算$|n-m|!$
Command4	标题	关闭

calc2 中添加 3 个标签、3 个文本框、2 个命令按钮，属性设置如表 10-8 所示。

表 10-8　　　　　　　　　　　　　　　calc2 窗体对象属性值

对象	属性	属性值
窗体	标题	计算 2
Label1	标题	输入 x
Label2	标题	输入 y
Label3	标题	$x!-y!$
Command1	标题	计算
Command2	标题	退出

③ 代码设计

窗体 calc1 的模块代码：

```
Option Compare Database
Private Sub Command1_Click()
  Dim jg As Long
  jg = jc(Me!Text1)
  Me!Label3.Caption = Me!Label3.Caption & jg
End Sub
Private Sub Command2_Click()
  Dim jg As Long
  jg = jc(Me!Text2)
  Me!Label4.Caption = Me!Label4.Caption & jg
End Sub
Private Sub Command3_Click()
  Dim jg As Long
  Dim x As Integer
  x = Abs(Me!Text1 - Me!Text2)
  jg = jc(x)
  Me!Label5.Caption = Me!Label5.Caption & jg
End Sub
Private Sub Command4_Click()
   DoCmd.Close
End Sub
```

窗体 calc2 模块代码：

```
Option Compare Database
Private Sub Command1_Click()
  Me!ss = jc(Me!nn) - jc(Me!mm)
End Sub
```

设计宏对象实现 command2 按钮的退出功能。首先，打开命令按钮 command2"属性表"中的"事件"选项卡，在"单击"组合框的下拉列表中选"嵌入的宏"；接着单击该行后面的省略号按钮，打开宏设计器；然后在宏操作编辑区中添加"closewindows"操作，保留对象类型和对象名称为空，即完成宏对象的设计，如图 10-71 所示。

图 10-71 添加 close window 操作到宏

建立名为"公共模块"的标准模块，并放入 Function 过程 jc。

"公共模块"中 Function 过程 jc 的代码如下：

```
Option Compare Database
Public Function jc(n As Integer) As Integer
  t = 1
  For i = 1 To n
    t = t * i
  Next
  jc = t
End Function
```

④ 打开窗体对象"calc1"的窗体视图，输入 n 的值 5 和 m 的值 2，单击 3 个计算按钮，结果显示如图 10-72 所示。

⑤ 打开窗体对象"calc2"的窗体视图，输入 n 的值 5 和 m 的值 2，单击计算按钮，结果显示如图 10-73 所示。

图 10-72 窗体"calc1"结果显示

图 10-73 窗体"calc2"结果显示

【例 10-19】在"订单销售"数据库中，创建一个图 10-74 所示的登录验证宏，使用命令按钮运行该宏时，对用户所输入的密码进行验证，只有输入的密码为"123456"才能打开数据库窗体，否则，弹出消息框，提示用户输入的系统密码错误。

本案例的操作步骤如下。

① 首先使用窗体设计视图，创建一个登录窗体。登录窗体包括：一个文本框，用来输入密码；一个命令按钮，用来验证密码，此命令按钮的事件代码留待后面再进行设计。

② 在"创建"选项卡的"宏与代码"组中，单击"宏"按钮，打开"宏设计器"。

③ 在图 10-74 所示的宏操作编辑区的"添加新操作"组合框中，输入"If"，单击条件表达式文本框右侧的按钮，打开图 10-75 所示的"表达式生成器"对话框。

图 10-74　登录验证宏的设计视图

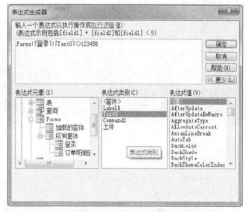

图 10-75　"表达式设计器"对话框

④ 在"表达式生成器"对话框中的"表达式元素"窗格中，展开"销售订单/Forms/所有窗体"，选中"登录"窗体。在"表达式类别"窗格中，双击"Text0"，在表达式值中输入"<>123456"，如图 10-75 所示。单击"确定"按钮，返回到"宏设计器"中。

⑤ 在"添加新操作"组合框中单击下拉箭头，在打开的列表中选择"MessageBox"，在"操作参数"窗格的"消息"行中输入"密码错误！请重新输入系统密码！"，在类型组合框中，选择"警告！"，其他参数默认，如图 10-74 所示。

⑥ 重复步骤③和④，设置第二个 If 块。在 If 块的条件表达式中输入：[Forms]![登录]! [Text0]="123456"。在"添加新操作"组合框中，选择"Closewindows"命令，其他参数分别为"窗体、验证密码、否"。

⑦ 在"添加新操作"组合框中单击下拉箭头，选择"OpenForm"，各参数分别为"订单明细、窗体、普通"。保存宏对象，名称为"条件宏"。

⑧ 打开"验证密码"窗体切换到设计视图中，选中命令按钮，在"属性表"窗口中"事件"选项卡的"单击"组合框中，选"条件宏"，如图 10-76 所示。

⑨ 选择"登录窗体"对象，打开该对象的"窗体"视图，分别输入正确的密码、错误的密码，单击"确定"按钮，查看相应的结果。

【例 10-20】创建名为"输出奇偶数"的窗体，在窗体上放置 input、output 两个文本框，然后再放置一个 cmd1 命令按钮。input 用来输入一个正整数，当单击 cmd1 命令按钮时，在文本框 output 中输出奇偶数信息。本案例的设计过程如下。

① 控件准备。创建"输出奇偶数"窗体对象，并在窗体对象上添加如下控件：两个文本框 input 和 output，一个命令按钮 cmd1，如图 10-77 所示。

图 10-76 指定"单击"事件的宏对象

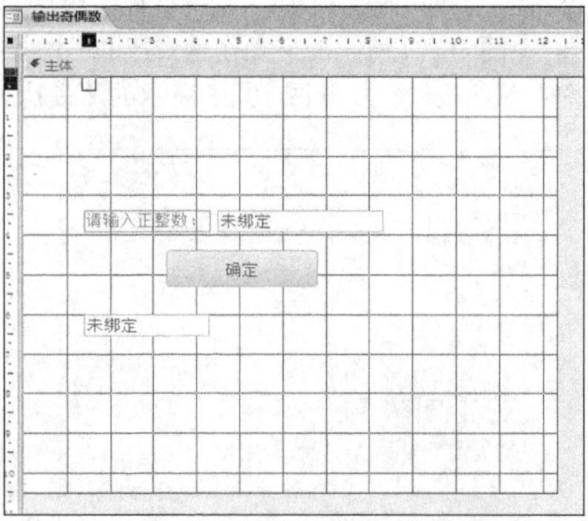

图 10-77 输出奇偶数窗体对象设计

② 命令按钮 cmd1 的"单击"事件过程代码设计如下。

```
If [input]. [Value] Mod 2=0 Then
    SetValue
    项目= [output].[Value]
    表达式= [input].[Value]&"是偶数"
ELSE
    SetValue
    项目= [output].[Value]
    表达式= [input].[Value]&"是奇数"
End If
```

③ "判断奇偶数"宏对象的设计，如图 10-78 所示，宏对象的设计要点如下。

图 10-78 "判断奇偶数"宏对象设计

在 If…End If 逻辑块内，单击"添加新操作"列表选择"SetValue"操作，在"项目"参数框中输入"[output].[Value]"，在"表达式"参数框中输入"[input].[Value]&"是偶数"，单击"添加

Else"，在 Else 逻辑块下方，单击"添加新操作"列表选择"SetValue"操作，在"项目"参数框中输入"[output].[Value]"，在"表达式"参数框中输入"[input].[Value]&"是奇数""。

在 If...End If 逻辑块内，单击"添加新操作"列表选择"StopMacro"操作。

保存宏对象，宏对象名为"判断奇偶数"。

④ 宏对象的触发设置。进入"输出奇偶数"窗体设计视图，在命令按钮的"属性表"对话框中设置"判断奇偶数"宏对象的触发事件，保存该窗体，如图 10-79 所示。

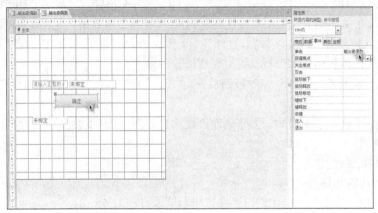

图 10-79　命令按钮 cmd1 的属性表

⑤ 打开窗体对象"输出奇偶数"的窗体视图，在"输入正整数的文本框中输入 458"，单击"确定"命令按钮，在第二个文本框中出现"是偶数"。

习　　题

一、单选题

【1】自动窗体向导创建的窗体不包括_____。

　　A．纵栏式　　　　　B．数据表　　　　　C．表格式　　　　　D．新奇式

【2】能够接受数字型数据的窗体控件是_____。

　　A．图形　　　　　　B．文本框　　　　　C．标签　　　　　　D．命令按钮

【3】以下不是窗体控件的是_____。

　　A．组合框　　　　　B．文本框　　　　　C．表　　　　　　　D．命令按钮

【4】在窗体中，标签的"标题"是标签控件的_____。

　　A．自身宽度　　　　B．名字　　　　　　C．大小　　　　　　D．显示内容

【5】打开窗体后，通过工具栏上的"视图"按钮可以切换的视图不包括_____。

　　A．设计视图　　　　B．窗体视图　　　　C．SQL 视图　　　　D．数据表视图

【6】下面关于列表框和组合框的叙述错误的_____。

　　A．列表框和组合框可以包含一列或几列数据

　　B．不可以在列表框中输入新值，而组合框可以

　　C．可以在组合框中输入新值，而列表框不能

　　D．在列表框和组合框中均可以输入新值

【7】查询可以作为_____的数据来源。

A. 窗体和报表　　　B. 窗体　　　　　　C. 报表　　　　　　D. 以上都不对

【8】下列不属于窗体的类型的是_____。

A. 纵栏式窗体　　　B. 表格式窗体　　　C. 模块式窗体　　　D. 数据表窗体

【9】要改变窗体上文本框控件的数据源,应设置的属性是_____。

A. 记录源　　　　　B. 控件来源　　　　C. 筛选查询　　　　D. 默认值

【10】如果加载一个窗体,先被触发的事件是_____。

A. Load 事件　　　B. Open 事件　　　C. Click 事件　　　D. DbClick 事件

【11】若要求在文本框中输入文本时达到密码"*"号的显示效果,则应设置的属性是_____。

A. 默认值属性　　　B. 标题属性　　　　C. 密码属性　　　　D. 输入掩码属性

【12】为了使窗体界面更加美观,可以创建的控件是_____。

A. 组合框控件　　　B. 命令按钮控件　　C. 图象控件　　　　D. 标签控件

二、填空题

【1】窗体是一个_____,可用于为数据库创建用户界面。窗体既是_____的窗口,又是_____和数据库之间的桥梁。

【2】控件的类型有_____、_____、_____三种。

【3】控件的功能包括_____、_____和_____。

【4】在窗体中,位于_____中的内容在打印预览或打印时才显示。

【5】要用文本框来显示当前日期,应当设置文本框的控件来源属性是_____。

三、思考题

【1】简述窗体的功能。

【2】窗体有哪几种视图?并对其作用进行简述。

【3】简述控件的作用。

【4】什么是主/子窗体?如何创建主/子窗体?

【5】如何设置控件的属性?

四、操作题

【1】利用选项卡控件创建一个窗体,显示 student 表,要求分 3 页显示。

【2】创建一个主/子窗体,用于显示和编辑 student 表和 grade 表。

【3】创建一个窗体,用于显示 grade 表,给该窗体添加一个校园内容的背景图片,并设置条件格式:大于等于 85 的成绩,背景色为绿色;小于 60 的成绩,背景色为黄色。

五、分析题

基于下面的部分线索,分析下面的对象协作完成的功能。基于这些线索,围绕这一功能,在 Access 中设计相应的对象,完成你所期望的功能。

【线索 1】打开宏设计器,添加 infomessage 宏,添加操作 MessageBox,如图 10-80 所示。

【线索 2】添加 gotorecord 操作,参数设置如图 10-81 所示。

图 10-80　MsgBox 宏参数设置

图 10-81　转到记录宏

【线索3】打开订单明细窗体，进入设计视图，如图 10-82 所示。

【线索4】打开窗体属性窗口在"打开"时间中添加宏操作 Infomessage，如图 10-83 所示。

【线索5】打开"主体"节属性对话框，指定"单击"事件为"转到记录宏"，如图 10-84 所示。

【线索6】保存并打开窗体，运行结果如图 10-85 所示。

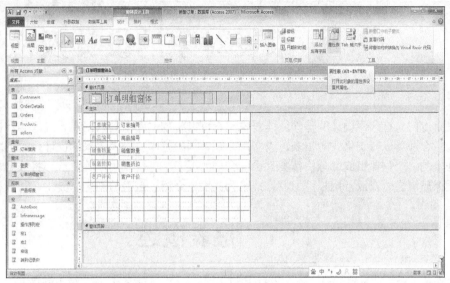

图 10-82　打开窗体属性

图 10-83　调用宏 Infomessage

图 10-84　调用转到记录宏

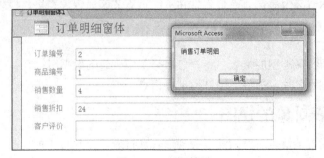

图 10-85　运行结果

第11章
报表对象的设计及应用

报表是专门为打印而设计的特殊窗体对象，它可以将数据库中的数据表、查询等数据源中的数据进行组合并形成特定格式的报表，以实现格式数据的打印。报表对象的设计是数据库应用系统程序开发的一个重要组成部分，精美且设计合理的报表，可按照用户的要求，将数据清晰地呈现在纸质介质上。本章以常用控件的设计技术为抓手，介绍了报表的创建、美化、预览和打印。

11.1　报表概述

窗体和报表都可以显示数据，窗体主要用于将数据显示在屏幕窗口中，报表则主要用于将数据打印在纸上。窗体上的数据既可以浏览又可以进行修改，报表中的数据是只能浏览而不能修改的。

11.1.1　报表的类型

按照报表中数据的显示方式，可以把报表分为以下 3 种主要类型。

1. 纵栏式报表

纵栏式报表也称为窗体报表，一般是在报表中显示一条或多条记录，并以垂直方式显示。报表中每个字段占一行，左边是字段的名称，右边是字段的值。纵栏式报表适合记录较少、字段较多的情况。

2. 表格式报表

表格式报表是以整齐的行、列形式显示记录数据，一行显示一条记录，一页显示多行记录。字段的名称显示在每页的顶端。表格式报表与纵栏式报表不同，其记录数据的字段标题信息不是被安排在每页的主体节区内显示，而是安排在页面页眉节区显示。表格式报表适合记录较多、字段较少情况。

3. 标签报表

标签报表是一种特殊类型的报表，将报表数据源中少量的数据组织在一个卡片似的小区域。标签报表通常用于显示名片、书签、邮件地址等信息。

11.1.2　报表对象的视图

报表对象的视图就是报表对象的外观表现形式。报表对象共有 4 种视图：报表视图、打印预览视图、布局视图和设计视图。

1. 报表视图

报表视图是报表设计完成后，最终被打印的视图，用于显示报表数据内容。在报表视图中可以对报表应用高级筛选，筛选出所需要的信息。

2. 打印预览视图

在打印预览视图中，可以查看显示在报表上的数据，也可以查看报表的版面设置，即打印效果预览。在打印预览视图中，鼠标通常以放大镜方式显示，单击鼠标就可以改变报表的显示大小。

3. 布局视图

布局视图可以在显示数据的情况下，调整报表设计；可以根据实际报表数据调整列宽；可以移动各个控件的位置；可以重新进行控件布局。报表的布局视图与窗体的布局视图的功能和操作方法十分相似。

4. 设计视图

在设计视图中可以创建和编辑报表的结构、添加/删除控件和表达式、美化报表等。制作满足要求的专业报表的最好方式是使用报表设计视图，实际上报表设计视图的操作方式与窗体设计视图非常相似，创建窗体的各项操作技巧可完全套用在报表上，因此本章将不再重复介绍相关的技巧，而将重点放在报表自身特有的设计操作上。

11.1.3　创建报表对象的方法

报表可以看成是查看一个或者多个表中的数据记录的对象，所以创建报表对象时应该首先选择表或查询对象，并把字段添加到报表对象中。在 Access 中有多种创建报表对象的方法，使用这些方法能够完成报表的基本设计，在报表对象中还可以对数据进行分组、排序、筛选和计算，这与所需报表的复杂程度有关。

Access 可以使用"报表""报表设计""空报表""报表向导"和"标签"等方法创建报表。在"创建"选项卡中"报表"组提供了这些创建报表的按钮，如图 11-1 所示。

图 11-1　"报表"命令组

11.2　使用向导创建报表对象

与创建窗体对象类似，除了报表设计视图的方法外，其他的设计方法都给予用户一定的提示、引导，所以我们把创建报表的方法分为使用向导和使用设计视图两种。本节我们介绍几种使用向导创建报表对象的方法，他们分别使用了"报表"按钮、"报表向导"按钮、"标签"按钮来实现报表的创建。

11.2.1　自动创建报表

"报表"按钮提供了最快的报表创建方式，它既不向用户提示信息，也不需要用户做任何其他操作就立即生成报表。在创建的报表中显示表或查询（仅基于一个表或查询）中的所有字段，尽管报表工具可能无法创建满足最终需要的完美报表，但对于迅速查看基础数据极其有用。在生成报表后，保存该报表，可在布局视图或设计视图中进行修改，使报表更好地满足需求。

【例 11-1】在销售订单数据库中使用"报表"按钮创建 Customers 报表，用于显示 Customers 表中的信息。

参考操作步骤如下。

① 打开销售订单数据库，在左边的导航窗格中，单击要在窗体上显示的数据表 Customers。

② 创建报表。单击"创建"选项卡，在"报表"命令组中，单击"报表"命令按钮，报表即创建完成，并以布局视图显示，如图 11-2 所示。

图 11-2　Customers 报表

③ 保存报表。选择"文件"下的"保存"命令，或单击工具栏中的"保存"按钮，弹出"另存为"对话框，在"报表名称"文本框中输入该报表的名称，单击"确定"按钮即可。

本方法创建报表，已经非常简单快捷了，但还有一种方法与它不相上下，那就是由窗体转换成报表的方法。具体操作方法是，打开一个窗体，单击"文件"下的"对象另存为"，在弹出的"另存为"对话框中，选择"保存类型（A）"为"报表"，输入文件名，单击"确定"，报表即创建完成。

11.2.2　使用报表向导创建报表

使用"报表"工具创建报表，很容易的创建了一种标准化的报表样式。虽然快捷，但是存在一些不足之处，尤其是不能选择出现在报表中的数据源字段等。报表向导是一种创建报表比较灵活和方便的方法，利用向导，用户只需选择报表的样式和布局，选择报表上显示哪些字段，即可创建报表。在报表向导中，还可以指定数据的分组和排序方式。如果事先指定了表或查询之间的关系，还可以使用来自多个表或查询的字段进行创建。

【例 11-2】在销售订单数据库中使用"报表向导"按钮创建 Customersorders 报表，显示内容为 Customers 表中顾客编号、顾客姓名、顾客性别字段和 orders 表中订单编号、订单日期、发货时间字段，在此之前已给它们建立了一对多的关系。

参考操作步骤如下。

① 打开销售订单数据库，单击"创建"选项卡，在"报表"命令组中，单击"报表向导"命令按钮，弹出第一个对话框。

② 选定表及字段。在此对话框中分别选定 Customers 表及其字段顾客编号、顾客姓名、顾客性别和 orders 表及其字段订单编号、订单日期、发货时间，如图 11-3 所示。然后单击"下一步"按钮。

③ 确定分组级别。在弹出的对话框中选择"顾客编号"字段，如图 11-4 所示。单击"下一步"按钮。

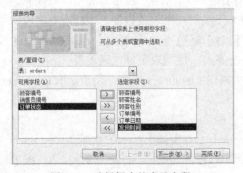

图 11-3　选择报表的表及字段

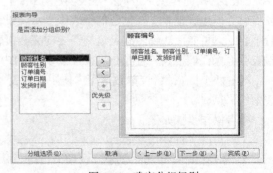

图 11-4　确定分组级别

④ 确定排序次序。在弹出的对话框中不进行选择，如图 11-5 所示。单击"下一步"按钮。

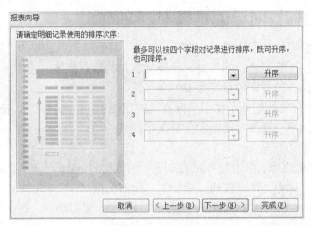

图 11-5　确定排序次序

⑤ 确定布局方式。在弹出的对话框中选择"布局"中的"递阶"和"方向"中的"纵向"，选中"调整字段宽度使所有字段都能显示在一页中（W）"（默认方式），如图 11-6 所示。

⑥ 输入报表标题。在弹出的对话框中输入报表的标题为"Customersorders"，选中"预览报表"（默认方式），如图 11-7 所示。单击"完成"按钮。

⑦ 查看报表。可看到本报表的设计结果，即以打印预览视图查看报表，如图 11-8 所示。

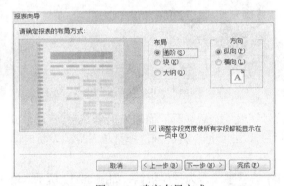

图 11-6　确定布局方式

图 11-7　输入报表标题

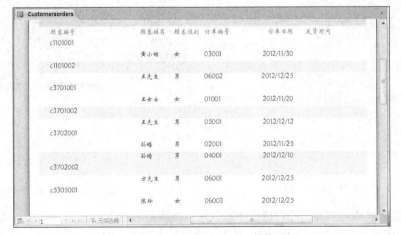

图 11-8　Customersorders 报表

⑧ 保存报表。

11.2.3 使用标签向导创建报表

在实际应用中,标签的应用范围十分广泛,它是一种特殊形式的报表,例如"图书编号""顾客地址"和"教师信息"等标签。标签是一种类似名片的信息载体,使用 Access 提供的"标签"向导,可以方便地创建各种各样的标签报表。

【例 11-3】在销售订单数据库中使用"标签"按钮创建 orders 标签报表,显示内容为 orders 表中订单编号、顾客编号、订单日期、发货时间字段。

参考操作步骤如下:

① 打开销售订单数据库,单击要在报表上显示的数据表 orders。单击"创建"选项卡,在"报表"命令组中,单击"标签"命令按钮,弹出第一个对话框。

② 选定标签尺寸。在弹出的对话框中选择"型号"为"C2166"一行,默认选定"公制""送纸"和"Avery",如图 11-9 所示。单击"下一步"按钮。

③ 选定文本外观。在弹出的对话框中选定适当的"字体""字号""字体粗细""文本颜色",以及是否倾斜、是否有下划线,如图 11-10 所示。单击"下一步"按钮。

图 11-9 选定标签尺寸

图 11-10 选定文本外观

④ 选定字段。在弹出的对话框中选择订单编号字段,然后在其前面输入提示文字:"订单编号:",单击订单编号的下一行,选择顾客编号字段,以此类推,再分别选择订单日期、发货时间字段,如图 11-11 所示。单击"下一步"按钮。

⑤ 确定排序字段。在弹出的对话框中选择订单编号字段作为排序依据,如图 11-12 所示。单击"下一步"按钮。

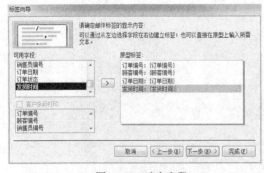

图 11-11 选定字段

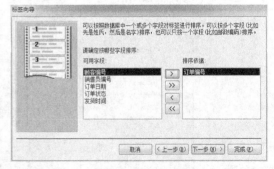

图 11-12 确定排序字段

⑥ 输入报表名称。在弹出的对话框中默认输入报表的名称为"标签 orders",默认选中"查看标签的打印预览。",如图 11-13 所示。单击"完成"按钮。

⑦ 查看报表。制作完成后的报表如图 11-14 所示。

⑧ 保存报表。

图 11-13　输入报表名称

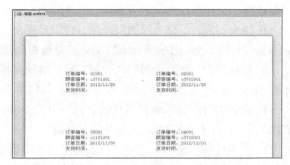

图 11-14　标签 orders 报表

11.3　使用设计视图创建报表对象

虽然使用报表按钮和报表向导的方式可以方便、迅速地完成新报表的创建任务，但却缺乏主动性和灵活性，它的许多参数都是系统自动设置的，这样的报表有时候在某种程度上很难完全满足用户的要求。使用"报表设计"视图可以更灵活地创建报表对象。不仅可以按用户的需求设计所需要的报表，而且可以对上面两种方式创建的报表对象进行修改，使其更大程度的满足用户的需求。

11.3.1　报表对象的设计视图

在报表对象的设计视图中，可以展现出报表的结构。报表是按节来设计的，这点与窗体相同。报表的结构包括主体、报表页眉、报表页脚、页面页眉、页面页脚 5 部分，如图 11-15 所示。每个部分称为报表的一个节，除此之外，在报表的结构中，还包括组页眉和组页脚节，它们被称为子节。这是因为在报表中，对数据分组而产生的。报表的主要结构虽然与窗体相同，但是微观结构上比窗体要复杂得多，这种复杂性主要表现在组页眉和组页脚节上。组页眉和组页脚节均位于主体节的外部，按照数据的分组关系，组中还可以嵌套组。

图 11-15　报表的设计视图

报表中各个节都有其特定的功能，而且按照一定的顺序打印在报表上，以下简要说明各个节的作用。

① 主体：是整个报表的核心，显示或打印来自表或查询中的记录数据，是报表显示数据的主要区域。

② 报表页眉：是整个报表的页眉，它只出现在报表第一页的页面页眉的上方，用于显示报表的标题、日期或报表用途等说明性文字。每份报表只有一个报表页眉。

③ 报表页脚：是整个报表的页脚，它只出现在报表最后一页的页面页脚下方的位置，主要用来显示报表总计、制作者、审核人等信息。每份报表只有一个报表页脚。

④ 页面页眉：显示和打印在报表每一页的顶部，用于在报表中的每一页显示标题、列标题、日期或页码，在表格式报表中用来显示报表每一列的标题。

⑤ 页面页脚：显示和打印在报表每一页的底部，可以用来显示页汇总、日期、页码等信息。

⑥ 组页眉：在分组报表中，可以使用"排序与分组"属性设置"组页眉/组页脚"区域，以实现报表的分组输出和分组统计。组页眉显示在记录组的开头，主要用来显示分组字段名等信息。

⑦ 组页脚：用来显示报表的分组信息，它显示在记录组的结尾，主要用来显示报表分组总计等信息。

11.3.2　报表对象的设计工具

当打开报表设计视图后，功能区上出现"报表设计工具"选项卡及其下一级"设计""排列""格式"和"页面设置"4个子选项卡，其中"设计"选项卡中，除了"分组和汇总"命令组外，其他都与窗体的设计选项卡相同，因此这里不再进行介绍，"分组和汇总"命令组中控件的使用将在下面介绍，如图 11-16 所示。

图 11-16　报表"设计"选项卡

"排列"选项卡和"格式"选项卡的组成内容与窗体的相应选项卡完全相同。

"页面设置"选项卡是报表独有的选项卡，这个选项卡包含"页面大小"和"页面布局"两个命令组，用来对报表页面进行纸张大小、边距、方向列进行设置，如图 11-17 所示

图 11-17　报表"页面设置"选项卡

11.3.3　报表对象的创建起点——页面设置

创建报表的目的是把数据打印输出到纸张上，因此设置纸张大小和页面布局是必不可少的工作。为了提高工作效率，可以在报表创建之前进行设置。Access 中报表的纸张大小和页面布局都有默认设置，其纸张是 A4 纸，页边距除了三种固定的格式之外，还允许自定义。对于数据列比

较少，要求不复杂的报表，采用默认的页面设置、默认的纸张大小即可。但是对于数据列比较多，或者要求比较复杂的报表，则需要用户进行详细地设置。

页面设置通常是在"页面设置"选项卡中进行，此外也可以在打印预览中进行。这里介绍在"页面设置"选项卡中进行页面设置的操作。报表页面设置主要包括设置边距、纸张大小、打印方向、页眉、页脚样式等。页面设置的操作步骤如下。

① 在数据库窗口中，单击"页面设置"选项卡，参见图 11-17。

② 在"页面大小"命令组中、单击"纸张大小"按钮的下拉箭头，打开"纸张大小"列表框，列表中共列出 17 种纸张。用户可以从中选择合适的纸张，如图 11-18 所示。

③ 单击"页边距"按钮的下拉箭头，打开"页边距"列表框，根据需要选择一种页边距，即可完成页边距的设置，如图 11-19 所示。

④ 在"页面布局"命令组中，单击"纵向"和"横向"按钮可以设置打印纸的方向，单击"列"按钮，打开"页面设置"对话框，如图 11-20 所示。在"列"选项卡中，可以设置在打印纸上输入的列数，在"打印选项"和"页"选项卡中，可以对前面的选择定义进行修改。

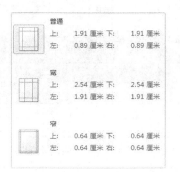

图 11-18 "纸张大小"列表框   图 11-19 "页边距"列表框   图 11-20 "页面设置"对话框

完成页面设置后，即可创建报表了，在创建报表后，如果发现页面的设置不完全符合要求，可以在"打印预览"视图中继续进行设置。

11.4　常用报表控件的设计及应用

对于简单报表，通常是使用报表向导和报表工具进行创建。对于复杂的报表，可以使用报表向导创建后进行修改（这是效率较高的方式），或者直接在设计视图进行创建。在"报表设计工具/设计"选项卡的"控件"命令组中，包含有标签、文本框、复选框等常用控件，它们是设计报表的重要工具，其操作方法与窗体设计中的操作方法相同。

11.4.1　在报表中添加简单控件

标签和文本框是使用较多且操作简单的两个控件，下面通过一个例题介绍它们在报表中的应用。

【**例**11-4】在销售订单数据库中使用报表设计视图创建"销售员简介"报表，显示 sellers 表中的销售员编号、姓名、性别、联系电话 4 个字段内容。

参考操作步骤如下。

① 打开销售订单数据库，单击"创建"选项卡，在"报表"命令组中，单击"报表设计"命令按钮，出现报表设计视图，通过右击设置，使报表设计视图如图 11-15 所示。

② 添加标签。在报表页眉中添加一个标签控件，输入标题"销售员简介"，设置其字体为"楷书"，字号为"16"，文本"居中"对齐。

③ 添加文本框。向主体节中添加 4 个文本框控件（同时附带 4 个标签控件），设置报表的"记录源"属性为 sellers 表，并分别设置文本框的"控件来源"属性为销售员编号、姓名、性别联系电话 4 个字段，同时输入附带 4 个标签控件的标题为"销售员编号""姓名""性别""联系电话"，或通过将"字段列表"中的上述 4 个字段拖到报表主体节。

④ 调整控件布局。将主体节中的 4 个标签控件移到页面页眉节中，然后调整各控件的大小、位置、对齐方式等，并调整"报表页眉""页面页眉""主体"等节的高度，以适应其中控件的大小，如图 11-21 所示。

图 11-21 "销售员简介"报表设计视图

⑤ 查看报表，如图 11-22 所示。

图 11-22 "销售员简介"报表打印预览视图

⑥ 保存报表。

11.4.2 在报表中添加计算控件

在报表的实际应用中，经常需要对报表中的数据进行一些计算。在报表中对每个记录进行数值计算，就要用到计算控件，计算控件往往利用报表数据源中的数据生成新的数据在报表中体现出来。文本框是最常用的计算和显示数值的控件。下面介绍在报表中添加计算控件的方法。

【例11-5】在销售订单数据库中使用报表设计视图创建"销售员简介 2"报表，显示 sellers 表中的销售员编号、姓名、性别、年龄、联系电话等 5 项内容，并计算表中全体人员的平均年龄。

参考操作步骤如下。

① 打开销售订单数据库，单击"创建"选项卡，在"报表"命令组中，单击"报表设计"命令按钮，出现报表设计视图，通过右击设置，使报表设计视图具有"报表页眉/页脚"节和"主体"节。

② 添加标签。在报表页眉中添加一个标签控件，输入标题"销售员简介 2"，设置其字体、字号、文本对齐方式。

③ 添加文本框。向主体节中添加 5 个文本框控件（同时附带 5 个标签控件），设置报表的"记录源"属性为 sellers 表，并分别设置 4 个文本框的"控件来源"属性为销售员编号、姓名、性别、联系电话等 4 个字段，同时输入附带 5 个标签控件的标题为"销售员编号""姓名""性别""年龄""联系电话"。

④ 设置计算控件。与第 10 章"表达式生成器"的操作一样，将与"年龄"标签对应的文本框的"控件来源"属性设置为"=Year(Date())-Year([出生日期])"。

⑤ 给"报表页脚"添加控件。在"报表页脚"节中添加 1 个文本框，其"控件来源"属性设置为"=Avg(Year(Date())-Year([出生日期]))"，输入其附带标签的标题为"平均年龄:"。

⑥ 调整控件布局。将主体节中的 5 个标签控件移到报表页眉节中，然后调整各控件的大小、位置、对齐方式等，并调整"报表页眉/页脚""主体"等节的高度，以适应其中控件的大小，如图 11-23 所示。

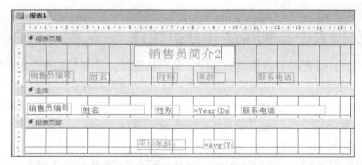

图 11-23　"销售员简介 2"报表设计视图

⑦ 查看报表，如图 11-24 所示。

图 11-24　"销售员简介 2"报表打印预览视图

⑧ 保存报表。

下面介绍报表中进行统计计算方面的规则:

1. 报表节中的统计计算规则

在 Access 中,报表是按节来设计的,选择用来放置计算型控件的报表节是很重要的。对于使用 Sum、Avg、Count、Min、Max 等聚合函数的计算型控件,Access 将根据控件所在的位置(选中的报表节)确定如何计算结果。具体规则如下。

① 如果计算型控件放在报表页眉节或报表页脚节中,则计算结果是针对整个报表的。

② 如果计算型控件放在组页眉节或组页脚节中,则计算结果是针对当前组的。

③ 聚合函数在页面页眉节和页面页脚节中无效。

④ 主体节中的计算型控件对数据源中的每一行打印一次计算结果。

2. 利用计算型控件进行统计运算的规则

在 Access 中,利用计算型控件进行统计运算并输出结果有两种操作形式:即针对一条记录的横向计算和针对多条记录的纵向计算。

(1)针对一条记录的横向计算

对一条记录的若干字段求和或计算平均值时,可以在主体节内添加计算型控件,并设置计算型控件的"控件来源"属性为相应字段的运算表达式即可。

(2)针对多条记录的纵向计算

多数情况下,报表统计计算是针对一组记录或所有记录来完成的。要对一组记录进行计算,可以在该组的组页眉或组页脚节中创建一个计算型控件。要对整个报表进行计算,可以在该报表的报表页眉节或报表页脚节中创建一个计算型控件。这时往往要使用 Access 提供的内置统计函数完成相应的计算操作。

11.4.3 在报表中添加排序和分组控件

在实际工作中,经常需要对数据进行排序、分组、统计。排序是根据字段中值的大小顺序进行排列的操作;分组是将报表中具有共同特征的相关记录排列在一起,并且可以为同组记录进行汇总统计。使用 Access 提供的排序和分组功能,可以对报表中的记录进行分组和排序,进行排序和分组时,可以对单个字段进行也可以对多个字段分别进行。

1. 在报表中添加排序控件

【例 11-6】在销售订单数据库中使用报表设计视图创建"顾客简介"报表,显示 Customers 表中的顾客编号、顾客姓名、联系电话、最近购买时间等 4 个字段内容,并按"最近购买时间"的降序排列。

参考操作步骤如下。

① 创建报表。按照【例 11-4】方法创建没有排序的"顾客简介"报表。

② 添加排序。单击"分组和汇总"命令组中的"分组和排序"命令按钮,出现"分组、排序、汇总"命令窗格,如图 11-25 所示。单击"添加排序"命令按钮后,选择"排序依据"为最近购买时间、降序。

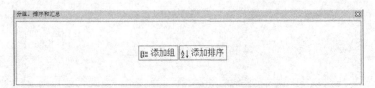

图 11-25 "分组、排序、汇总"命令窗格

③ 查看报表，如图 11-26 所示。

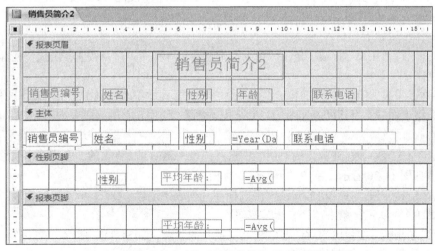

图 11-26　"顾客简介"报表

④ 保存报表。

2．在报表中添加分组控件

【例 11-7】对在【例 11-5】中创建的"销售员简介 2"报表，进行修改，添加分组（按性别），并对"平均年龄"进行分组和整表的计算统计。

参考操作步骤如下。

① 打开"销售员简介 2"报表，单击"视图"中的"设计视图"命令按钮，出现"销售员简介 2"报表的设计视图。

② 添加分组。单击"分组和汇总"命令组中的"分组和排序"命令按钮，出现"分组、排序、汇总"命令窗格，单击"添加组"命令按钮后，选择"分组形式"为性别、升序，单击"更多"后，选择"无页眉节""有页脚节"。

③ 添加控件。分别复制报表页脚节中的"平均年龄"文本框（包括其附带标签）以及主体节中的"性别"文本框，均粘贴到性别页脚（组页脚）中，并调整控件布局，如图 11-27 所示。

图 11-27　修改完成后的"销售员简介 2"报表设计视图

④ 查看报表，如图 11-28 所示。

图 11-28　修改完成后的"销售员简介 2"报表

⑤ 保存报表。

11.4.4　在报表中添加子报表控件

子报表是指插入到其他报表中的报表。在合并两个报表时，一个报表作为主报表，另一个就成为子报表。在创建子报表之前，首先要确保主报表数据源和子报表数据源之间已经建立了正确的关联，这样才能保证子报表中的记录与主报表中的记录之间有正确的对应关系。

【例 11-8】使用报表设计视图，在【例 11-6】创建的"顾客简介"报表中添加一个子报表，子报表显示 orders 表的订单编号、订单日期、发货时间 3 个字段内容，两表已经建立了一对多的关系。

参考操作步骤如下。

① 打开"顾客简介"报表，单击"视图"中的"设计视图"命令按钮，出现"顾客简介"报表的设计视图。

② 添加子报表。单击"子窗体/子报表"命令按钮，在主报表中画出"子报表"控件，此时，会弹出"子报表向导"对话框，如图 11-29 所示，选择"使用现有的表或查询（T）"，单击"下一步"按钮。

③ 选定子报表字段。在弹出的对话框中选择"表：orders"，将它的 3 个相应字段移到"选定字段"中，如图 11-30 所示，单击"下一步"按钮。

④ 选择链接字段。在弹出的对话框中选择"从列表中选择（C）"，即"顾客编号"作为链接字段，如图 11-31 所示，单击"下一步"按钮。

⑤ 命名子报表。在弹出的对话框中输入子报表的名称，如图 11-32 所示，单击"完成"按钮，关闭向导对话框。报表的设计视图如图 11-33 所示。

⑥ 查看报表，如图 11-34 所示。可将该报表与【例 11-2】的 Customersorders 报表以及【例 10-11】的主/子窗体进行观察比较。

图 11-29　"子报表向导"对话框

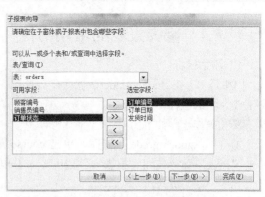

图 11-30　选定子报表字段

图 11-31　选择链接字段

图 11-32　命名子报表

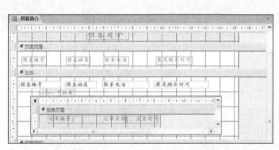

图 11-33　主/子报表设计视图

图 11-34　主/子报表打印预览视图

⑦ 保存报表。

11.5　报表对象的完善和美化

报表对象的完善和美化操作，可以使得打印出来的报表主题鲜明、层次清晰、布局合理、内容有序，使报表显得更为美观，更易于阅读，极大地增强报表的表现力。

与窗体对象相似，设置报表对象的背景颜色、图片、控件的背景颜色、字体、字形、条件格式、套用主题、添加日期和时间等均可起到修饰报表的作用，下面介绍其他的一些与修饰报表有关的方法。

11.5.1 修饰报表的常用方法

1. 添加徽标

【例 11-9】在 studentgrade 数据库中，使用“报表”按钮创建 course 报表，将其徽标设置为齐鲁工业大学的徽标。

参考操作步骤如下。

① 打开 studentgrade 数据库，单击 course 表。单击“创建”选项卡，在“报表”命令组中，单击“报表”命令按钮，报表即创建完成，并以布局视图显示，如图 11-35 所示。

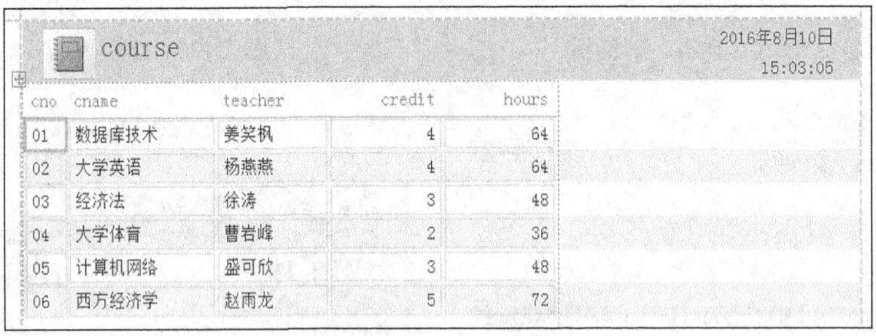

course　　2016年8月10日 15:03:05

cno	cname	teacher	credit	hours
01	数据库技术	姜笑枫	4	64
02	大学英语	杨燕燕	4	64
03	经济法	徐涛	3	48
04	大学体育	曹岩峰	2	36
05	计算机网络	盛可欣	3	48
06	西方经济学	赵雨龙	5	72

图 11-35　course 报表

② 添加徽标。此时在标题“course”之前已经自动添加了一个徽标，单击该徽标，在“报表设计工具/设计”选项卡的“页眉/页脚”命令组中单击“徽标”命令按钮，打开“插入图片”对话框。在“插入图片”对话框中，选择图片所在的目录及图片文件，单击“确定”按钮，即将齐鲁工业大学的徽标添加到“course”之前，如图 11-36 所示。

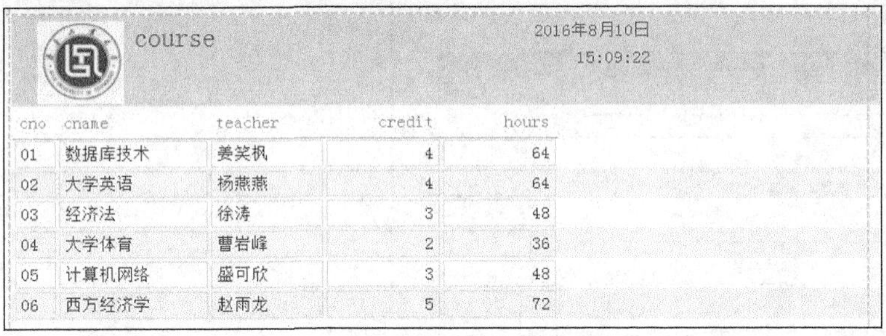

course　　2016年8月10日 15:09:22

cno	cname	teacher	credit	hours
01	数据库技术	姜笑枫	4	64
02	大学英语	杨燕燕	4	64
03	经济法	徐涛	3	48
04	大学体育	曹岩峰	2	36
05	计算机网络	盛可欣	3	48
06	西方经济学	赵雨龙	5	72

图 11-36　修改徽标后的 course 报表

③ 保存报表。

2. 添加分页符和页码

【例 11-10】对在例 11-7 中创建的“销售员简介 2”报表，进行修改，添加页码。

参考操作步骤如下：

① 打开“销售员简介 2”报表，单击“视图”中的“设计视图”命令按钮，出现“销售员简介 2”报表的设计视图。

② 添加页码。在“报表设计工具/设计”选项卡的“页眉和页脚”命令组中单击“页码”命令按钮，然后在打开的“页码”对话框中，根据需要选择相应的页码格式、位置、对齐方式以及是否首页显示页码，如图 11-37 所示。

③ 查看报表，如图 11-38 所示。

图 11-37　"页码"对话框　　　　图 11-38　添加页码后的"销售员简介 2"报表

④ 保存报表。

在 Access 中，Page 和 Pages 是两个内置变量，[Page]代表当前页号，[Pages]代表总页数。可以利用字符运算符 "&" 来构造一个字符表达式，将此表达式作为页面页脚节中一个文本框控件的 "控件来源" 属性值，这样就可以输出页码了。例如，用表达式 " = "第" & [page] & "页"" 来打印页码，其页码形式为 "第×页"，而用表达式 " = "第" & [page] & "页，共" & [Pages] & "页"" 来打印页码，其页码形式为 "第×页，共×页"。在本例中显示的是 "共 1 页，第 1 页"，请尝试改为 "第 1 页，共 1 页"

要在报表中使用分页符来控制分页显示，其操作方法是：使用设计视图打开报表，单击 "控件" 命令组中的 "插入分页符" 命令按钮，再选择报表中需要设置分页符的位置，然后单击，分页符会以短虚线标记在报表的左边界上。

3. 添加线条和矩形

在报表上绘制线条的操作方法是：使用设计视图打开报表，单击 "控件" 命令组中的 "直线" 按钮，然后单击报表的任意处可以创建默认长度的线条，或通过单击并拖动的方式创建任意长度的线条。

在报表上绘制矩形的操作方法是：使用设计视图打开报表，单击 "控件" 命令组中的 "矩形" 命令按钮，然后单击报表的任意处可以创建默认大小的矩形，或通过拖动方式画出任意大小的矩形。

4. 创建多列报表

多列报表是指在报表的一个页面中打印两列或多列的报表，这类报表最常见的形式就是标签报表。也可以将一个设计好的普通报表设置成多列报表，具体操作方法如下。

① 创建普通报表。在打印时，多列报表的组页眉节、组页脚节和主体节将占满整个列的宽度。例如，如果要打印 3 列数据，需调整控件宽度在一个合理范围内。

② 在设计视图下单击 "报表设计工具/页面设置" 选项卡，在 "页面布局" 命令组中选单击 "页面设置" 命令按钮，打开 "页面设置" 对话框，单击 "列" 选项卡，在 "列数(C):" 后的文本框中输入 "3"，并进行其他设置。

11.5.2　报表的预览与打印

1. 预览报表

报表设计完成后，要想得到打印美观的报表，在打印之前还需要合理设置报表的页面，直到预览效果满意。预览报表的目的是在屏幕上模拟打印机的实际效果，为了保证打印出来的报表满足要求，且外形美观，通过预览显示打印页面，以便发现问题进行修改。在 "打印预览" 中可以看到报表的打印外观，并显示全部记录。预览报表的方法主要有以下 3 种。

（1）选择 "文件" → "打印" → "打印预览" 命令。

（2）在导航窗格中，双击要预览的报表，打开该报表的报表视图，单击 "视图" 命令组中的

"视图"下拉按钮,从弹出的下拉菜单中选择"打印预览"命令。该方法也适用于从其他报表视图切换到打印预览视图。

（3）右键单击导航窗格中的报表,在弹出的快捷菜单中选择"打印预览"命令。

2. 打印预览选项卡

打印预览选项卡如图 11-39 所示。

图 11-39　打印预览选项卡

"打印预览"选项卡包括"打印""页面大小""页面布局""显示比例""数据"和"关于预览"6 个组。其中"数据"组的作用是报表导出为其他文件格式:Excel、PDF、电子邮件、文本文件等。其余几个组按钮的功能也都是非常直观的。

Access 提供了多种打印预览的模式,如:单页预览、双页预览和多页预览。在"显示比例"组中,有"单页""双页"和"多页"显示方式,通过单击不同的按钮,以不同方式预览报表。单击"其他页面"按钮,可以打开多页预览方式列表、在列表中,提供了四页、八页和十二页等多种预览方式。

在打印预览中,还可以对报表进行各种设置,这些设置按钮和"报表设计工具/页面设置"选项卡中的按钮是相同的,这里不再介绍了。

3. 打印报表

打印报表的方法是:选择"文件"→"打印"→"打印"命令,或切换到打印预览视图,在"打印预览"选项卡的"打印"命令组中,单击"打印"命令按钮,在打开的"打印"对话框中设置打印的参数,如打印机名称、打印范围和份数等。设置完成后,单击"确定"按钮,即可将选择的报表打印出来。

习　　题

一、单选题

【1】以下不是报表组成部分的是＿＿＿＿＿＿。

　　A. 报表设计器　　　B. 主体　　　　　C. 报表页脚　　　　D. 报表页眉

【2】下列输出方式中,在输出格式和处理大量的数据上都具有优势的是＿＿＿＿＿＿。

　　A. 查询输出　　　　B. 报表输出　　　C. 表输出　　　　　D. 窗体输出

【3】下列选项中不是报表数据属性的是＿＿＿＿＿＿。

　　A. 记录源　　　　　B. 排序依据　　　C. 打印版式　　　　D. 筛选

【4】＿＿＿＿＿＿的内容只在报表的最后一页底部打印输出。

　　A. 报表页眉　　　　B. 页面页眉　　　C. 页面页脚　　　　D. 报表页脚

【5】＿＿＿＿＿＿方式创建的报表是由系统规定的。

　　A. 使用"报表"创建报表　　　　　　　B. 利用"报表向导"创建报表

　　C. 利用"报表设计视图"创建报表　　　D. 利用"图表向导"创建

【6】下面不属于"页面设置"对话框选项卡的是＿＿＿＿＿＿。

　　A. 边距　　　　　　B. 行　　　　　　C. 列　　　　　　　D. 页

【7】报表的功能是_____。
    A. 数据输出   B. 数据输入   C. 数据修改   D. 数据比较

【8】标签报表是_____布局的报表。
    A. 纵栏   B. 窗体   C. 图表   D. 多列

【9】在 Access 中，不能将当前数据库中的数据库对象导出到_____。
    A. 另一数据库   B. 数据表   C. Excel   D. Word

【10】在 Access 中，不能导出到 Microsoft Excel 的数据库对象是_____。
    A. 宏   B. 窗体   C. 查询   D. 报表

【11】要实现报表按某字段分组统计输出，需要设置_____。
    A. 报表页脚   B. 该字段组页脚   C. 主体   D. 页面页脚

【12】如果设置报表上某个文本框的控件来源属性为"=2*3+1"，则打开报表视图时，该文本框显示信息是_____。
    A. 未绑定   B. 7   C. 2*3+1   D. 出错

二、填空题

【1】_____是数据库中数据通过显示器或打印机输出的特有形式。

【2】_____仅仅在报表的首页打印输出，_____的内容在报表每页头部打印输出，_____的内容在报表每页底部输出。

【3】报表设计，是指利用_____设计报表和对已有的报表进行修改操作。

【4】如果设置报表上某个文本框的控件来源属性为"=7 Mod 4"，则打印预览视图中，该文本框显示的信息为_____。

【5】要计算报表中所有学生的"数学"课程的平均成绩，在报表页脚节内对应"数学"字段列的位置添加一个文本框计算控件，应该设置其控件来源属性为_____。

三、思考题

【1】报表和窗体有何区别？

【2】在 Access 中，报表共有哪几种视图？

【3】什么是子报表？如何创建子报表？

【4】如何在报表中进行计算与汇总？

四、操作题

【1】在销售订单数据库中使用报表设计视图创建"顾客分析"报表，显示 custormers 表中的顾客编号、顾客姓名、顾客性别、最近购买时间、消费积分等 5 个字段内容，按性别分组，并进行分组和整表统计计算平均消费积分。

【2】创建一个主/子报表，用于显示和编辑 student 表和 grade 表。

第12章
数据库应用系统的开发

本章综合使用前面章节介绍的知识，以"订单管理系统"这个简单项目的开发为背景，介绍了数据库应用系统开发的路径、方法和技术。通过本章学习，读者应掌握数据库系统开发的一般步骤、Access 数据库的访问技术以及 Access 数据库中各类对象的设计和应用。

12.1 Access 数据库的访问技术

数据库技术的发展，在数据库的访问上经历了由传统的纯 SQL 访问、嵌入式 SQL 访问到数据库访问技术的演变过程，传统的数据库访问虽然在技术上比较成熟，但也存在一些缺陷，虽然大多数的数据库管理系统（DBMS）对其基本功能都使用了标准形式的 SQL，但它们却不符合更高级功能定义的 SQL 语法或语义。例如，并非所有的数据库都支持存储程序或外部连接，那些支持这一功能的数据库又相互不一致。因此就促成了数据库访问技术的形成和发展。该技术的核心思想是提供一个应用程序访问数据库的接口（API），该接口实际上是一个标准，这个标准屏蔽了不同版本的数据库之间的差别，只要 DBMS 符合这个标准，应用程序都可以通过共同的一组代码访问该 DBMS。目前，常见的数据库访问接口有 ODBC、JDBC、OLE DB、ADO 等。

12.1.1 常用的数据库访问接口

1. ODBC

ODBC（open dataBase connectivity，开放式数据库互连）是微软公司推出的一种实现应用程序和数据库之间通讯的标准，目前所有的关系数据库都符合该标准。

一个基于 ODBC 的应用程序对数据库进行操作时，用户直接将 SQL 语句传送给 ODBC，ODBC 直接对数据库操作，获取相应的数据。ODBC 在工作时，不直接与 DBMS 打交道，所有的数据库操作由相应 DBMS 的 ODBC 驱动程序完成。也就是说，不论是 FoxPro、Access 还是 Oracle 数据库，只要安装有 ODBC 驱动程序，对这些数据库的操作，均可用 ODBC API 进行访问。由此可见，ODBC 的最大优点是能以统一的方式处理所有的关系数据库。

在具体操作时，首先必须用 ODBC 管理器注册一个数据源，管理器根据数据源提供的数据库位置、数据库类型及 ODBC 驱动程序等信息，建立起 ODBC 与具体数据库的联系。这样，只要应用程序将数据源名提供给 ODBC，ODBC 就能建立起与相应数据库的连接。

ODBC 是面向过程的语言，由 C 语言开发出来，不能兼容多种语言，所以开发的难度大。另外，ODBC 只能对关系数据库（如 SQL Server、Oracle、Access、Excel 等）进行操作。

2. JDBC

JDBC（Java database connectivity，Java 数据库连接）它由一组用 Java 语言编写的类和接口组成，是一种用于执行 SQL 语句的 Java API，可以为多种关系数据库提供统一访问操作。

Java 语言具有坚固、安全、易于使用、易于理解和跨平台等特性，是编写数据库应用程序的杰出语言。而 JDBC 为 Java 程序访问数据库提供了一种非常有效的机制。

3. OLE DB

随着数据源日益复杂化，现今的应用程序很可能需要从不同的数据源取得数据，再把处理过的数据输出到另外一个数据源中。更麻烦的是这些数据源可能不是传统的关系数据库，而可能是 Excel 文件、E-mail、Internet/Intranet 上的电子签名信息。OLE DB（object linking and embedding dataBase，数据库链接和嵌入对象）是微软提出的基于组件对象模型（COM）思想且面向对象的一种技术标准。它定义了统一的 COM 接口作为存取各类异质数据源的标准，并且将对数据库中数据的访问操作封装在一组 COM 对象之中。藉由 OLE DB，程序员就可以使用一致的方式来存取各种数据。

ODBC 和 OLE DB 区别是 ODBC 标准的对象是基于 SQL 的数据源（关系型数据库），而 OLE DB 的对象则是范围更为广泛的任何数据存储。从这个意义上说，符合 ODBC 标准的数据源是符合 OLE DB 标准的数据存储的子集。

4. ADO

ADO（activeX data objects，ActiveX 数据对象）是微软提出的一种面向对象的编程接口，ADO 建立在 OLE DB 之上，是对 OLE DB 数据对象的封装。Access 内嵌的 VBA 就是用 ADO 技术进行数据库操作的。

12.1.2　ADO 对象模型

ADO 是一个面向对象的 COM 组件库，用 ADO 访问数据库，其实就是利用 ADO 对象来操作数据库中数据，所以我们首先要掌握 ADO 的对象。ADO 对象模型有以下几个对象。

1. Connection

用于创建一个对数据库的连接。通过此连接，可以对一个数据库进行访问和操作。

2. Command

用于执行数据库的一次简单查询。此查询可完成诸如创建、添加、取回、删除或更新记录等动作。如果该查询用于取回数据，此数据被封装在一个 RecordSet 对象中。这意味着程序可以通过操作 RecordSet 对象的属性、集合、方法或事件来访问取回的数据。

3. RecordSet

用于存入一个来自数据库表的记录集合。一个 RecordSet 对象可以存储多个记录，每一条记录由多个字段组成。在 ADO 中，RecordSet 对象是最重要且最常用的对数据库操作的对象。

4. Fields

包含有关 RecordSet 对象中某一列的信息。RecordSet 中的每一列（字段）对应一个 Field 对象。

5. Parameter

为存储过程或查询中提供参数的信息。使用 Parameter 对象可以在 SQL 命令执行前来改变命令的某些细节。例如，SQL-SELECT 语句可使用参数定义 WHERE 子句的匹配条件，而使用另一个参数来定义 ORDER BY 子句排序方式。

6. Record

用于存放记录集合中的一行。ADO 2.5 之前的版本仅能够访问结构化的数据库。在一个结构化的数据库中，每个表在每一行均有相同的列数，并且每一列都由相同的数据类型组成。

上述几个对象中，Connection、Command 和 RecordSet 是最常用的 ADO 对象。

12.1.3　使用 ADO 访问 Access 数据库的基本步骤

使用 ADO 对象访问 Access 数据库一般经过以下三个步骤。

① 声明 Connection 对象，连接数据源。

② 打开记录集对象 RecordSet，完成对各种数据的访问操作。

③ 关闭 RecordSet 和 Connection 对象。

1．连接数据源

为了能够访问数据库，首先要建立与数据库的连接。这一操作是通过声明与打开 Connection 对象来实现的。

```
Dim con As new ADODB.Connection
con.Open [conString]
```

参数说明如下：

conString：可选项，包含了连接的数据库信息。在 Open 操作之前，还需要设置 Connection 对象的数据提供者（Provider）信息。连接 Access 数据源的数据提供者设置方法如下：

```
con.Provider="Microsoft.Jet.OLEDB.4.0"
```

下面的代码用于建立"销售订单.accdb"数据库的连接：

```
Dim con As new ADODB.Connection
con.Provider="Microsoft.Jet.OLEDB.4.0"
con.open "销售订单.accdb "
```

2．打开 RecordSet 对象

在建立了数据库的连接后，就可以声明并初始化一个新的 Recordset 对象了，代码如下：

```
Dim rs As new ADODB.RecordSet
rs.Open [Source][,Connection][,CursorType][,LockType]
```

参数说明如下：

Source：指明数据源，可以是合法的表名、SQL 语句、存储过程调用。

Connection：已打开的 Connection 对象变量名。

CursorType：确定打开记录集对象使用的游标类型。

LockType：确定打开记录集对象使用的锁定类型。

下面的代码用于打开 RecordSet 对象，并对当前数据库中顾客表进行操作。

```
rs.Open "顾客", CurrentProject.Connection, adOpenKeyset, adLockOptimistic
```

利用该对象可以实现对数据库的查询、浏览、添加以及删除等操作。

3．关闭 RecordSet 和 Connection 对象

在完成对数据库的操作之后，应当从内存中删除 RecordSet 对象和 Connection 对象，否则这些对象可能会继续占用内存空间。删除的方法是：先用 Close 方法关闭 RecordSet 对象和 Connection 对象，然后再将他们设为 Nothing。代码如下：

```
rsCustomers.Close
dbCon.Close
Set rsCustomers = Nothing
Set dbCon = Nothing
```

12.2　数据库应用系统的开发概述

一个典型的数据库应用系统，通常由用户界面、输入输出、数据库、事务处理和控制管理等

几个部分组成。开发这样一个数据库应用系统，也要遵循软件工程的原理和规范，不过要格外重视数据库的设计和实现。下面简单介绍一下数据库应用系统开发的一般过程。

12.2.1　数据库应用系统开发的一般过程

数据库应用系统的开发过程一般包括需求分析、系统概要设计、系统详细设计、系统实现、系统测试和系统交付等几个阶段。但根据应用系统的规模和复杂程度，在实际开发过程中往往有一些灵活处理。有时候把两个甚至三个过程合并进行，不一定完全刻板地遵守这样的过程，但是不管所开发的应用系统的复杂程度如何，需求分析、系统设计、系统实现和系统交付这些基本过程是不可缺少的。

1. 需求分析

需求分析是数据库应用系统开发活动的起点，这一阶段的基本任务简单说来有两个：一是摸清现状，二是厘清目标系统的功能。摸清现状的主要目的之一就是对系统中涉及的数据流进行分析，归纳出整个系统应该包含和处理的数据，为下一阶段的数据库设计奠定基础；而厘清目标系统的功能就是要明确说明系统将要实现的功能，也就是明确说明目标系统将能够对人们提供哪些支持，这将为下一阶段的功能设计奠定基础。

在整个系统的开发过程中都应该有最终用户的参与，而在需求分析阶段这尤为重要，用户不仅要参与，而且要树立用户在需求分析中的主体和主导地位。

对于一个应用项目的开发，即使作了认真仔细的分析，也需要在今后每一步的开发过程中不断地加以修改和完善，因此必须随时接受最终用户的监督和反馈意见。

2. 系统设计

通过需求分析，明确了应用系统的现状与目标后，就进入系统设计阶段。系统设计的任务很多，比较重要的有：应用系统支撑环境的选择；应用系统开发工具的选择；应用系统界面的设计，如系统的窗体、报表等；应用系统数据组织结构的设计，也就是数据库的设计；应用系统功能模块的设计；较复杂功能模块的算法设计等。

在系统设计的上述任务中，最为重要的就是数据库设计和功能设计。用户在进行系统设计时，要把这两方面的设计有机的联系起来，要统筹考虑，且不可割裂开来独立设计。本节介绍功能设计方法，数据库设计内容将在下一节重点介绍。

功能设计主要是敲定整个应用系统完成的任务。一般而言，整个应用系统的总任务由多个子任务组合而成，而且这个组合的总任务的复杂程度将大于分别考虑这个子任务时的复杂程度之和，所以，在系统设计的工作中都要进行功能模块化设计。

功能模块化设计是将应用系统划分成若干个功能模块，每个功能模块完成了一个子功能，再把这些功能模块总起来组成一个整体，以满足所要求的整个系统的功能。每一个功能模块由一个或多个相应的程序模块来实现，当然，根据需要还可以进行功能模块的细分和相应程序模块的细分，这就是子模块的概念。

在设计一个应用系统时，应仔细考虑每个功能模块所应实现的功能，该模块应包含的子模块，以及该模块与其他模块之间的联系等，然后再用一个控制管理模块（主程序）将所有的模块有机地组织起来。典型的数据库应用系统大都包括以下几个一级功能模块。

- 查询检索模块。数据库应用中的查询检索模块是不可缺少的，通常应提供对系统中每个数据表的分别查询功能，同时允许用户由指定的一个表或多个数据表中获取所需数据。此外，应提供各种条件的查询和组合条件的查询，使得用户有更强的控制数据的能力。

例如，对于订单管理系统的查询模块，应允许用户按照顾客姓名或销售员姓名查询，也可以按订单号或订单日期查询，或按多个条件的组合查询，允许用户检索和输出所需的任何订单相关信息。

- 数据维护模块。数据维护模块则同样是必不可少的,除了提供数据库的维护功能以及对各个数据表记录的添加、删除、修改与更新功能之外,数据维护模块还应该提供数据的备份、数据表的重新索引等日常维护功能。

- 统计和计算模块。在多数情况下,一个数据库应用系统还应提供用户所需的各种统计计算功能,包括常规的求和、求平均、按要求统计记录个数和分类汇总等功能外,还应该根据实际需要提供其他专项数据的统计和分析功能。

- 打印输出模块。一个实际运行中的数据库应用程序自然还应提供各种报表和表格的打印输出功能,既可以打印原始的数据表内容,也可从单个数据表或多个数据表中抽取所需的数据加以综合制表予以打印输出。并可根据需要提供分组打印和排序后打印输出等功能,同时允许用户灵活设定报表的打印格式。

- 帮助模块。在复杂的数据库应用系统中,该模块显得格外重要。完善的帮助模块不仅应该协助用户正确的使用系统的各项功能,而且还应该帮助用户进行简单的系统管理和维护等。

12.2.2 数据库设计的步骤

如前所述,一个高效的数据库应用系统必须要有一个或多个设计合理的数据库的支持。与其他计算机应用系统相比,数据库应用系统具有数据量大、数据关系复杂、用户需求多样化等特点。这就要求对应用系统的数据库和数据表进行合理的结构设计,不仅能够有效地存储信息,而且能够反映出数据之间存在的客观联系。本节将探讨数据库设计的过程,这主要包括数据需求分析、确定所需表、确定所需字段、确定所需关系以及设计求精等。

1. 数据需求分析

首先需要明确创建数据库的目的,即需要明确数据库设计的信息需求、处理需求及对数据安全性与完整性的要求。

- 信息需求:即用户需要从数据库中获得哪些信息。信息需求决定了一个数据库应用系统应该提供的所有信息及这些信息的类型。

- 处理需求:即需要对这些数据完成什么样的处理及处理的方式。处理需求决定了数据库应用系统的数据处理操作,应考虑执行操作的场合、操作对象、操作频率及对数据的影响等。

- 安全性与完整性的要求:在定义信息需求和处理需求的同时必须考虑相应的数据安全性和完整性的要求,并确定其约束条件。

在整个应用系统设计和数据库设计中,需求分析都是十分重要的基础工作。必须与实际使用人员多加交流,耐心细致地了解现行业务的处理流程,收集能够收集到的全部数据资料,包括各种报表、单据、合同、档案和计划等。

2. 确定所需表

确定数据库中所应包含的表是数据库设计过程中技巧性最强的一步。尽管在需求分析中已经基本确定了所设计的数据库应包含的内容,但需要仔细推敲应建立多少个独立的数据表,以及如何将这些信息分门别类地放入各自的表中。事实上,根据用户想从数据库中得到的信息,包括要查询的信息、要打印的报表、要使用的表单等,仍不能直接决定数据库中所需的表及这些表的结构。

应该从分析数据库应用系统的整体需求出发,对所收集的数据进行归纳与抽象,同时还要防止丢失有用的信息。仔细研究需要从数据库中提取的信息,遵从概念单一化的原则,将这些信息分成各种基本主题,每个主题对应一个独立的表,即用一个表描述一个实体或实体间的联系。例如,在一个订单管理系统的数据库中,可将客户、员工、商品、订单、供应商等每个实体设计成一个独立的数据表。

3. 确定所需字段

确定每个表所需的字段时应考虑以下几个原则。

- 每个字段直接和表的实体相关：即描述另一个实体的字段应属于另一个表。必须确保一个表中的每个字段直接描述本表的实体。如果多个表中重复同样的信息，则表明表中有不必要的字段。

- 以最小的逻辑单位存储信息：表中的字段必须是基本数据元素，而不应是多项数据的组合。如果一个字段中结合了多种数据，应尽量把信息分解为较小的逻辑单位，以避免日后获取单独数据的困难。

- 表中字段必须是原始数据：即不要包含可由推导或计算得到的字段。多数情况下，不要将计算结果存储在表中。例如，商品表中有：商品编号、商品名称、单价、库存等字段，而商品总价可根据单价和数量计算后得到，不必包含在商品表中。若要在表单或报表中输出商品总价，可临时通过计算而获得。

- 包括所需的全部信息：在确定所需字段时不要遗漏有用的信息，应确保所需的信息都已包括在某个数据表中，或者可由其他字段计算出来。同时在大多情况下，应确保每个表中有一个可以唯一标识各记录的字段。

- 确定关键字段：关系型数据库管理系统能够迅速地查询并组合存储在多个独立的数据表中的信息。为使其有效地工作，数据库中的每一个表都必须至少有一个字段可用来唯一地确定表中的一个记录，这样的字段被称为主关键字段。Access 能够利用关键字段迅速关联多个表中的数据，并按照需要把有关数据组织在一起。关键字段不允许有重复值或 NULL 值。例如在员工表中，通常可将员工号作为主关键字段，而不能将姓名作为主关键字段。

4. 确定所需关系

设计数据库的一个重要步骤是确定库中各个数据表之间的关系。所确定的关系应该能够反映出数据表之间客观存在的联系，同时也为了使各个表的结构更加合理。数据表之间的关系可分为 3 种，即：一对一关系、一对多关系和多对多关系。

- 一对一关系：在一对一关系中，表 A 的一个记录在表 B 中只有一个记录与之对应，而表 B 中的一个记录在表 A 中也只有一个记录与之对应。如果存在一对一的关系，首先应考虑是否可以把这两个表的信息合并成一个表。如果不适合合并，可在两个表中使用同样的主关键字段建立一对一的关系。例如，教工档案表和教工工资表都可以使用教工号作为主关键字段建立联系。

- 一对多关系：一对多关系是关系型数据库中最普遍的联系。在一对多关系中，表 A 的一个记录在表 B 中可以有多个记录与其对应，而表 B 中的一个记录在表 A 中最多只有一个记录与之对应。要建立这种关系，可以将"一方"的主关键字段拖放到"多方"的表中。"一方"应该使用主索引关键字或候选索引关键字，而多方可使用普通索引关键字。

- 多对多关系：在多对多关系中，表 A 的一个记录在表 B 中可以有多条记录与其对应，而表 B 中的一个记录在表 A 中也可以有多条记录与之对应。例如，在销售管理数据库中，对于订单表中的每个记录，在商品表中可以有多个记录与之对应；同样对于商品表中的每个记录，在订单表中也可以有多个记录与之对应。对于这种复杂的多对多关系，通常需要改变数据库的设计，把多对多的联系分解为两个一对多的联系。方法是创建第三个表，所创建的第三个表应包含两个表的主关键字段，然后分别与两个表建立一对多的联系。由于这第三个表在两个表之间起着纽带作用，因而被成为"纽带"表。

5. 确定所需约束

确定数据库应该满足的约束，是保证数据库中数据正确性和一致性的重要手段。数据库约束是为了保证数据的完整性而实现的一套机制，需要根据业务需求，从下述三个方面确定数据库所需要满足的约束。

- 字段约束：如果业务要求数据表中的字段类型或字段值必须符合某个特定的要求，可以通过设定字段的有效性规则加以实施。

- 表间约束：为了保持相关表之间的数据一致性，使得数据表数据记录在插入、删除和更新时满足业务逻辑，可以通过参照完整性设置加以实施。

6. 设计求精

数据库设计的过程实际上是一个不断返回修改、不断调整的过程。在设计的每一个阶段都需要测试其是否能满足用户的需要，不能满足时就需要返回到前一个或前几个阶段进行修改和调整。

在确定了所需的表、字段和它们之间的联系后，应该再回过头来仔细研究和检察一下设计方案，看看是否符合用户的需求，是否易于使用和维护，是否存在某些缺陷和需要改进的地方。经过反复论证和修改之后，才可以在此数据库的基础上开始应用系统的程序代码开发工作。下面是需要检察的几个方面。

- 是否遗忘了字段？是否有需要的信息没有包含进去？如果是，它们是否属于已创建的表？如果不包含在已创建的表中，那就需要另外创建一个表。

- 是否有包含了同样字段的表？如果是，需要考虑将与同一实体有关的所有信息合并成一个表。

- 是否表中带有大量的不属于本表实体信息的字段？例如，在销售表中既带有销售信息字段又带有客户信息的若干个字段，此时必须修改设计，确保每个表包含的字段只与一个实体有关。

- 是否为每个数据表选择了合适的主关键字？在使用这个主关键字查找具体记录时，它是否很容易被记忆和键入？并应确保主关键字的值不会重复。

- 是否在某个表中重复输入了同样的信息？如果是，需要将该表分成两个一对多关系的表。

- 是否存在字段很多而记录却很少的表，而且许多记录中的字段值为空？如果有，就需要考虑重新设计该表，使它的字段减少，记录增多。

12.3　案例分析——订单管理系统的开发

"订单管理系统"是一个以小型网店为背景的简化应用系统，它虽然小巧，却包含了开发一个应用系统所需的各个步骤，这对于帮助读者厘清数据库应用系统开发的过程是很有启发的，对于读者掌握 Access 的开发技术也是很有帮助的。

12.3.1　需求分析

采用计算机辅助管理的手段，对小型网店的销售订单进行统一的管理，以降低人工管理订单的复杂性，提高订单管理的规范化程度。本系统的开发应该满足用户的以下需求。

1. 功能需求分析

由于本案例是一个小型网店的订单管理，所以功能很简单，主要有以下三点。

① 对网店的销售订单进行统一管理，支持店员对网店的销售订单信息进行录入、修改、删除、查询、统计、报表和打印等操作。

② 对网店的商品、顾客和店员等信息进行统一管理，支持对这些数据进行添加、修改、删除、查询等操作。

③ 订单管理系统允许店员以操作员的身份使用，操作界面要友好、直观与方便。

2．数据需求分析

订单的管理涉及的主要数据是顾客、店员、商品和订单，这四类数据的业务特征有以下两点。

① 订单信息包括顾客信息、商品信息、销售数量信息、销售时间信息等；作为系统用户的店员信息主要有用户名和密码两项。

② 完整的存储订单及其客户和商品的信息，并保证订单信息在顾客、商品和订单之间数据的一致性，防止无客户和产品信息的孤立订单数据的出现。

12.3.2　系统设计

基于上述的需求分析，系统设计如下所述。

1．功能设计

本系统主要用于店员对网店的销售订单及其购买顾客以及销售商品的计算机辅助管理，具体说来就是店员基于本系统对订单相关信息进行插入、修改、删除、查询、统计、报表和打印等功能。基于这些功能，系统可以设计为如下六大功能模块，具体情况如下。

（1）主界面模块

本模块提供订单管理系统的主菜单界面，供店员选择与执行各项管理工作。同时在本模块中还将核对进入本系统操作人员的用户名与密码。

（2）数据维护模块

数据维护提供网店相关信息的查询检索和维护功能。包含顾客信息维护、商品信息维护、订单信息维护等子模块。如在顾客信息维护模块中，包含了对于顾客信息的查询功能，用户输入顾客编号或顾客姓名，既可查找到相应顾客信息，该模块还能对顾客信息进行插入、修改、删除等操作。

（3）销售管理模块

销售管理是订单管理系统最重要的功能，顾客购买商品时，系统产生一个订单，订单包括订单编号、操作人员姓名、顾客姓名和下单日期等信息，顾客购买的每一件商品信息存放到订单明细表中。销售管理模块还能自动计算每个订单的销售金额。

（4）报表处理模块

统计并打印订单销售情况、顾客购买情况等。

基于上述分析，系统的功能架构如图 12-1 所示。

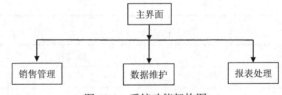

图 12-1　系统功能架构图

2．数据库设计

（1）建立数据库中数据表

根据项目需求分析，订单数据库中就包含商品表、顾客表、员工表、订单表、订单明细表等5 个数据表。这些数据表的详细情况如表 12-1～表 12-5 所示。

表 12-1　　　　　　　　　　　　　　　　　　商品表

字段名	数据类型	字段宽度	是否主键
商品编号	文本	8	是
商品名称	文本	20	索引

续表

字段名	数据类型	字段宽度	是否主键
商品价格	货币		
商品库存	数据	整型	
畅销否	是/否		
照片	OLE 对象		

表 12-2　　　　　　　　　　　　　顾客表

字段名	数据类型	字段宽度	是否主键
顾客编号	文本	8	是
顾客姓名	文本	10	
顾客性别	文本	1，男/女	
联系电话	文本	20	
消费积分	数值	整型	索引

表 12-3　　　　　　　　　　　　　员工表

字段名	数据类型	字段宽度	是否主键
员工编号	文本	8	是
员工姓名	文本	10	
用户名	文本	10	索引
密码	文本	20	

表 12-4　　　　　　　　　　　　　订单表

字段名	数据类型	字段宽度	是否主键
订单编号	自动编号（长整型）		是
顾客编号	文本	8	
员工编号	文本	8	
订单日期	日期		

表 12-5　　　　　　　　　　　　　订单明细表

字段名	数据类型	字段宽度	是否主键
订单编号	长整型		
商品编号	文本	6	
数量	文本		

（2）建立表关系

用户在订单数据库中完成数据表字段设计后，需要建立各表之间的关系，建立表关系之前，先要确定各数据表的主键，如商品表中的商品编号，员工表中的员工编号，商品表中的商品编号等。

注意

　　　　只有主表中的主键和从表中的外键设置成相同的数据结构时，才能正确地建立表关系。

12.3.3　系统实现

1．创建数据库及数据表

设计好本应用系统的模块结构和数据库后，即可着手本项目的创建。首先创建一个名为"订单"的空数据库，并在该数据库中创建商品表、顾客表、员工表，订单表、订单明细表等 5 个数据表。

创建数据表时，要考虑数据的完整性和一致要求。

- 为提高查询速度，对于要经常进行查询操作的字段，如商品名称、消费积分等字段要建立索引
- 为提高输入效率，对于数据有一定规律的字段，如顾客性别等字段，将其设置成查阅向导
- 为防止关联数据被意外修改或删除，在设置参照完整性时，取消外键的级联选项。

数据库中各表结构及关系如图 12-2 所示。

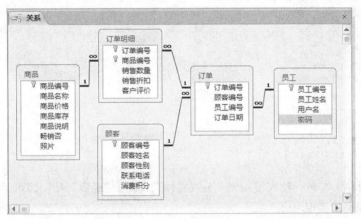

图 12-2　订单数据库

在 Access 开发过程中，用得最多的还是各种事件过程，即各种控件所触发的事件处理过程。在这些过程中经常要访问数据库，因此可以建立一个通用模块，定义用于建立数据库连接的通用过程。具体操作步骤如下。

① 打开"订单"数据库。

② 切换到"创建"选项卡，单击"宏与代码"组中的"模块"按钮，进入 VBA 编辑器，新建一个模块"模块 1"，如图 12-3 所示。

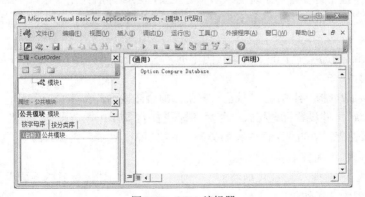

图 12-3　VBA 编辑器

③ 选择"工具"菜单中的"引用"命令，打开一个对话框，添加类库 Microsoft ActiveX Data Object 6.0 Library 和 Microsoft ActiveX Data Object RecordSets 2.8 Library。

④ 在"代码"窗口中输入以下代码。

```
Option Compare Database
Option Explicit
'用户登录标记,登录成功后,此标记为 true,否则为 false
Public 登录标记 As Boolean
'操作员姓名,登录成功后操作员信息显示在主界面下方的标签控件中
Public 操作员姓名 As String
Public 操作员编号 As String
'GetRS 是一个通用函数，用于建立一个数据库连接
Public Function GetRS(ByVal QueryStr As String) As ADODB.Recordset
On Error GoTo GetRS_Error
    Dim rs As New ADODB.Recordset
    '打开记录集
    rs.Open QueryStr, CurrentProject.Connection, adOpenKeyset, adLockOptimistic
    '返回记录集
    Set GetRS = rs
GetRS_EXIT:
    Set rs = Nothing
    Exit Function
GetRS_Error:
    MsgBox (Err.Description)
    Resume GetRS_EXIT
End Function
```

⑤ 单击"保存"按钮，输入模块名"公共模块"，单击"确定"按钮即可。

2. 窗体和编码的实现

窗体对象是直接与用户交流的数据库对象。窗体作为一个交互平台、一个窗口，用户通过它查看和访问数据库，实现数据的输入。此外，还需要为各个独立的数据库对象添加各种事件过程和通用过程。通过这些 VBA 程序，使程序的各个独立对象连接在一起。

在"订单管理系统"中根据设计目标，需要建立多个不同的窗体，比如要实现功能导航的主界面窗体、员工操作前的登录窗体、数据维护窗体以及数据查询窗体等。还要为窗体中的各控件添加事件代码。下面各小节逐一介绍各个窗体的设计。

（1）创建主界面窗体

主界面窗体是整个订单管理系统的入口，它主要起功能导航作用。系统中的各个功能模块在该导航窗体中都建立链接，当用户单击该窗体中的按钮时，即可进入相应的功能模块。创建窗体过程如下。

① 单击"创建"选项卡下的"窗体"组中的"窗体设计"按钮，Access 即新创建一个窗体并进入窗体的设计视图。

② 单击"页眉/页脚"组中的"标题"按钮，则窗体显示"窗体页眉"节，将窗体标题更改为"订单管理系统"，并设置标题格式。然后在标题右边添加一个"退出"按钮。

③ 单击"属性表"中的"所选内容的类型"下拉列表，选择"主体"命令，窗体显示"主体"节，在"主体"节中添加各个导航按钮。

④ 切换到"窗体页脚"节，在里面添加一个标签，一个文本框，标签的标题设置为"操作人:"，文本框的名称设置为"操作员"。

⑤ 单击"页眉/页脚"组中的"日期和时间"按钮，在"主体"节中插入"日期和时间"控件。主界面窗体设计如图 12-4 所示。

图 12-4　主界面窗体

主界面窗体设置了各导航按钮，切换到按钮的事件属性选项卡，为每个按钮加上事件代码，实现导航。各导航按钮属性设置如表 12-6 所示。

表 12-6　　　　　　　　　　　　各导航按钮属性设置

标题	控件名称	单击事件代码
销售管理	销售管理	BtnClick("销售管理")
顾客信息维护	顾客信息维护	BtnClick("顾客信息维护")
员工信息维护	员工信息维护	BtnClick("员工信息维护")
商品信息维护	商品信息维护	BtnClick("商品信息维护")
顾客购买统计	顾客购买统计	BtnClick("顾客购买统计")
订单销售统计	订单销售统计	BtnClick("订单销售统计")

BtnClick 函数是一个通用导航程序，当用户单击某一个按钮时，该程序通过按钮名称启动指定窗体来完成相应的功能。

```
Private Function BtnClick(opt As String)
    Select Case opt
        Case "销售管理"              '销售管理按钮名称
            DoCmd.OpenForm "销售管理"    '销售管理窗体
        Case "顾客信息维护"
            DoCmd.OpenForm "顾客列表"
        Case "员工信息维护"
            DoCmd.OpenForm "员工列表"
        Case "商品信息维护"
            DoCmd.OpenForm "商品信息维护"
        Case "顾客购买统计"
            DoCmd.OpenReport "顾客购买统计"
        Case "订单销售统计"
            DoCmd.OpenReport "订单销售统计"
        Case Else
            MsgBox "未知的选项"
    End Select
```

```
End Function
```

主界面启动时，应首先判断用户是否已经登录，如果还没有登录，则启动"用户登录"窗体进行登录操作。登录状态在公共模块中定义的"登录标记"变量中保存，操作步骤如下。

以设计视图方式打开"主界面"窗体，切换到事件属性选项卡，在加载事件中添加下面的代码。

```
Private Sub Form_Load()
    '登录标记是全局变量，存放在公共模块中
    If Not 登录标记 Then
        MsgBox "请先登录系统！"
        DoCmd.Close
    Else
        DoCmd.OpenForm ("用户登录")
    End If
End Sub
```

（2）登录窗体

登录窗体是在用户进入系统前的身份认证界面，是维持系统安全性的重要功能之一。登录窗体设计步骤如下。

① 切换到"创建"选项卡，单击"窗体"组中的"窗体设计"按钮，Access 创建一个窗体并进入窗体设计视图。

② 在"主体"节中添加 1 个标签，标签的标题设置为"订单管理系统"。

③ 在"主体"节中添加 1 个组合框，在弹出组合框向导中选择"使用组合框获取其他表或查询中的值"，单击"下一步"按钮。

④ 在"向导"的第二个对话框中选择"员工"表。

⑤ 在"向导"的第三个对话框中"可用字段"列表中选择"员工姓名"字段。

⑥ 将该组合框的名称设置为"员工编号"。

⑦ 在窗体中再添加 1 个文本框和 2 个命令按钮，文本框的标题和名称设置为"用户名"，命令按钮的标题和名称分别设置成"登录"和"退出"，窗体创建后效果如图 12-5 所示。

添加登录按钮的单击事件代码如下：

```
Private Sub 登录_Click()
    On Error GoTo Err_OK_click
    Dim strsql As String
    Dim rs As New ADODB.Recordset
    If IsNull(Me.用户名) Or IsNull(Me.密码) Then
        DoCmd.Beep
        MsgBox "用户名或密码不能为空"
        Exit Sub
    End If
    strsql = "select * from 员工 where 员工编号='" & Me.用户名 & "' and 密码='" & Me.
密码 & "'"
    Set rs = GetRS(strsql)
    If rs.EOF Then
        DoCmd.Beep
        MsgBox "密码不正确"
        Me.用户名.SetFocus
        Exit Sub
    Else
        操作员姓名 = rs("员工姓名")
```

图 12-5　用户登录窗体

```
            操作员编号 = rs("员工编号")
            '登录成功, 设置标志
            登录标记 = True
            DoCmd.Close
            '操作员姓名显示在主界面下方
            [Forms]![主界面]!操作员 = 操作员姓名
        End If
        Set rs = Nothing
Exit_OK_Click:
        Exit Sub
Err_OK_click:
        MsgBox (Err.Description)
        Debug.Print Err.Description
        Resume Exit_OK_Click
End Sub
```

其中, 代码中的"操作员"是主界面窗体中的文本控件, 用于存放操作员信息, 每次登录成功后, 登录窗体将重新设置"操作员"控件中的内容。

（3）数据维护窗体

数据维护功能分为三个子功能, 分别是顾客信息维护、商品信息维护和员工信息维护。每个子功能由 2 个窗体组成, 一个是列表窗体, 用于显示数据表中的所有数据, 窗体中提供了查询功能控件, 操作员可以输入编号等信息来查询指定的数据。另一个是详细信息窗体, 当操作员单击列表数据时, 启动详细信息窗体, 在该窗体中对数据进行修改、删除等维护性工作。下面以顾客信息维护为例, 介绍两个窗体的创建过程。首先是顾客列表窗体的建立过程。

① 在导航窗格中选择"顾客"表。

② 切换到"创建"选项卡, 在"窗体"组中单击"窗体向导"按钮, 打开"窗体向导"对话框。将"可用字段"列表中的所有字段添加到"选定的字段"列表, 如图 12-6 所示。

③ 根据窗体向导提示设置窗体布局为"表格", 指定窗体标题为"顾客列表", 单击"完成"按钮, 创建效果如图 12-7 所示。

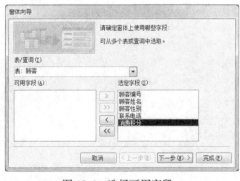

图 12-6　选择可用字段

图 12-7　顾客列表窗体

④ 切换到"设计视图", 在"设计"选项卡的"工具"组中单击"属性表"按钮, 打开属性表。在"属性表"的"所选内容类型"的下拉列表中选择"窗体"选项, 在"格式"选项卡中设置"滚动条"为"两者均无", 设置"记录选择器"和"导航按钮"属性为"否", 如图 12-8 所示。

⑤ 单击"设计视图"的窗体页眉空白区域, 窗体页眉中添加 1 个文本框和一个命令按钮, 并将文本框名称设置为"input", 命令按钮的"标题"和"名称"属性设置为"查找"。

⑥ 单击"设计视图"的主体区域，在数据表下方添加 4 个命令按钮，并将按钮的"标题"和"名称"设置成"添加""修改""删除"和"返回"，窗体效果如图 12-9 所示。

图 12-8　设置"属性表"

图 12-9　在设计视图中添加控件

"顾客列表"窗体列出顾客表中的所有数据，操作员可以在文本框输入要查找的顾客信息，单击"查找"按钮后，窗体显示符合查询条件的记录，操作员单击"添加"按钮添加新记录，点击"删除"按钮删除所选记录，单击"修改"按钮则启动"顾客详细信息"窗体对所选记录进行修改。

为"查找"按钮的单击事件添加如下代码：

```
Private Sub 查找_Click()
On Error GoTo Err_查找_Click
    Dim strsql As String
    Dim rs As ADODB.Recordset
    Dim intxt As String
    '获取文本框内容
    intxt = IIf(IsNull(Me.input), "", Trim(Me.input))
    '构造查询语句，使用 like 短语进行模糊查询
    strsql = "select * from 顾客 where 顾客编号 like '%" & intxt & "%' or 顾客姓名 like
'%" & intxt & "%'"
    '连接数据库
    Set rs = GetRS(strsql)
    Set Me.Form.Recordset = rs
    '刷新窗体
    Me.Requery
Exit_查找_Click:
    Exit Sub
Err_查找_Click:
    MsgBox Err.Description
    Resume Exit_查找_Click
End Sub
```

为"删除"按钮的单击事件添加如下代码：

```
Private Sub 删除_Click()
On Error GoTo Err_删除_Click
    Dim swhere As String
    Dim rs As New ADODB.Recordset
    rs.Open "顾客", CurrentProject.Connection, adOpenKeyset, adLockOptimistic
    '找到指定的顾客记录,并删除
    rs.find "顾客编号='" & Me.顾客编号 & "'"
    rs.Delete adAffectCurrent
```

```
        Forms.顾客列表.Requery
Exit_删除_Click:
        Exit Sub
Err_删除_Click:
        MsgBox Err.Description
        Resume Exit_删除_Click
End Sub
```

为"添加"按钮的单击事件添加如下代码:

```
Private Sub 添加_Click()
On Error GoTo Err_添加_Click
        Dim rs As New ADODB.Recordset
        rs.Open "顾客", CurrentProject.Connection, adOpenKeyset, adLockOptimistic
        '启动顾客详细信息窗体,添加新记录
        DoCmd.OpenForm "顾客详细信息"
        Me.Recordset = rs
        '刷新窗体,让新记录出现在窗体中
        Forms.顾客列表.Requery
Exit_添加_Click:
        Exit Sub
Err_添加_Click:
        MsgBox Err_添加_Click
        Resume Exit_添加_Click
End Sub
```

为"修改"按钮的单击事件添加如下代码:

```
Private Sub 修改_Click()
On Error GoTo Err_修改_Click
        Dim rs As New ADODB.Recordset
        rs.Open "顾客", CurrentProject.Connection, adOpenKeyset, adLockOptimistic
        '启动顾客详细信息窗体修改顾客信息,将顾客编号作为参数传递到窗体中
        DoCmd.OpenForm "顾客详细信息", , , , , , Me.顾客编号
        '刷新窗体,显示修改后的记录
        Forms.顾客列表.Requery
Exit_修改_Click:
        Exit Sub
Err_修改_Click:
        MsgBox Err_修改_Click
        Resume Exit_修改_Click
End Sub
```

（4）销售管理窗体

"销售管理"窗体是网店员工管理顾客购买商品的订单的界面,窗体上方显示顾客的姓名、购买时间和操作员的姓名。"销售管理"窗体中包含 1 个子窗体,用于显示顾客购买商品列表,窗体能根据商品信息计算出订单的销售金额。操作员在进入"销售管理"窗体前,还需要对顾客身份进行确认,因此还需要设计 1 个"输入顾客编号"窗体。

"输入顾客编号"窗体的创建过程和"用户登录"窗体类似,包括 1 个标签控件,1 个组合框控件和 2 个命令按钮,标签控件的标题设置成"输入顾客编号",组合框的名称设置成"顾客编号",

组合框控件的数据源与顾客表中的"顾客编号"绑定。2 个命令按钮的
名称和标题属性分别设置成"确定"和"取消"，效果如图 12-10 所示。

图 12-10　输入顾客编号窗体

"确定"按钮的单击事件代码如下：

```
Private Sub 确定_Click()
    Dim customer_id As String
    Dim rs As New ADODB.Recordset
    customer_id = Me.顾客编号
    rs.Open "顾客", CurrentProject.Connection, adOpenKeyset, adLockOptimistic
    rs.find "顾客编号='" & customer_id & "'"
    If rs.EOF Then
        MsgBox "无此顾客", vbOKOnly, "输入错误"
    Else
        订单顾客录入标记 = True
        DoCmd.Close
        '顾客身份确认后,打开销售管理窗体,并将顾客编号传入窗体
        DoCmd.OpenForm "销售管理", , , , , , customer_id
    End If
End Sub
```

"取消"按钮的单击事件代码如下：

```
Private Sub 取消_Click()
    订单顾客录入标记 = False
    DoCmd.Close
End Sub
```

"销售管理子窗体"用于显示订单中所有商品的信息，商品以列表方式显示，列表是动态的，
随着商品的增加不断发生变化，为实现该功能，需要先建立一个查询，查询的功能是找到指定订
单编号的所有商品的信息，并能对商品的销售额进行计算。查询设计如图 12-11 所示。

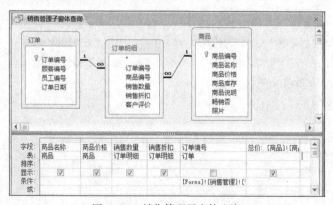

图 12-11　销售管理子窗体查询

其中，订单编号的查询条件设置成如下内容：

[Forms]![销售管理]![订单编号]

总价的计算公式为：

总价: [商品]![商品价格]*[订单明细]![销售数量]*[订单明细]![销售折扣]

查询的创建完成后，就可以创建"销售管理子窗体"了，创建步骤如下。

① 单击"窗体向导"，在"窗体向导"对话框的"表/查询"列表中选择"销售管理子窗体查
询"，选择所有字段。效果如图 12-12 所示。

② 在"窗体向导"的第二个对话框中选择"表格布局",单击"下一步"按钮。

③ 在"窗体向导"的第三个对话框中输入窗体名称"销售管理子窗体",单击"完成"按钮,效果如图 12-13 所示。

图 12-12　窗体向导:销售管理子窗体的窗体向　　　　　图 12-13　销售管理子窗体

④ 子窗体功能是显示一个订单中所有商品的信息,不需要编辑,因此将所有控件的"是否锁定"属性设置为"是"。

"销售管理子窗体"创建完成后,就可以创建"销售管理"窗体了,创建步骤如下。

① 切换到"创建"选项卡,点击"窗体"功能组中的"窗体设计"按钮,生成一个空白窗体。切换到"窗体设计工具"选项卡,单击"页眉/页脚"组中的"标题"按钮,在窗体中出现"窗体页眉"。

② 在"窗体页眉"中添加订单编号、顾客姓名、操作员等控件,并添加"退出"和"添加商品"按钮。效果如图 12-14 所示。

③ 在窗体主体部分插入一个"子窗体/子报表"控件,在弹出的"子窗体向导"中选择使用"使用现有的窗体"。

④ 在窗体列表中选择"销售管理子窗体",单击"完成"按钮。"销售管理"窗体效果如图 12-15 所示。

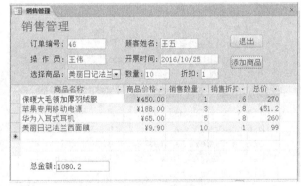

图 12-14　销售管理窗体页眉　　　　　　　　　图 12-15　销售管理窗体

⑤ 在"窗体页脚"处添加一个文本框控件,控件的标题和名称均设置成"总金额"。

"销售管理"窗体启动时要做以下几个工作,首先必须知道是哪一个顾客产生的消费信息,因此要求输入顾客编号,其次还要在订单表中产生一个新的订单记录,最后还要记录登记订单的操作员信息和下单的时间。因此需要在加载事件添加如下代码:

```
Private Sub Form_Load()
```

```
        Dim rsCustomer As New ADODB.Recordset
        Dim rsOrder As New ADODB.Recordset
        Dim rsProduct As New ADODB.Recordset
        Dim customer_id As String
        Dim sql As String
        '销售管理要求先输入顾客编号
        If Not 订单顾客录入标记 Then
            DoCmd.OpenForm ("输入顾客编号")
        Else
            customer_id = Me.OpenArgs
            '在顾客表中找到相应的顾客信息,显示顾客姓名和顾客编号
            rsCustomer.Open "顾客",CurrentProject.Connection,adOpenKeyset, adLockO
ptimistic
            sql = "顾客编号='" & customer_id & "'"
            rsCustomer.find (sql)
            Me.顾客姓名 = rsCustomer("顾客姓名")
            Me.顾客编号 = rsCustomer("顾客编号")
            '操作员姓名是全局变量,定义在公共模块中
            Me.员工姓名 = 操作员姓名
            Me.订单日期 = Date
            '订单表新建一条记录
            rsOrder.Open "订单", CurrentProject.Connection, adOpenKeyset, adLockO
ptimistic
            rsOrder.AddNew
            Me.订单编号 = rsOrder("订单编号")
            rsOrder.Update
            rsProduct.Open "商品", CurrentProject.Connection, adOpenKeyset, adLockO
ptimistic
            sql = "商品编号='" & Me.商品编号 & "'"
            rsProduct.find (sql)
            '商品折扣默认是1.0
            Me.销售折扣 = 1
        End If
        Set rsOrder = Nothing
        Set rsCustomer = Nothing
    End Sub
```

为"添加商品"按钮的单击事件添加如下代码:

```
Private Sub 添加商品_Click()
    Dim rsDetail As New ADODB.Recordset
    Dim rsOrder As New ADODB.Recordset
    Dim rsSum As New ADODB.Recordset
    Dim sql As String
    If IsNull(Me.商品编号) Or IsNull(Me.销售数量) Then
        MsgBox "必须输入商品和销售数量"
        Exit Sub
    End If
    If IsNull(Me.销售折扣) Then
        Me.销售折扣 = 1
    End If
    '将订单信息存入订单表中
```

```
        sql = "订单编号=" & Me.订单编号
        rsOrder.Open  " 订 单 ", CurrentProject.Connection, adOpenKeyset, adLockO
ptimistic
        rsOrder.find (sql)

        rsOrder("顾客编号") = Me.顾客编号
        rsOrder("员工编号") = 操作员编号
        rsOrder("订单日期") = Me.订单日期
        rsOrder.Update
        '每添加一条商品信息,就在订单明细表中添加一条记录
        rsDetail.Open "订单明细", CurrentProject.Connection, adOpenKeyset, adLockO
ptimistic
        rsDetail.AddNew
        rsDetail("订单编号") = Me.订单编号
        rsDetail("商品编号") = Me.商品编号
        rsDetail("销售数量") = Me.销售数量
        rsDetail("销售折扣") = Me.销售折扣
        rsDetail.Update
        'DoCmd.Requery "销售管理子窗体"
        Me.销售管理子窗体.Requery
        '计算总金额
        '打开查询
        rsSum.Open "计算订单总金额", CurrentProject.Connection, adOpenKeyset, adLockO
ptimistic
        sql = "订单编号='" & Me.订单编号 & "'"
        rsSum.find (sql)
        Me.总金额 = rsSum("总金额")
        Set rsOrder = Nothing
        Set rsDetail = Nothing
        Set rsSum = Nothing
    End Sub
```

“销售管理”窗体中的“退出”按钮代码如下：

```
Private Sub 退出_Click()
    DoCmd.Close
End Sub
```

3. 创建报表

报表功能包括“顾客购买统计”和“订单销售统计”。其中有些报表需要事先建立相关的查询。这些查询和报表的制作任务虽然相当繁复，但方法和步骤都比较简单，有关内容前面章节都有详细的讲解，这里就不再赘述了。

4. 程序的系统设置

经过上面的操作，已经初步建立了订单管理系统。接下来可以对系统进行一些设置，使得系统更人性化、更加安全。

（1）自动启动“主界面”窗体

当用户双击创建的 Access 数据库文件时，有时为了使用方便，需要直接打开某个窗体，或者为了系统的安全性，强制用户必须通过某个窗体进入。这时，设置自动启动窗体就显得相当有用了。下面介绍将项目中的“主界面”窗体设置成自动启动窗体。

① 启动 Access，打开“订单”数据库。

② 单击"文件"菜单，在弹出的下拉菜单中选择"选项"命令。启动"Access 选项"对话框。

③ 在对话框中单击左边的"当前数据库"选项，对当前数据库进行设置。

在"应用程序标题"文本框中输入该系统名称"订单管理系统"，在这里设置的标题将显示在系统标题中。

在"显示窗体"下拉列表中选择想要自动启动的窗体，如本例中选择"主界面"作为自动启动的窗体，如图 12-16 所示。

图 12-16 设置"Access 选项"

单击"确定"按钮，系统弹出提示重新启动数据库的对话框，重新启动数据库后即可完成设置。

（2）解除对 VBA 宏的限制

系统的默认设置是对 VBA 代码和宏禁止的，只是在遇到有 VBA 代码或宏的数据库时才会弹出提示，如图 12-17 所示。单击消息栏上的"启用内容"按钮，即可启用数据库中的宏。

图 12-17 安全警告

习　题

一、思考题

【1】结合实例，简单概括说明使用 Access 创建数据库系统的一般步骤。

【2】结合实际应用，说说这个系统可以拓展成什么样子。

二、操作题

【1】调查现实日常学校成绩管理事务活动，按照本章的开发步骤，利用 Access 创建一个成绩管理系统。

【2】在本章设计的订单管理系统中，员工信息维护模块尚没有创建，请用户根据实际情况，创建这个模块。